浙江省普通本科高校"十四五"重点教材

Python 程序设计教程

主 编◎魏 英

副主编◎马杨珲

电子工业出版社

Publishing House of Electronics Industry

北京·BEIJING

内 容 简 介

本书共 10 章，主要内容包括 Python 语言基础、基本数据类型与表达式、程序的基本控制结构、组合数据类型、函数、面向对象编程、文件操作、图形用户界面设计、Python 科学计算与数据分析基础、网络爬虫入门与应用，并以附录的形式介绍了 Python 开发环境搭建与程序调试方法、Python 运算符与优先级、Python 的内置函数、Python 中各类不同功能的库。

每一章几乎都包含学习目标、典型例题、应用实例、本章小结和习题等，内容叙述深入浅出、循序渐进，并提供相关知识点的视频讲解、例题源代码下载及习题的参考答案等，方便教学。

本书既可以作为本/专科院校 Python 程序设计课程的教材，也可以作为广大计算机爱好者学习 Python 的参考用书。

图书在版编目（CIP）数据

Python 程序设计教程 / 魏英主编. —北京：电子工业出版社，2023.8

ISBN 978-7-121-45358-8

Ⅰ. ①P… Ⅱ. ①魏… Ⅲ. ①软件工具－程序设计－高等学校－教材 Ⅳ. ①TP311.561

中国国家版本馆 CIP 数据核字（2023）第 060315 号

责任编辑：贺志洪
印　　刷：三河市双峰印刷装订有限公司
装　　订：三河市双峰印刷装订有限公司
出版发行：电子工业出版社
　　　　　北京市海淀区万寿路 173 信箱　　　邮编：100036
开　　本：787×1092　　1/16　　印张：18.5　　字数：439 千字
版　　次：2023 年 8 月第 1 版
印　　次：2024 年 3 月第 2 次印刷
定　　价：56.00 元

前　言

在当今时代，人工智能（Artificial Intelligence，AI）发展进入新阶段，成为引领未来的战略性技术，并推动经济社会的各个领域从数字化、网络化向智能化加速跃升。世界上的主要发达国家都把发展人工智能作为提升国家竞争力、维护国家安全的重大策略。我国于 2017 年 7 月发布了《新一代人工智能发展规划》，人工智能逐渐成为带动我国产业升级和经济转型的主要动力，为跻身创新型国家前列和经济强国奠定了重要基础。在 AI 赋能各行各业的背景下，社会急需大量的"AI+"复合型人才。

Python 是人工智能首选的编程语言，具有简洁、易读、可扩展的特点，并拥有核心库、机器学习、深度学习、自然语言处理、计算机视觉、生物和化学库等众多模块，能够完成人工智能开发的所有环节。

本书面向编程零基础的学生，围绕结构化、模块化和面向对象的程序设计方法，系统地介绍了 Python 的语法知识，并通过应用实例强化计算思维训练，方便学生学习。同时，本书还以拓展阅读的形式有机融入课程思政内容，方便教师讲授。

本书共 10 章，具体内容如下。

第 1 章 Python 语言基础，主要介绍计算机系统的组成与工作原理、程序设计方法、Python 开发环境、Python 代码规范、IPO 编程模式、绘图入门等内容。

第 2 章基本数据类型与表达式，主要介绍 Python 中的基本数据类型、运算符、表达式、相关内置函数、math 库、字符串的操作等内容。

第 3 章程序的基本控制结构，主要介绍算法及算法表示、程序基本结构、选择结构、循环结构、random 库、异常处理等内容。

第 4 章组合数据类型，主要介绍 Python 中的序列、列表、元组、集合、字典等组合数据类型。

第 5 章函数，主要介绍函数的定义、使用、参数、递归、变量的作用域、模块等内容。

第 6 章面向对象编程，主要介绍类、对象、继承、多态等内容。

第 7 章文件操作，主要介绍文件的打开与关闭、读/写等基本操作，以及一维数据、二维数据的存储和读/写等内容。

第 8 章图形用户界面设计，主要介绍 tkinter 的事件处理、布局管理、常用组件等内容。

第 9 章 Python 科学计算与数据分析基础，主要介绍使用 Numpy、Pandas 和 Matplotlib 进行科学计算与数据分析的基本方法。

第 10 章网络爬虫入门与应用，主要介绍爬虫的基本原理、网络爬虫开发常用框架等内容。

党的二十大报告中强调，教育、科技、人才是全面建设社会主义现代化国家的基础性、战略性支撑。坚持教育优先发展、科技自立自强、人才引领驱动，加快建设教育强国、科技强国、人才强国，坚持为党育人、为国育才。统筹职业教育、高等教育、继续教育协同创新，优化职业教育类型定位。本书紧跟二十大精神，全面贯彻党的教育方针，落实立德树人根本任务，为国家现代化发展培养德智体美劳全面发展的社会主义建设者和接班人。

本书由魏英主编，参与编写的人员包括马杨珲、张银南、龚婷、楼宋江、庄儿等。本书在编写过程中，还得到了浙江科技学院信息与电子工程学院朱梅、琚洁慧、岑跃峰、张宇来等教师的大力支持，在此一并表示衷心的感谢。

本书虽经多次讨论并反复修改，但由于作者水平有限，不足之处仍在所难免，敬请广大读者与专家批评指正。

作　者
2023 年 1 月

目　　录

第 1 章

Python 语言基础

- ☑ 理解程序设计的基本概念
- ☑ 了解 Python 的特点和应用领域
- ☑ 掌握 Python 开发环境的搭建
- ☑ 掌握 Python 程序的运行方式
- ☑ 掌握使用 IDLE 编写和执行 Python 源文件程序的过程
- ☑ 熟悉 Python 的编码规范
- ☑ 理解 IPO 编程的基本方法
- ☑ 掌握输入/输出函数的基本使用方法
- ☑ 了解 Python 中变量引用对象的概念
- ☑ 掌握标识符及其命名规则
- ☑ 了解 turtle 库的基本用法

1.1 计算机系统

1.1.1 计算机系统的组成

1946 年 2 月第一台数字电子计算机 ENIAC 问世，经过 70 余年的飞速发展，计算机已经成为信息时代不可或缺的工具。计算机系统由硬件系统（hardware）和软件系统（software）两部分组成。

硬件系统主要包括运算器、控制器、存储器、输入设备、输出设备五大部件，如图 1-1 所示。以大家比较熟悉的个人计算机（PC）为例，运算器、控制器、存储器位于主机中，运算器与控制器构成了计算机的核心——中央处理器（CPU）。键盘、鼠标属于输入设备，显示器属于输出设备，输入/输出设备合称 I/O 设备（Input/Output）。

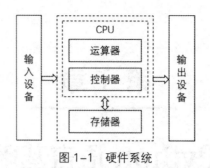

图 1-1　硬件系统

软件系统则是由操作系统（operating system）和应用软件（application software）组成的，如图 1-2 所示。操作系统是用户和计算机的接口，也是硬件和其他应用软件的接口。应用软件是为了解决用户不同的需求而设计的软件，但它并不直接操作硬件，而是通过操作系统来使用硬件的各种功能。

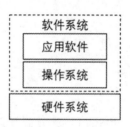

图 1-2　软件系统

1.1.2　计算机工作原理

在计算机科学发展史上，有两位重要人物不得不提。一位是英国科学家艾伦·麦席森·图灵（Alan Mathison Turing），他于 1936 年提出了一种抽象的计算模型——图灵机（turing machine），为现代计算机逻辑工作方式奠定了基础。图灵被称为人工智能之父，他于 1950 年提出了一种用于判定机器是否具有智能的试验方法——图灵测试（turing test）。另一位是美籍匈牙利科学家约翰·冯·诺依曼（John von Neumann），他被称为计算机之父，提出了冯·诺依曼体系结构，主要内容包括计算机中的数据以二进制形式表示，计算机的硬件系统由五大部件组成，计算机的工作原理是存储程序与程序控制，这一体系结构沿用至今。

拓展阅读：姚期智与图灵奖

为了纪念图灵对计算机科学做出的巨大贡献，美国计算机协会（ACM）于 1966 年起设立了一年一度的图灵奖（Turing award），以表彰在计算机科学中做出突出贡献的人。图灵奖被誉为"计算机界的诺贝尔奖"。

迄今为止，仅有一位华人姚期智于 2000 年获此殊荣。2003 年，他辞去普林斯顿大学的终身教职，义无反顾地返回祖国怀抱并成为清华大学的全职教授。他说："我是中国人，中国是我的祖国，我对中国的感情很深，现在我要永远地回来了，永远地回来。" 2016 年，他放弃美国国籍成为中国公民。他先后于 2005 年创立"清华学堂计算机科学实验班"（姚班），2019 年创立"清华大学人工智能学堂班"（智班），为中国培养了一批在全世界计算机领域具有影响力的人才。他说："中国在几十年前曾经丧失了一些和国际上同时起步的时机，我想我们现在有一个非常好的机会，在以后十年、二十年，人工智能会改变这个世界的时候，我们应该在这个时候跟别人同时起步甚至比别人更先走一步，好好培养我们的人才，从事我们的研究。"

1.2　程序设计

1.2.1　计算机程序

广义上讲，程序（program）就是为了完成某一任务而制定的一组操作步骤。按照该操作步骤执行，就完成了程序所规定的任务。例如，要完成"把大象放进冰箱里"的任务，可以为该任务设计程序：第 1 步，打开冰箱；第 2 步，把大象放进去；第 3 步，关上冰箱。显然上述程序所规定的 3 个操作步骤，任何人看了都能按照程序规定的步骤完成该任务。因为这段程序是用自然语言书写的，任务执行者是人。同样，计算机也能完成各种数据处理任务，我们可以设计计算机程序，即规定一组操作步骤，让计算机按照该操作步骤执行，来完成某个数据处理任务。但是，迄今为止，在为计算机设计程序时，不能用自然语言来描述操作步骤，必须用特定的计算机语言描述。使用计算机语言设计的程序，即计算机程序（computer program）。

从本质上说，计算机程序是一组指令序列。指令（instruction）是指示计算机执行某种操作的命令，由一串二进制数码组成。一条指令通常由操作码和操作数两部分组成，前者描述操作类型，后者描述操作对象。程序（即指令序列）预先存放在存储器中，CPU 不断进行取指令、分析指令、执行指令的操作，从而实现程序控制。

1.2.2　程序设计语言

CPU 能够执行的全部指令的集合称为指令系统，也称为机器语言（machine language）。用机器语言编写的程序，可以直接被计算机执行，且运行速度快。但二进制编码的形式使得程序可读性差、开发效率低。于是人们在机器语言的基础上发展出了汇编语言（assembly language），它是机器语言的一种符号化表示，在一定程度上降低了编程的复杂度。但无论是机器语言，还是汇编语言，都与硬件平台密切相关。由于不同的 CPU 能够执行的指令系统不尽相同，因此使用机器语言或汇编语言编写的程序在一个平台上可以运行，但换到其他平台上可能就无法被识别了，即程序的可移植性差。

目前，我们进行程序设计主要使用的是高级语言（high-level programming language），它更接近自然语言，可读性好、开发效率高。常见的高级语言包括 C、C++、C#、Java、Python 等。高级语言与计算机的硬件结构及指令系统无关，所编写的程序可移植性好，但需要翻译后才能执行。

使用高级语言编写的程序称为源程序（source code），通常有编译（compile）和解释（interpret）两种执行方式。

编译执行过程是指先将源程序整个编译成等价的、独立的目标程序（object code），然后通过连接程序（linker）将目标程序连接为可执行程序（executable），最后运行可执行文件并输出结果。编译执行过程如图 1-3 所示。C 语言就是一种典型的采用编译执行过程的编程语言。

图 1-3　编译执行过程

解释执行过程是指将源程序逐句翻译，翻译一句执行一句，边翻译边执行，不产生目标程序。在整个执行过程中，解释程序一直都在内存中。解释执行过程如图 1-4 所示。Python 就是一种采用解释执行过程的编程语言。

图 1-4　解释执行过程

1.2.3　程序设计方法

编程是为了解决具体问题。在"把大象放进冰箱里"这个问题中，涉及的具体事物是大象和冰箱，我们采用的方法是"打开冰箱，把大象放进去，关上冰箱"，这就是一种过程式编程（procedural programming），涉及的事物就是要处理的数据，采用的方法就被称为算法（algorithm）。数据与算法共同构成了程序。

瑞士计算机科学家尼古拉斯·沃斯（Niklaus Wirth）提出了一个著名的公式，即"算法+数据结构=程序"（algorithm + data structures = programs），并因此获得了图灵奖。在他的一篇具有里程碑意义的论文 *Program Development by Stepwise Refinement* 中，首次提出了"自顶向下（top-down），逐步细化"的结构化程序设计（structured programming）方法。

就像写作文列提纲，我们可以先大体确定分为几部分，再对各部分进行不断的完善。比如，"把大象放进去"这一步，可以再细化成"食物吸引，人工驱赶"。这样我们就可以按照功能把程序划分为若干模块（function），再分别实现，从而得到完整的程序，这就是模块化程序设计（modular programming）的思想。

面向对象程序设计（object-oriented programming）简称 OOP，是从类入手的，将所涉及的事物根据其共同具备的属性（如身高、体重等数据）和行为特征（如洒水、搬运等方法）进行分门别类。类相当于模具，可以加工创建出具有不同属性值的对象，对象则可以使用类中定义的方法来完成特定的操作，进而解决相关的问题，这是一种自底向上（bottom-up）的程序设计方法。需要说明的是，OOP 通过类与对象进行编程，但在具体实现时仍然会使用结构化程序设计方法。

1.3　计算思维

2006 年 3 月，美籍华裔计算机科学家周以真（Jeannette M. Wing）首次提出计算思维（computational thinking）的概念，她将其定义为运用计算机科学的基础概念进行问题求解、系统设计，以及人类行为理解等涵盖计算机科学之广度的一系列思维活动。通俗地讲，计算思维是一种解决问题的思考方式，这种思考方式会运用许多计算机科学的基本理念。

谈到计算思维，人们很容易想到编程，但编程只是使用计算机解决问题中的一个环节。用计算机解决问题，首先要通过抽象（abstraction）的方法建立实际问题的计算模型，也就是如何在计算机中描述问题。我们需要将现实世界中具体事物间的共性提取出来，同时去除无关紧要的细节，用计算机世界中的数据结构和控制结构对事物、事物间的关系、事物的处理方法进行描述。

根据冯·诺依曼体系结构，信息在计算机内部都是以二进制编码的形式存储的。不同类型的信息采用不同的编码形式，可以将信息分为数值信息与非数值信息这两类。数值信息又分为定点数和浮点数，分别用于表示整数和小数。非数值信息则包括文字、图像和声音等。

与数学思维不同，在计算思维中还需要考虑数据的存储问题，因为计算机的存储空间是有限的。位（bit）是二进制数据的最小度量单位，而存储空间管理的基本单位是字节（Byte），1Byte=8bit。为了方便管理，存储空间被划分为若干个大小相同的存储单元，每个单元一个字节。每个存储单元还有一个编号，称为地址，通常采用十六进制形式表示。通过地址可以找到相应的存储单元，进而对其中的内容进行操作。

抽象出所求解问题的计算机表示后，接下来就要找到问题的求解方法，也就是进行算法设计。不是所有的问题都能够找到算法，或者由于算法过于复杂难以在可以接受的时间内完成求解过程，这是计算机科学中的可计算性理论（computability theory）研究的内容。算法复杂度是我们在设计算法时必须考虑的问题。对于那些难以精确求解或者根本不存在精确求解方法的复杂问题，我们往往只进行近似求解，以牺牲精确性为代价，换取算法的有效性与可行性。分治、递归、贪心法、动态规划方法等经典有效的算法，推动了计算机在各个领域中的成功应用。

然后就是用程序设计语言编程实现算法。这时，我们将运用结构化编程方法、模块化编程方法、面向对象编程方法，并遵循良好的编码风格。最终，由计算机自动执行算法完成运算，这就是冯·诺依曼体系结构的本质特征，即存储程序和程序控制。

我们学习程序设计不应该只关注编程语言的语法细节，更应该理解使用计算机解决问题的方法，学会思考如何将现实世界中的具体事物在机器世界中表示，如何将各种算法组合应用于不同问题的求解过程，如何运用程序设计方法来实现算法，以及如何设计出符合规范的程序框架。这一切都离不开大量的编程实践，而实践的第一步就是从模仿入手，然后举一反三。希望本书中丰富的例题代码能够给读者的 Python 学习带来愉快的体验。

1.4 认识 Python

Python 诞生于 1990 年早期，至 2021 年 10 月已经迭代到 3.10 版本。荷兰程序员吉多·范罗苏姆（Guido van Rossum）被称为"Python 之父"，他之所以选择"大蟒蛇"（Python）这个名字，是因为自己当年喜欢一部电视喜剧《蒙提·派森的飞行马戏团》（*Monty Python's Flying Circus*）。

作为开源项目的优秀代表，Python 解释器的全部代码可以被用户在其官方网站上自由下载。Python 软件基金会（Python Software Foundation，PSF）是一个非营利性组织，致力于推进和保护 Python 的开放性，并且拥有 Python 2.1 之后所有版本的版权。

由于 Python 具有语法简单、跨平台性、可移植性、可扩展性等特点，特别是其所倡导的开源理念，使 Python 成为近几年来最受欢迎的编程语言。来自世界各地的程序员通过开源社区不断丰富 Python 的第三方类库，持续扩充语言的功能，使其被广泛应用在常规软件开发、操作系统管理、工程与科学计算、网络编程、图形用户界面设计、游戏开发、数据库访问、多媒体应用、搜索引擎等方面。

拓展阅读：开源软件与知识产权

开源软件（open source software）是指开放源代码的软件，不要简单地把它等同于免费软件（free software），更不要理解为不需要版权（copyright）的软件。开源软件并不排斥知识产权保护，其开发者依然可以依法申请软件著作权（software copyright）。

虽然任何人都可以得到开源软件的源代码，并进行学习、修改、重新分发等，但是这一切都是在版权限制范围之内，用户不能不受限制地随意使用。开源软件开发者通常使用开源协议，通过许可证（license）的形式约束开源软件的使用方式。比如，他人修改源代码后是否可以闭源（closed source）？新增的代码是否采用同样的许可证？是否需要提供说明文档等。常用的开源协议包括 GPL、BSD、MIT、Mozilla、Apache 和 LGPL 等，限于篇幅不再逐一展开介绍，有兴趣的读者可以查阅相关文档资料。

那么从哪里可以获取、参与开源项目呢？GitHub 是世界上最大的代码托管平台，于 2008 年 4 月正式上线。作为开源代码库及版本控制系统，GitHub 已经拥有超过 900 万名开发者用户。随着越来越多的应用程序转移到了云上，GitHub 已经成为管理软件开发及发现已有代码的首选方法。但 GitHub 作为一家美国公司，受到了美国政府的出口管制。2019 年 7 月，该公司限制了部分地区账户的访问权限，这引发了中国开发者的担忧。作为 GitHub 不可或缺的重要组成部分，中国开发者不得不发展自己的开源社区来维护开源代码，从而避免中国软件行业面临的巨大风险。

大家可能关心的另一个问题是开源项目能否为开发者带来收益。一种常见的模式就是推出软件的开源版本和商业版本，采用不同的授权方式，通过推广开源软件吸引用户，而商业版的许可销售和支持服务可以获取收益。以大家熟悉的美国谷歌公司（Google）开发的安卓（Android）操作系统为例，这是一个开源项目，众多开发者与谷歌公司一起共同营造产品的生态系统。虽然安卓系统是开源的，但使用应用商店（Google Play）、谷歌搜索、谷歌地图等谷歌移动服务（Google Mobile Service，GMS）必须获得谷歌授权且不可随意修改。由于用户的使用习惯，国外的安卓设备严重依赖 GMS，因此国内手机生产商出口到海外的产品必须获得谷歌的 GMS 授权。自 2019 年 2 月 1 日开始，谷歌对欧盟手机厂商进行收费，安装 GMS 的每台设备收取 40 美元的授权费。

为了限制中国高科技企业的崛起，美国在 2019 年宣布将华为公司列入"实体清单"，谷歌单方面宣布终止与华为的合作协议，禁止华为手机搭载谷歌 GMS 服务，并明确表示不再向华为授权最新版本的安卓系统。2019 年 8 月，华为正式发布开源的鸿蒙系统（HarmonyOS），代表着中国高科技企业必须开展的一次战略突围，是中国解决诸多"卡脖子问题"的一个带动点。截至 2021 年 9 月，鸿蒙系统升级用户数量已经突破 1.2 亿。

1.5　编写第一个 Python 程序

1.5.1　Python 开发环境

Python 是跨平台的，可以运行于 Windows、Linux/UNIX、macOS 等操作系统。本书所有程序均基于 Windows 平台下的 Python 3.X 版本。在编写第一个 Python 程序前，我们首先要部署 Python 的开发环境。

用户可以在 Python 官网上下载最新版本的安装包，其中包含 IDLE 开发环境。除此之外，用户还可以下载 Anaconda、PyCharm、Eclipse＋Pydev 插件、Visual Studio＋Python Tools for Visual Studio、PythonWin 等其他集成开发环境（Integrated Development Environment，IDE）。有关 IDLE 及其他有代表性开发环境的安装过程与使用方法，请读者参阅本书附录 A，此处不再展开介绍。

IDLE 运行界面如图 1-5 所示。

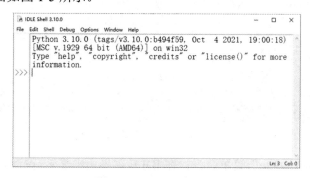

图 1-5　IDLE 运行界面

1.5.2 运行 Python 程序

【实例1-1】编写一个程序，运行时输出"hello,world"。

下面我们在 IDLE 中编写第一个 Python 程序，在提示符>>>处输入如下代码：

```
print("hello,world")
```

在按 Enter 键后，就可以看到这行代码的执行结果，这是一种交互模式的程序运行方式，如图 1-6 所示，适用于程序简单、代码较少的情况。

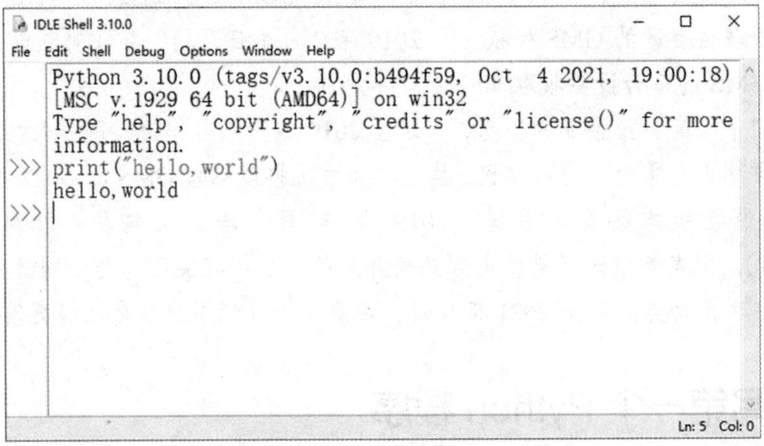

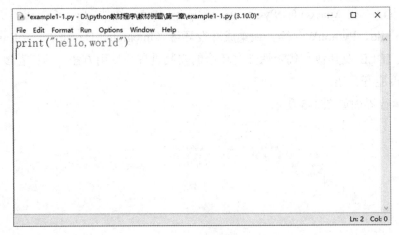

图 1-6　交互模式

当程序功能较为复杂、代码较多时，通常使用脚本模式编程。在 IDLE 中执行"File|New File"菜单命令，弹出一个新的编辑窗口，这时可以发现已经没有交互式提示符>>>了，如图 1-7 所示。再次输入刚才那行代码，执行"File|Save"菜单命令。第一次保存文件时，会弹出对话框让用户确定保存位置、文件名和保存类型。我们将文件命名为 example1-1，保存类型为 Python 文件（.py）。

图 1-7　脚本模式

执行"Run|Run Module"菜单命令，在 IDLE 主界面中显示运行结果，如图 1-8 所示。

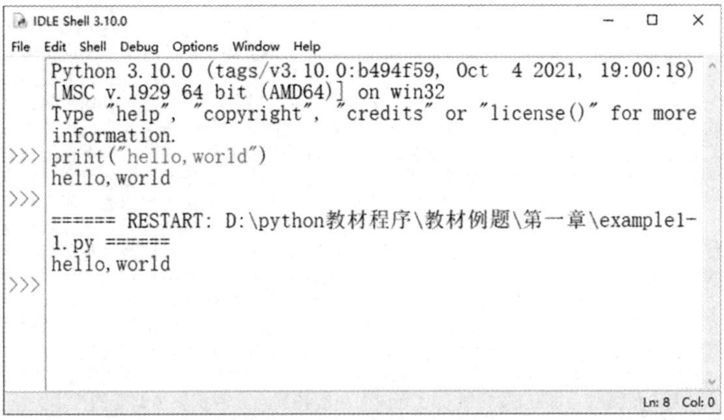

图 1-8　运行结果

需要说明的是，由于 Python 是一种解释执行的脚本语言，因此在没有安装 Python 解释器的系统中是无法运行 Python 程序的。

1.5.3　Python 程序的构成

虽然第一个 Python 程序十分简单，但还是能够体现出 Python 程序的基本结构的。Python 程序的层次结构可以分解为模块（module）、语句（statement）、表达式（expression）和对象（object）。

（1）模块。一个 Python 程序由一个或多个模块组成，模块对应扩展名为 .py 的源文件。实例 1-1 的程序中只包含一个模块，对应 example1-1.py 文件。除了自己设计模块，还可以在程序中导入其他已有模块，以便拓展程序的功能，提高程序的开发效率。

（2）语句。模块是由语句构成的，语句用于创建对象、变量赋值、调用函数、控制分支、构建循环、注释等。print("hello,world")就是一条调用内置函数 print()输出字符串 "hello,world"的语句。

（3）表达式。使用运算符和括号将运算对象组合在一起的式子就是表达式，其作用为创建和处理对象。单独的一个对象也可以被视为一个表达式，如字符串对象"hello"。

（4）对象。Python 是面向对象的程序设计语言，Python 中的一切都是对象。Python 提供了许多内置对象，以便开发者直接使用。

1.5.4　Python 代码规范

我们在写文章时对字词含义是否准确、标点符号是否正确、句式结构是否合理等都有规范要求，这些都属于语法范畴。除了语法方面的要求，文章的编排版式也很重要，如图 1-9（a）所示的连成一片的排版方式，显然会影响读者阅读，不利于传递文章的思想内容，改为图 1-9（b）这种排版方式，文章的层次结构就十分清晰了。

"十四五"时期经济社会发展主要目标。经济发展取得新成效。发展是解决我国一切问题的基础和关键，发展必须坚持新发展理念，在质量效益明显提升的基础上实现经济持续健康发展，增长潜力充分发挥，国内生产总值年均增长保持在合理区间、各年度视情提出，全员劳动生产率增长高于国内生产总值增长，国内市场更加强大，经济结构更加优化，创新能力显著提升，全社会研发经费投入年均增长7%以上、力争投入强度高于"十三五"时期实际，产业基础高级化、产业链现代化水平明显提高，农业基础更加稳固，城乡区域发展协调性明显增强，常住人口城镇化率提高到65%，现代化经济体系建设取得重大进展。改革开放迈出新步伐。社会主义市场经济体制更加完善，高标准市场体系基本建成，市场主体更加充满活力，产权制度改革和要素市场化配置改革取得重大进展，公平竞争制度更加健全，更高水平开放型经济新体制基本形成。社会文明程度得到新提高。社会主义核心价值观深入人心，人民思想道德素质、科学文化素质和身心健康素质明显提高，公共文化服务体系和文化产业体系更加健全，人民精神文化生活日益丰富，中华文化影响力进一步提升，中华民族凝聚力进一步增强。生态文明建设实现新进步。国土空间开发保护格局得到优化，生产生活方式绿色转型成效显著，能源资源配置更加合理、利用效率大幅提高，单位国内生产总值能源消耗和二氧化碳排放分别降低13.5%、18%，主要污染物排放总量持续减少，森林覆盖率提高到24.1%，生态环境持续改善，生态安全屏障更加牢固，城乡人居环境明显改善。民生福祉达到新水平。实现更加充分更高质量就业，城镇调查失业率控制在5.5%以内，居民人均可支配收入增长与国内生产总值增长基本同步，分配结构明显改善，基本公共服务均等化水平明显提高，全民受教育程度不断提升，劳动年龄人口平均受教育年限提高到11.3年，多层次社会保障体系更加健全，基本养老保险参保率提高到95%，卫生健康体系更加完善，人均预期寿命再提高1岁，脱贫攻坚成果巩固拓展，乡村振兴战略全面推进，全体人民共同富裕迈出坚实步伐。国家治理效能得到新提升。社会主义民主法治更加健全，社会公平正义进一步彰显，国家行政体系更加完善，政府作用更好发挥，行政效率和公信力显著提升，社会治理特别是基层治理水平明显提高，防范化解重大风险体制机制不断健全，突发公共事件应急处置能力显著增强，自然灾害防御水平明显提升，发展安全保障更加有力，国防和军队现代化迈出重大步伐。

（a）排版前

"十四五"时期经济社会发展主要目标
■ 经济发展取得新成效
　　• 发展是解决我国一切问题的基础和关键，发展必须坚持新发展理念，在质量效益明显提升的基础上实现经济持续健康发展，增长潜力充分发挥
　　• 国内生产总值年均增长保持在合理区间、各年度视情提出，全员劳动生产率增长高于国内生产总值增长，国内市场更加强大，经济结构更加优化，创新能力显著提升
　　• 全社会研发经费投入年均增长7%以上、力争投入强度高于"十三五"时期实际
　　• 产业基础高级化、产业链现代化水平明显提高
　　• 农业基础更加稳固，城乡区域发展协调性明显增强，常住人口城镇化率提高到65%
　　• 现代化经济体系建设取得重大进展
■ 改革开放迈出新步伐
　　• 社会主义市场经济体制更加完善
　　• 高标准市场体系基本建成
　　• 市场主体更加充满活力
　　• 产权制度改革和要素市场化配置改革取得重大进展
　　• 公平竞争制度更加健全
　　• 更高水平开放型经济新体制基本形成
■ 社会文明程度得到新提高
　　• 社会主义核心价值观深入人心，人民思想道德素质、科学文化素质和身心健康素质明显提高
　　• 公共文化服务体系和文化产业体系更加健全，人民精神文化生活日益丰富
　　• 中华文化影响力进一步提升，中华民族凝聚力进一步增强
■ 生态文明建设实现新进步
■ 民生福祉达到新水平
■ 国家治理效能得到新提升

（b）排版后

图 1-9　文章排版

　　养成规范的编程习惯，对一个程序员来说十分重要，这里主要有两层含义。

　　（1）编程时必须遵循计算机语言的语法规则，否则程序将无法运行。初学者首先要记住的是缩进的语法规则，Python 的其他语法规则会在后续章节中展开介绍。

　　【实例 1-2】修改第一个程序，使运行时连续输出 3 次"hello,world"，实现重要的事情说三遍的功能。

```
#example1-2.py
i=1
```

```
while i<=3:
    print("hello,world")
    i=i+1
print("重要的事情说三遍!!! ")
```

运行结果如下：

```
hello,world
hello,world
hello,world
重要的事情说三遍!!!
```

Python 通过行首缩进指定数量的空格（一般是 4 个空格，可以通过按 Tab 键来实现）的方式表示语句间的层次关系。代码缩进一般用在 if、while、for 等控制语句和函数定义及类定义等语句中，通常与冒号配合使用。

实例 1-2 中第 2 行代码 while 语句的最后紧跟一个冒号，第 3、4 行代码均缩进 4 个空格，表示这两行属于 while 语句的循环体，而第 5 行代码不属于 while 语句，所以就不再需要缩进，而是与 while 语句保持左对齐。这样在程序运行时，while 语句的循环体一共执行了 3 次，输出了 3 次 "hello,world"，循环结束后执行最后一句，输出 1 次 "重要的事情说三遍!!!"。

如果我们在第 5 行行首也缩进 4 个空格，那么这一行也就属于 while 语句的循环体了，程序的运行结果将变为：

```
hello,world
重要的事情说三遍!!!
hello,world
重要的事情说三遍!!!
hello,world
重要的事情说三遍!!!
```

缩进和冒号都是 Python 程序的语法规则，必须严格遵守，否则程序运行时会报错。大家可以试着把实例 1-2 中第 2 行最后的冒号去掉或者把第 3、4 行的缩进空格去掉，看看程序运行时的情况。

（2）编写代码时要符合阅读程序的审美习惯。通常为了提高程序的可读性和可维护性，应该为关键语句适当地添加注释，在不同的代码块之间增加空行。虽然这些操作并非 Python 的语法规则，却是一种通行的做法。

一个好的程序不仅要有正确的算法，还要有清晰的逻辑结构和简明扼要的注释说明。注释主要用于在程序中标注模块信息、解释变量的含义、说明函数功能等，这样既方便自己修改程序，也方便与他人合作开发程序。注释只是为了方便阅读者，Python 解释器将忽略所有的注释。

Python 中有两种添加注释的方式。

① 单行注释。以#开头的一行信息，直到该行结束。

② 多行注释。以一对三引号（三个单引号或三个双引号）包含的多行信息。

【实例 1-3】为实例 1-2 中的程序添加注释。

```
#example1-3.py
#连续输出 3 次 hello,world

i=1                         #循环变量
while i<=3:                 #循环 3 次
    print("hello,world")
    i=i+1
print("重要的事情说三遍!!! ")
```

从上述代码中可以看到，我们在程序的开头添加了两行注释，分别说明文件名和程序的功能，然后通过一个空行与程序正文进行分隔。我们还对变量 i 的含义、while 语句的功能进行了说明。

在一般情况下，一行一条语句。如果语句确实太长而超过屏幕宽度，那么最好换行书写，并在行尾使用续行符（\）表示下一行代码仍属于本条语句，也可以在一行书写多条语句，此时语句间需要使用分号（;）进行分隔。

1.6 编程的基本方法

1.6.1 IPO 编程模式

虽然第一个 Python 程序只有两行，但是已经体现了基本编程模式中的两个环节。下面以计算三角形面积为例，运用前面介绍过的计算思维来分析程序的基本编写方法。

（1）抽象表示。问题中涉及的具体事物是三角形，首先要在计算机中把三角形抽象表示出来，可以用三条边来表示一个三角形，也就是说，一个三角形在计算机中被抽象成 3 个浮点数（带小数的数值）。

（2）算法设计。可以用公式 $s = \sqrt{x(x-a)(x-b)(x-c)}$ 计算三角形面积。其中，a、b、c 表示三条边长，x 为三角形周长的一半。

（3）编程实现。每个程序基本都是由输入数据、处理数据和输出数据三部分组成的，这就是所谓的 IPO（Input, Process, Output）编程模式。

① 输入数据通常是程序的开始部分，其功能是将问题中的具体事物在计算机中表示出来。程序要处理的数据有多种来源，相应的数据输入方式也有多种，包括控制台键盘输入、随机数据产生、内部参数传递、文件读取、图形交互界面获取等。

② 处理数据是程序的主要部分，是对输入数据进行计算并产生输出结果的过程。

③ 输出数据一般作为程序的结束部分，其功能为展示运算结果。主要的输出方式包括控制台输出（输出到屏幕）、文件写入等。

三角形面积求解问题的 IPO 描述如下。

输入：三边长 a、b、c

处理：$s = \sqrt{x(x-a)(x-b)(x-c)}$，$x = \dfrac{1}{2}(a+b+c)$

输出：三角形的面积 s

【实例1-4】计算三角形面积。

```
#example1-4.py
#计算三角形面积


import math                         #导入 math 库

a=3.0
b=4.0
c=5.0
x=(a+b+c)/2                         #x 为周长的一半
s=math.sqrt(x*(x-a)*(x-b)*(x-c))   #s 为三角形的面积
print(s)
```

Python 提供了大量的能够实现特定功能的函数，以便用户进行程序开发。一些高频使用的函数被设计为内置函数，如 print()函数，用户可以在程序中直接调用。还有一些函数被存放在不同的库中，使用前需要先通过 import 语句导入，再通过库名.函数()的形式调用相关函数。有关 Python 的内置函数与标准库的介绍，请读者参阅附录 C、附录 D。

因为计算三角形面积时需要使用的平方根函数 sqrt()被存放在 math 库中，所以我们在程序开始时运用了 import math 语句，然后通过 math.sqrt()调用该函数。

上述程序运行后输出结果：

```
6.0
```

这是否意味着程序无误呢？在程序编写完成后，必须进行调试（debug），发现并排除程序中的错误（bug）。程序错误主要分为语法错误、运行错误、逻辑错误这 3 类。

（1）语法错误是程序不符合计算机语言的语法规定，导致程序无法运行的错误，如括号、单引号、双引号没有成对出现，乘法运算符被漏掉等。这类错误很容易被解释器检查发现，因此比较容易排除。大家可以试着把上述程序中的 import 语句注释掉，看看运行情况。程序员在调试程序的过程中，往往会让一些语句暂时不被执行，以便定位错误，可以通过在相应语句前面加上注释符号#实现，调试完成后再将其恢复即可。

（2）运行错误是指程序通过语法检查后，在运行过程中出现的错误（如除数为 0、文件不存在等），导致程序被迫终止运行，可以使用第 3 章中介绍的 Python 的异常处理机制提高程序的健壮性。

（3）逻辑错误是指程序运行后没有语法错误，却没有得到预期的结果。这类错误往往需要经过大量的测试才能发现。关于程序调试的一些基本方法，请读者参阅附录 A 中的相关内容。

在上述程序中，如果把三边长的数据修改为-3.0、-4.0、-5.0，显然这已经不是一个三角形了，但程序运行后仍然输出 6.0，且没有任何错误。这说明该程序在设计上存在缺陷。

【实例1-5】计算三角形面积，并校验数据有效性。

程序代码如下：

```
#example1-5.py
#计算三角形面积

import math                                         #导入 math 库

a=-3.0
b=-4.0
c=-5.0
if(a<=0 or b<=0 or c<=0 or a+b<=c or a+c<=b or b+c<=a):   #校验数据
    print("这不是一个三角形! ")
else:
    x=(a+b+c)/2                                       #x 为周长的一半
    s=math.sqrt(x*(x-a)*(x-b)*(x-c))                  #s 为三角形的面积
    print(s)
```

上述程序运行后的输出结果：

```
这不是一个三角形!
```

在 IPO 编程模式中，通常建议对输入的数据进行有效性校验，并对无效数据给出相应的提示信息。程序中可以通过 if 语句判断三个边长数据能否构成一个三角形，我们将在第 3 章详细介绍 if 语句的用法，这里只是提醒大家注意冒号与缩进的形式。

大家肯定希望在程序运行时输入不同的边长，计算不同三角形的面积，而不是在程序中指定边长计算面积。这可以看作程序功能需求的变化，相应地，我们需要对程序进行升级完善。只要一个程序还在继续对外服务，那么程序员就需要持续对它进行升级维护，以适应不断产生的需求变化。

1.6.2 输入/输出函数

1. input()函数

在程序运行时，往往需要从控制台获得用户输入的数据，但如果直接使用如下形式输入边长数据：

```
a=input()
```

则在程序运行时会有错误提示。原因在于 input()函数的返回值是一个字符串，如果用户在控制台输入 123，得到的结果是"123"。当在后面的语句中使用获得的字符串进行算术运算时，就会发生错误。

当我们需要使用 input()函数通过控制台获得非字符串数据时，就需要对函数返回值进行类型转换。下面的语句是将输入的数据转换为浮点数（float 类型），如果需要整数则使用 int 进行转换：

```
a=float(input())
```

为了提高程序交互性，通常在输入数据时显示相关的提示信息。我们可以把提示信息字符串作为参数放在 input()函数中：

```
a=float(input("请输入 a 边长: "))
```

2. eval()函数

eval()函数可以接收一个字符串，以 Python 表达式的方式解析与执行该字符串，并将执行结果返回。简单来说，该函数的作用就是将字符串参数外面的那对引号去掉，按表达式进行计算。例如：

```
a=1
eval("a*2")  #转换为 a*2 进行计算
```

运行结果如下：

```
2
```

我们经常会将 eval()函数与 input()函数结合使用，用于处理输入数据。这样就不必考虑将函数值转换成什么类型了。

【实例 1-6】输入三角形边长，计算三角形面积。

```
#example1-6.py
#计算三角形面积

import math                                        #导入 math 库
'''
a=float(input("请输入 a 边长: "))
b=float(input("请输入 b 边长: "))
c=float(input("请输入 c 边长: "))
'''
a=eval(input("请输入 a 边长: "))
b=eval(input("请输入 b 边长: "))
c=eval(input("请输入 c 边长: "))
if a<=0 or b<=0 or c<=0 or a+b<=c or a+c<=b or b+c<=a:   #校验数据
    print("这不是一个三角形! ")
else:
    x=(a+b+c)/2                                    #x 为周长的一半
    s=math.sqrt(x*(x-a)*(x-b)*(x-c))              #s 为三角形的面积
    print(s)
```

上述程序将输入数据进行类型转换的 3 行语句通过三引号的方式注释掉了，运行结果如下：

```
请输入 a 边长: 3.0
请输入 b 边长: 3.0
请输入 c 边长: 3.0
3.897114317029974
```

3. print()函数

实例 1-6 的程序中部分输入数据已经达到要求，但部分输出数据还有改进空间。我们希望在输出时能够显示相关提示信息，并对数据的格式进行设置。

使用 print()函数可以输出多个数据，参数中的输出数据之间用逗号分隔。例如：

```
print("三角形面积: ",s)
```

print()函数的基本语法格式如下：

```
print(value,… ,sep=' ',end='\n')                              #此处只说明了部分参数
```

上述参数的含义如下：

① value 是用户要输出的信息，后面的省略号表示可以有多个要输出的信息。

② sep 用于设置多个要输出信息之间的分隔符，默认的分隔符为一个空格。

③ end 是在所有要输出信息之后添加的符号，默认值为换行符。

示例：

```
>>>print(123,'abc',45,'book',sep='-')
123-abc-45-book
>>>print('100+200=',100+200)
100+200=300
```

还可以使用格式化字符串常量 f-string 对字符串进行格式化。例如：

```
print(f'三角形面积：{s:.2f}')
```

其中，f'三角形面积：{s:.2f}'即 f-string，它是以 f 或 F 修饰符引领的字符串。字符串中准备用其他内容替换输出的部分放在花括号{}中，基本形式是{替换内容:格式说明}，{s:.2f}的含义是将 s 按两位小数的格式进行输出。有关 f-string 的具体用法将在第 2 章中详细介绍。

【实例 1-7】输入三角形边长，计算三角形面积，格式化输出结果。

```
#example1-7.py
#计算三角形面积

import math                                                    #导入 math 库
'''
a=float(input("请输入 a 边长: "))
b=float(input("请输入 b 边长: "))
c=float(input("请输入 c 边长: "))
'''
a=eval(input("请输入 a 边长: "))
b=eval(input("请输入 b 边长: "))
c=eval(input("请输入 c 边长: "))
if a<=0 or b<=0 or c<=0 or a+b<=c or a+c<=b or b+c<=a:         #校验数据
    print("这不是一个三角形! ")
else:
    x=(a+b+c)/2                                                #x 为周长的一半
    s=math.sqrt(x*(x-a)*(x-b)*(x-c))                           #s 为三角形的面积

    print(f'a={a},b={b},c={c}')
    print(f'三角形面积：{s:.2f}')
```

运行结果如下：

```
请输入 a 边长: 3.0
请输入 b 边长: 3.0
请输入 c 边长: 3.0
a=3.0,b=3.0,c=3.0
```

三角形面积：3.90

1.6.3　常量与变量

在实例 1-4 的程序中，通过下面的语句直接指定了边长。

```
a=3.0
```

这里的 3.0 是一个常量（constant）。也就是说，在程序运行期间其值不会发生变化。3.0 是一个浮点数类型（float）的常量，系统将根据它的类型（type）分配相应大小的存储空间，空间中存放着它的值（value），空间有一个唯一的标识（identity），通过该标识可以找到该空间，从而访问空间中存放的值。更多关于数据类型的知识将在第 2 章中详细介绍。

Python 中的对象是所有数据的抽象，常量 3.0 就是一个对象。每个对象由标识、类型和值构成，可以分别通过内置函数 id()、type()、print() 进行查看。例如，在交互模式下可以得到对象 3.0 的以下相关信息。

```
>>>id(3.0)
2158831969200
>>>type(3.0)
<class 'float'>
>>>print(3.0)
3.0
```

在程序中第一次出现某个对象时，系统会给它分配一块空间。每次执行程序时，给对象分配的空间很可能是不同的，但在同一次执行过程中，直到对象被删除前，该空间一直属于此对象。对象被删除的时间与它的生命周期有关，具体内容将在第 5 章中介绍。

显然，直接使用对象的标识进行访问是很不方便的。我们会通过赋值运算符（=）将一个对象赋值给一个变量（variable），在语句 a=3.0 中，a 就是一个变量，它引用了对象 3.0。变量无须声明，直接赋值即可使用。顾名思义，变量是可以改变的量，可以通过赋值运算使变量引用不同的对象。更多关于赋值运算符的用法将在第 2 章中介绍。

【实例 1-8】查看变量引用对象的相关信息。

```
#example1-8.py
a=3.0                    #变量赋值，引用对象 3.0
print("常量 3.0 信息")
print(id(3.0))           #输出常量 3.0 的标识
print(type(3.0))         #输出常量 3.0 的类型
print(3.0)               #输出常量 3.0 的值

print("变量 a 信息")
print(id(a))             #输出变量 a 的标识，与 3.0 相同
print(type(a))           #输出变量 a 的类型，与 3.0 相同
print(a)                 #输出变量 a 的值，与 3.0 相同

a=123                    #变量重新赋值，引用对象 123
print("常量 123 信息")
print(id(123))           #输出常量 123 的标识
```

```
print(type(123))              #输出常量 123 的类型
print(123)                    #输出常量 123 的值

print("变量 a 信息")
print(id(a))                  #输出变量 a 的标识，与 123 相同
print(type(a))                #输出变量 a 的类型，与 123 相同
print(a)                      #输出变量 a 的值，与 123 相同

print("常量 3.0 信息")
print(id(3.0))                #对象 3.0 依然存在

b=123
print("变量 b 信息")
print(id(b))                  #变量 a、b 均引用对象 123

c=a
print("变量 c 信息")
print(id(c))                  #变量 a、c 引用相同的对象

a=a+1
print("变量 a 信息")
print(id(a))                  #输出变量 a 的标识，与 123 不相同
print(type(a))                #输出变量 a 的类型，与 123 不相同
print(a)                      #输出变量 a 的值，与 123 不相同
```

运行结果如下：

```
常量 3.0 信息
2588194939824
<class 'float'>
3.0
变量 a 信息
2588194939824
<class 'float'>
3.0
常量 123 信息
2588156497968
<class 'int'>
123
变量 a 信息
2588156497968
<class 'int'>
123
常量 3.0 信息
2588194939824
变量 b 信息
2588156497968
变量 c 信息
2588156497968
```

```
变量a信息
2588156498000
<class 'int'>
124
```

这里重点分析一下 a=a+1 语句的执行过程，如图 1-10 所示。先执行 a+1，将变量 a 当前引用的对象 123 的值加 1 后，得到一个新对象 124，再将新对象赋值给变量 a，即变量 a 引用新对象，对象 123 仍然存在。

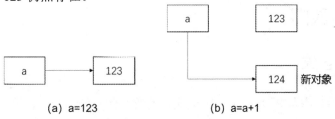

$$(a)\ a=123 \qquad\qquad (b)\ a=a+1$$

图 1-10　赋值语句的执行过程

1.6.4　标识符命名规则

标识符用于识别变量、函数、类、模块及对象的名称。Python 的标识符可以包含英文字母（A～Z、a～z）、数字（0～9）、下画线（_）及大多数非英文语言的字符（如中文字符）。在自定义标识符时，有以下几个方面的限制。

① 标识符的第 1 个字符不能是数字，并且变量名称之间不能有空格。

② 在命名时，应尽量做到"见名知意"，以提高程序的可读性。例如，用 salary 和 pay 表示工资。

③ Python 的标识符有大小写之分，如 Data 与 data 是不同的标识符。

④ 关键字（keyword）是在 Python 中具有特定意义的字符串，通常也称为保留字，不能把它们用作任何自定义标识符名称。Python 的关键字如表 1-1 所示。

表 1-1　Python 的关键字

and	as	assert	async	await
break	class	continue	def	del
elif	else	except	False	finally
for	from	global	if	import
in	is	lambda	nonlocal	not
or	None	pass	raise	return
True	try	while	with	yield

⑤ Python 包含许多内置的类名、对象名、异常名、函数名、方法名、模块名、包名等预定义名称。例如，float、math、ArithmeticError、print 等。用户应该避免使用预定义标识符作为自定义标识符。

⑥ 以双下画线开始和结束的名称通常具有特殊的含义。例如，__init__ 为类的构造函数名，一般应避免使用。

驼峰命名法（CamelCase）和下画线命名法（UnderScoreCase）是两种常见的命名方法。驼峰命名法是指当标识符由一个或多个单词构成时，第一个单词以小写字母开始，之后每个单词的首字母都采用大写字母，如 helloWorld、mySpace，这样的标识符看上去就像驼峰一样此起彼伏。下画线命名法是将多个单词用下画线连接在一起，构成标识符的方法，如 hello_world、my_space。

1.7　绘图入门

1.7.1　turtle 库

turtle（海龟）库是 Python 中一个很流行的绘制图形的函数库，用于绘制线、圆及其他形状。我们可以把 turtle 库绘图理解为一只海龟在坐标系统中爬行，其爬行轨迹形成了绘制的图形。用户可以控制海龟的位置、方向，以及画笔的状态、宽度、颜色等，图形绘制的过程十分直观。

turtle 库需要通过以下语句导入后才能使用。

```
import turtle
```

由于控制台中无法绘制图形，因此使用 turtle 库绘制图形时首先需要创建一个绘图窗口，即画布（canvas）。在创建画布时，需要指定其大小和位置，具体的创建方法如下：

```
turtle.setup(width, height, startx, starty)
```

其中 4 个参数的含义如图 1-11 所示。

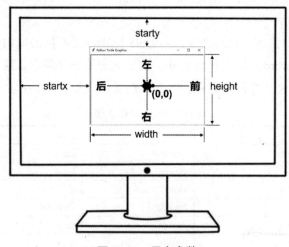

图 1-11　画布参数

setup()函数中的 4 个参数分别表示窗口宽度、高度、窗口在计算机屏幕上的横坐标和纵坐标。width、height 的值为整数时，表示以像素为单位的尺寸；值为小数时，表示图形窗口的宽或高与屏幕的比例；宽度默认为屏幕宽度的 50%，高度默认为屏幕高度的 75%。startx、starty 的取值可以为整数或默认值，当取值为整数时，分别表示图形窗口左侧、顶部与屏幕左侧、顶部的距离（单位为像素）；当取值为默认值时，窗口默认位于屏幕中心。

　　turtle 画布的默认坐标系统如图 1-12 所示。坐标原点位于画布中央，水平向右是 x 轴正向，垂直向上是 y 轴正向。

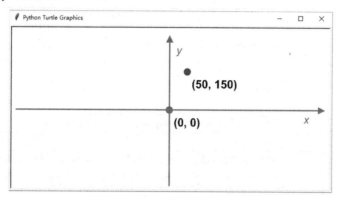

图 1–12　turtle 画布的默认坐标系统

turtle 库中与坐标系统相关的函数如表 1-2 所示。

表 1-2　turtle 库中与坐标系统相关的函数

函　　数	功　　能
goto(x,y)	移动到指定位置，可以使用 x、y 分别接收表示目标位置的横坐标和纵坐标
seth(angle) setheading(angle)	转动到某个方向，参数 angle 用于设置画笔在坐标系中的角度
setx(x)	将当前 x 轴移动到指定位置，x 单位为像素
sety(y)	将当前 y 轴移动到指定位置，y 单位为像素

　　画笔的控制包括设置画笔的状态，即画笔的抬起和落下状态；设置画笔的宽度、颜色等。turtle 库中的画笔控制函数如表 1-3 所示。

表 1-3　turtle 库中的画笔控制函数

函　　数	功　　能
penup() pu() up()	提起画笔，用于移动画笔位置，与 pendown() 函数配合使用
pendown() pd() down()	放下画笔。然后移动画笔将绘制图形
pensize() width()	设置画笔宽度，若为 None 或空，则返回当前画笔宽度
pencolor(colorstring) pencolor(r,g,b)	设置画笔颜色，若无参数，则返回当前画笔颜色
speed(speed)	设置画笔移动速度，取值为 0～10 的整数
begin_fill()	开始填充
end_fill()	结束填充
fillcolor(colorstring) fillcolor(r,g,b)	设置填充颜色，若无参数，则返回当前填充颜色

turtle 图形绘制是通过控制画笔的行进动作完成的。turtle 的图形绘制函数也叫运动控制函数，包括画笔的前进、后退、方向控制等。turtle 的图形绘制函数如表 1-4 所示。

表 1-4　turtle 的图形绘制函数

函　　　数	功　　　能
fd(distance) forward(distance)	向前移动 distance 距离，单位为像素
backward(distance) bk(distance) back(distance)	向后移动 distance 距离
left(angle)	向左转动，参数 angle 用于指定画笔向右与向左的角度
right(angle)	向右转动
circle(radius, extents，steps)	绘制圆弧，参数 radius 用于设置半径，extents（可选）用于设置弧的角度（默认表示绘制整圆），steps（可选）确定绘制正多边形，若 steps=3，则绘制正三角形

1.7.2　绘图实例

【实例 1-9】绘制如图 1-13 所示的五角星图形。

图 1-13　五角星图形

```
#example1-9.py
import turtle            #导入 turtle 库
turtle.forward(200)      #从当前位置（默认为坐标原点）沿前进方向向前移动 200 像素
turtle.right(144)        #前进方向右转 144°
turtle.forward(200)
turtle.right(144)
turtle.forward(200)
turtle.right(144)
turtle.forward(200)
turtle.right(144)
turtle.forward(200)
```

【实例 1-10】绘制一个红色的五角星图形。

```
#example1-10.py
import turtle
turtle.hideturtle()      #隐藏海龟
turtle.speed(3)          #设置画笔速度
```

```
turtle.pensize(5)                #设置画笔宽度
turtle.pencolor("red")           #设置画笔颜色，默认为黑色"black"
turtle.fillcolor("red")          #设置填充颜色，默认为黑色"black"
turtle.begin_fill()              #开始填充
for i in range(5):               #循环 5 次（具体使用方法详见第 3 章），每次画一条边
    turtle.forward(200)
    turtle.right(144)
turtle.end_fill()                #结束填充
```

运行结果如图 1-14 所示。

图 1-14　填充五角星

1.8　应用实例

【实例 1-11】绘制一个九宫格手机解锁图案（手势密码），如图 1-15 所示。

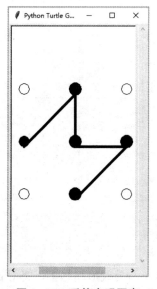

图 1-15　手势密码图案

首先需要模拟 16∶9 的手机屏幕，画布默认尺寸是（屏幕宽度*0.5）*（屏幕高度*0.75），可以使用 setup() 函数创建，代码如下：

```
turtle.setup(270,480)    #16∶9 画布尺寸为 480 像素*270 像素，位于屏幕中央
```

接下来绘制九宫格，即 9 个圆，确定九宫格在坐标系统中的位置，如图 1-16 所示。

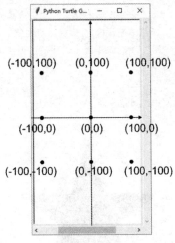

图 1-16　九宫格坐标

可以使用 circle() 函数在海龟的当前位置绘制一个圆形，如图 1-17 所示。在画布创建后，海龟的初始位置是坐标原点。圆心在海龟左边（方向见图 1-11），二者之间的距离为半径。代码如下：

```
turtle.circle(10)        #绘制圆形，半径为 10 像素
```

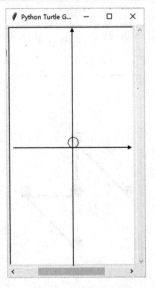

图 1-17　绘制圆形

在绘制其他圆形时，先使用 up() 函数抬起画笔，使用 goto() 函数移动海龟的位置，再使用 down() 函数放下画笔，在当前位置绘制圆形。代码如下：

```
turtle.up()                          #抬起画笔
turtle.goto(0,100)                   #移动位置
turtle.down()                        #放下画笔
turtle.circle(10)                    #绘制圆形
```

我们可以使用这样的方法依次画出所有的圆形，但显然有些烦琐。分析后发现，每次绘制圆形的操作是类似的，区别只是圆心位置，可以考虑使用循环来实现这种有规律的重复性操作，循环的相关用法将在第 3 章中详细介绍。代码如下：

```
for y in range(100,-101,-100):          #x 坐标变化范围
    for x in range(-100,101,100):       #y 坐标变化范围
        turtle.up()
        turtle.goto(x,y)
        turtle.down()
        turtle.circle(10)
```

运行结果如图 1-18 所示。

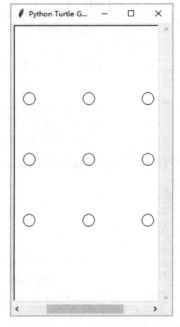

图 1-18　九宫格图案

接下来绘制直线，依次连接(-100,0)、(0,100)、(0,0)、(100,0)、(0,-100)这 5 个点，经过的每个圆形都显示为实心状态。

同样，在抬起画笔的状态下，将海龟移动到(-100,0)位置，先绘制一个实心圆形，此处使用默认颜色黑色。代码如下：

```
turtle.begin_fill()          #开始填充
turtle.up()                  #抬起画笔
turtle.goto(-100,0)          #移动位置
turtle.down()                #放下画笔
turtle.circle(10)            #绘制圆形
turtle.end_fill()            #结束填充
```

在使用 forward()函数绘制直线前，要先确定移动的方向，除了使用 left()函数、right()函数左转和右转，还可以使用 setheading()函数设置转到坐标系中某个具体的角度。画布中的角度如图 1-19 所示。

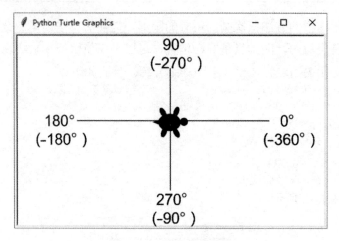

图 1-19 画布中的角度

由此可知，从点(-100,0)到点(0,100)的前进方向为 45°，两点间的距离约为 141.4，绘制直线的代码如下：

```
turtle.pensize(5)                    #画笔宽度
turtle.setheading(45)                #前进方向
turtle.forward(141.4)                #前进距离
```

按照上述方法，可以继续绘制其他的实心圆形和直线。需要注意的是，每次绘制前都要将前进方向设置为合适的角度。

完整的程序代码如下：

```
#LockScreen.py
import turtle
turtle.setup(270,480)                #创建画布
turtle.hideturtle()                  #隐藏海龟
#绘制九宫格
for y in range(100,-101,-100):
    for x in range(-100,101,100):
        turtle.up()
        turtle.goto(x,y)
        turtle.down()
        turtle.circle(10)
#绘制解锁图案
turtle.pensize(5)                    #画笔宽度
#绘制实心圆形
turtle.begin_fill()
turtle.up()
turtle.goto(-100,0)
turtle.down()
turtle.circle(10)
turtle.end_fill()
#绘制直线
turtle.setheading(45)
```

```
turtle.forward(141.4)
#绘制实心圆形
turtle.setheading(0)
turtle.begin_fill()
turtle.up()
turtle.goto(0,100)
turtle.down()
turtle.circle(10)
turtle.end_fill()
#绘制直线
turtle.setheading(270)
turtle.forward(100)
#绘制实心圆形
turtle.setheading(0)
turtle.begin_fill()
turtle.up()
turtle.goto(0,0)
turtle.down()
turtle.circle(10)
turtle.end_fill()
#绘制直线
turtle.forward(100)
#绘制实心圆形
turtle.begin_fill()
turtle.up()
turtle.goto(100,0)
turtle.down()
turtle.circle(10)
turtle.end_fill()
#绘制直线
turtle.setheading(225)
turtle.forward(141.4)
#绘制实心圆形
turtle.setheading (0)
turtle.begin_fill()
turtle.up()
turtle.goto(0,-100)
turtle.down()
turtle.circle(10)
turtle.end_fill()
```

　　IDLE 的帮助系统中提供了许多 turtle 示例，大家可以在 IDLE 中执行"Help|Turtle Demo"
菜单命令，在如图 1-20 所示的窗口上方的 "Examples" 菜单中选择相应的示例，单击下方
的 "START" 按钮即可观看动态演示效果及相应的程序代码。

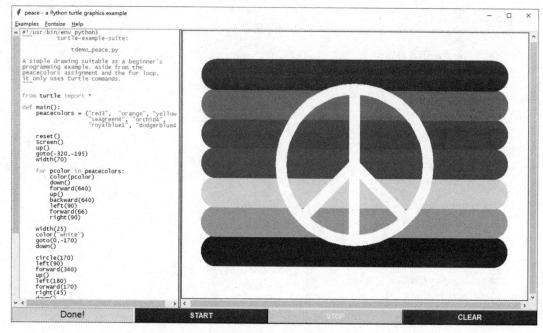

图 1-20   turtle 示例

本章小结

通过本章的学习，读者应该对计算机语言及程序设计的概念、Python 程序的组成特点、Python 程序的运行过程有一个初步了解。Python 程序的执行方式有交互方式和文件方式两种。Python 对象和引用、标识符、变量和常量、表达式和运算符、输入/输出函数，以及 Python 中的库是 Python 程序设计的基础。典型的程序设计模式是 IPO 模式。

要想让程序具有较好的可读性，养成良好的编码风格是至关重要的。作为现代语言，Python 引入了大多数软件开发过程中遵循的编码风格，即高度可读、视觉感知极佳，这些编码风格对程序员均有所帮助。

程序设计是一门实践性很强的课程，学习 Python 程序设计的一个重要环节就是要既动手又动脑地做实验。对 Python 程序设计初学者而言，除了学习和熟记 Python 的一些语法规则，更重要的是多阅读别人编写的程序、多自己动手编写一些小程序、多上机调试运行程序。初学程序设计的一般规律是：先模仿，在模仿的基础上加以改进，在改进的基础上得以提高，做到善于思考、边学边练。做到这几点，学好 Python 程序设计就不难了。在此衷心地希望每一位学习 Python 程序设计的人，都能从程序设计实验中取得收获、获得快乐。

习　题

一、思考题

1．使用计算机高级语言编写的程序为什么不能直接被计算机执行？程序的编译执行与解释执行的区别是什么？

2．Python 程序的结构特点是什么？

3．Python 中的标识符有什么规定？程序可以使用预定义标识符作为变量或自定义函数名吗？如果使用会造成语法错误吗？

4．如何运行一个 Python 程序？

二、判断题

1．使用高级语言编写的程序可以被计算机直接执行。

2．使用高级语言编写的程序比使用机器语言、汇编语言编写的程序的执行效率都高。

3．源程序有编译和解释两种执行方式，后者会生成一个可执行文件。

4．Python 是一种解释型语言，在 Python 交互环境中可以直接运行 Python 语句。

5．Python 采用严格的缩进来表明程序的格式框架，缩进可以用 4 个空格实现，也可以按一次 Tab 键实现。

6．Python 的标识符区分大小写。

7．Python 有两种注释方式：单行注释和多行注释，单行注释以单引号'开头，多行注释以###开头和结尾。

8．Python 通常是一行写完一条语句，如果语句很长，也可以在行尾通过换行符（\）来实现多行语句。

9．import 关键字用于导入模块或模块中的对象。

10．Python 中必须声明变量类型后才能进行变量赋值。

三、选择题

1．下列选项中不符合 Python 变量命名规则的是（　　）。

    A．my_name　　　　B．maxValue　　　　C．while　　　　D．平均分

2．Python 源代码文件的扩展名是（　　）。

    A．.cpp　　　　B．.php　　　　C．.py　　　　D．.java

3．下列关于 Python 变量的说法错误的是（　　）。

    A．变量在第一次赋值时被创建

    B．变量用于引用对象

    C．变量必须先创建后使用

    D．将变量 a 赋值给变量 b 后，修改变量 b 的值时，变量 a 的值也会发生改变

4．IDLE 环境的退出命令是（　　）。

    A．exit()　　　　B．esc()　　　　C．close()　　　　D．回车键

5. 下列选项中不属于 IPO 编程模式组成部分的是（　　　）。

    A．Input（输入）   B．Program（程序）

    C．Output（输出）   D．Process（处理）

6. turtle 库中用于绘制弧形的函数是（　　　）。

    A．forward()   B．setheading()   C．fillcolor()   D．circle()

7. 下列关于 Python 语句 x=-x 的描述正确的是（　　　）。

    A．x 的值为 0   B．x 和 x 的负数相等

    C．x 的值是 x 的绝对值   D．给 x 赋值为它的负数

8. 下列关于 Python 程序中缩进的描述正确的是（　　　）。

    A．缩进统一为 4 个空格

    B．缩进是非强制的，仅为了提高代码可读性

    C．缩进可以用在任何语句之后，表示语句间的包含关系

    D．缩进在程序中长度统一且强制使用

9. 在一行中书写多条语句时，每个语句之间的分隔符是（　　　）。

    A．,   B．\   C．;   D．&

10. 下列关于 turtle 库的描述错误的是（　　　）。

    A．seth()是 setheading()函数的别名，用于旋转画笔角度

    B．在 import turtle 之后，可以用 turtle.circle()语句绘制圆形

    C．可以用 import turtle 导入 turtle 库函数

    D．home()函数用于设置当前画笔位置到原点，方向朝上

四、程序阅读题

1. 写出下面程序的运行结果。

```
>>> x,y,z=100,200,300
>>> print(x,y,z)                    #print()函数中的多个参数用逗号分隔
>>> print(x,y,z,sep="##")           #设置 print()函数的输出分隔符为##
>>> print(x,end=" ");print(y,end=" ");print(z)
```

2. 分析下面程序的运行结果。

```
#程序：多个圆形的美丽聚合
from turtle import *
reset()
speed('fast')
IN_TIMES = 40
TIMES = 20
for i in range(TIMES):
    right(360/TIMES)
    forward(200/TIMES)          #思考：这一步是做什么用的
    for j in range(IN_TIMES):
        right(360/IN_TIMES)
        forward (400/IN_TIMES)
```

```
write(" Click me to exit", font = ("Courier", 12, "bold") )
s = Screen()
s.exitonclick()
```

五、程序设计题

1. 编写程序并输出如下形式的信息。

```
====================
 Hello!
 How do you do!
====================
```

2. 查阅 Python 的帮助文档，查找其中的"Sequence Types"类型，尝试使用其中的函数计算一组数中的最大值和最小值。

3. 输入一个华氏温度值，编程输出对应的摄氏温度值。

将华氏温度（用 f 表示）转换为摄氏温度（用 c 表示）的公式为 $c=5\times(f-32)\div9$。

4. 编写一个程序，先接收两个变量值的输入，再交换它们的值，最后输出。

5. 编程输入两个整数，输出它们的和、积。

6. 编程输入三角形的底边长和高，计算并输出三角形的面积。

7. 使用 turtle 库绘制如图 1-21 所示的图形，尺寸自定。

图 1-21　第 7 题的图形

8. 使用 turtle 库绘制如图 1-22 所示的图形，尺寸自定。

图 1-22　第 8 题的图形

9. 模仿实例 1-11，绘制一个手势密码图案。

第 2 章
基本数据类型与表达式

- ☑ 掌握三种数值及布尔类型的概念
- ☑ 掌握字符串的概念和表示
- ☑ 熟悉基本的运算符
- ☑ 结合标准函数进行表达式计算
- ☑ 掌握字符串的基本操作和格式化输出

2.1 数据和数据类型的概念

2.1.1 数据

一般的程序设计语言都会包含数据、运算、控制和传输这 4 个基本成分。本章主要介绍数据和数据类型。如图 2-1 所示，这是一张准考证，其中包含考生信息和考场信息。信息的形式是多种多样的，姓名、编号是文本符号，年龄是数字，还有像照片这样的图像信息。

准 考 证

考生编号	20201234567890001			
考生姓名	程一菲	性别	女	
证件类型	身份证	年龄	19	
证件编号	33012345678901234X			
考场	浙江科技学院 小和山校区 A1教学楼302教室			

图 2-1 准考证

所有的这些信息都属于数据。数据是现实世界中信息的一种表现形式。使用计算机处理现实世界中的问题时，所有有效的信息都将表示为计算机能够理解和接受的形式，也就是计算机数据。

2.1.2　数据类型

现实世界中的信息是多种多样的。相应地，数据也有不同的类型。在程序设计语言中，称之为数据类型。

数值型数据一般用于描述现实对象的大小、轻重等特性。比如，圆的半径、面积，人的年龄、体重等。但有些信息不能用数字表示，如姓名、地址、颜色等，就需要使用自然语言或专有符号表示，即文本类数据。还有针对日期、时间这种特殊的信息，需要使用日期、时间类型的数据表示。实际上，现实世界中的信息形式远比以上介绍的要复杂许多，如图像、音频、视频及卫星地图等。所以也会有一系列相应的复杂数据类型来存放这些信息。

Python 中提供了一些数据类型，可以分为两大类。

（1）基本数据类型。它相对简单，主要用于表示一些值，包括整数类型、浮点数类型和复数类型这 3 种数值类，以及字符串类型的文本类，还有表示真、假的布尔类型。这一类的数据类型，都用于表示一个事物某个方面的属性值，也称为简单类型。

（2）组合数据类型。它不是直接用来描述事物的属性值，而是把一些值以一定的形式组合在一起，就像容器一样，把一些内容装在里面，也称为容器类型。组合数据类型包括列表、元组、集合和字典。它们都是通过不同的形式，把一些基本数据类型或组合数据类型组合在一起，既可以单独处理其中的数据，也可以批量处理其中的数据。

各类由程序处理的数据都先保存在计算机的内存中。不同类型的数据占用的内存空间大小不同，存储方式也不同，每种类型数据的运算也是有区别的。

拓展阅读：量子计算机

经典计算机中的数据采用二进制形式表示，数据存储的最小单位是位（bit），每个二进制数字 0 或 1 就是一个位。存储空间被划分为若干个大小相同的存储单元，每个存储单元可以存放 8 个位，称为一个字节（Byte）。

目前正在研究的量子计算机（quantum computer）是一种基于量子计算理论的计算机，其基本信息单位是量子位（qubit）。不同于经典计算机中一个位不是处于"0"态就是处于"1"态，一个量子位除了可以处于"0"态或"1"态，还可以处于叠加态。因此，量子计算机拥有强大的并行运算能力，能够快速完成经典计算机无法完成的计算。

世界范围内正在开展一场量子计算机研发竞赛，2020 年 12 月 4 日，潘建伟院士团队成功构建 76 个光子的量子计算原型机"九章"，求解 5000 万个样本的"高斯玻色取样"问题只需 200 秒，而当时世界上最快的日本超级计算机"富岳"要用 6 亿年。这一突破使"九章"成为继谷歌的"悬铃木"之后全球第二个实现"量子优越性"的量子计算机，但"九章"对于处理"高斯玻色取样"的速度等效地比"悬铃木"快 100 亿倍。2021 年 2 月 8 日，具有自主知识产权的国产量子计算机操作系统"本源司南"正式发布。

2.2 基本数据类型

Python 中的基本数据类型包括整数类型、浮点数类型和复数类型的数值类型，字符串类型的文本类和布尔类型，如图 2-2 所示。

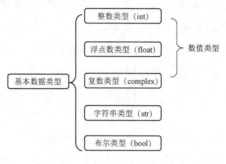

图 2-2　基本数据类型

2.2.1 整数类型 int

Python 中的整数类型和数学中的整数概念一致。它可正可负，并且没有取值范围的限制，可以处理任意大的整数。在进行整数运算时，Python 不会出现超出整数范围而产生的溢出等错误。当然，在程序的实际运行中，整数还是会受到其他方面的限制，如硬件设备的限制。Python 的一大优势是可以进行超大整数的处理。如下面例子中，2 的 100 次方（用 2**100 表示），其结果就是一个很大的正数。

```
>>> 2**100
1267650600228229401496703205376
>>> type(2)
<class 'int'>
```

Python 的整数提供了各种进制的表示形式。除了平常使用的十进制，还有计算机中使用的二进制，以及八进制和十六进制，如表 2-1 所示。在默认情况下，整数都是采用十进制的。如果需要表示其他进制的数，则需要在前面加上引导符。例如，二进制整数（binary number）的引导符是 0B，数字 0 和字母 B（不区分大小写）。所以，0B100、0b11 表示的都是二进制的整数。而八进制整数（octal number）的引导符是 0O，十六进制整数（hexadecimal number）的引导符是 0X，字母不区分大小写。Python 中的结果，如果是整数形式，则默认以十进制显示。

```
>>> 0B100
4
>>> 0xFF
255
>>> type(0xFF)
```

```
<class 'int'>
```

表 2-1 整数的不同进制

进 制	引 导 符	说 明
十进制	无	由 0~9 十个数码组成，例如：365、100
二进制	0b 或 0B	由 0 和 1 两个数码组成，例如：0B1101
八进制	0o 或 0O	由 0~7 八个数码组成，例如：0o1354
十六进制	0x 或 0X	由 0~9 和 A~F（字母大小写通用）共十六个数码组成，例如：0x9A8B

2.2.2 浮点数类型 float

Python 中的浮点数类型和数学中的实数概念一致。它有两种表示方式，即小数形式和指数形式。

（1）数值中包含小数点，就是小数形式的浮点数，如 3.14、3.0、45.、.5 等。这里的.5 也表示一个浮点数，指 0.5。

（2）指数形式，也就是平常所说的科学记数法。使用大小写字母 e 作为指数形式的标志。例如，9.2E-3 表示 9.2 乘以 10 的-3 次方。使用指数形式，可以表示比较大或比较小的实数。需要注意的是，在字母 e 右侧的数字，必须是整数，因为它代表指数部分。

和整数类型不同，Python 中浮点数的取值范围和精度都是有限制的，但能满足日常处理的需求。一般来说，float 类型的数据只有一定位数的有效数字。从左向右数，超过这个位数的数据，就无法保证其准确性了。如下面例子中最后的结果，后面的几位数字就不够精确了。

```
>>> type(.5)
<class 'float'>
>>> 12345678901234567890123456.0
1.2345678901234568e+25
```

2.2.3 复数类型 complex

Python 中的复数类型和数学中的复数概念基本一致。在数学中，复数是以 $a+bi$ 的形式表示的，a 和 b 都是实数，如 3.2+4.5i。其中，3.2 是实部，4.5 是虚部，而字母 i 则是虚数单位。Python 中规定的虚数单位是字母 j，不区分大小写，格式如下：

```
实部+虚部 j
```

每一个复数类型的数据对象都包含一个实部（real）和一个虚部（imag）。

```
>>> x=3.2+4.5j
>>> x.real
3.2
>>> x.imag
4.5
>>> type(x)
<class 'complex'>
```

在数学中，如果一个虚数的虚部为 0，那么它就转变成一个实数了。但在 Python 中，虚部为 0 的虚数还是虚数类型。

```
>>> y=3+0j
>>> y
(3+0j)
>>> type(y)
<class 'complex'>
```

2.2.4 字符串类型 str

计算机早期主要应用于科学计算，所以程序处理的数据以数值类型为主。如今计算机的服务领域越来越广，处理的对象也日益丰富，因此事物的很多信息就需要文本类数据来表示。在 Python 中，这些数据通常以字符串的形式来表示。

字符串的头尾使用引号作为定界符。字符串就是用两个引号括起来的任意个字符，也可以说是一串字符，所以被称为字符串。字符串内部的文本可以是字母、数字、标点，也可以是世界上各种语言的文字。例如，'Hello World'、'你好'、'***'、'A'等。字符串可以包含多个文字或字符，也可以包含单个字符，甚至可以是不包含任何字符的空字符串。如两个紧贴在一起的单引号（''），也是一个字符串。

```
>>> type('Hello World')
<class 'str'>
>>> type('')
<class 'str'>
```

作为定界符的引号可以是单引号、双引号或三引号。三引号就是三个单引号或三个双引号。一般来说，程序员可以自行选择使用哪个引号作为定界符，但是需要注意字符串内部包含引号字符的情况。比如，字符串内部有双引号，如果定界符也使用双引号，就会出错。在这种情况下，可以使用单引号作为定界符，那么字符串内部的双引号就是普通的双引号字符。反之，如果字符串中有单引号，那么使用双引号作为定界符。如果字符串中既有单引号又有双引号，那么可以使用三引号作为字符串的定界符。三引号括起来的字符串还支持多行文本。使用三引号作为定界符，可以在字符串中间使用回车符换行。需要注意的是，不管是单引号、双引号还是三引号，必须成对出现，不能开头用单引号，结尾用双引号。

```
>>> x='He got an "A+".'
>>> y="I'm good."
>>> z='''Hello World
   Hello Python'''
>>> z
'Hello World\nHello Python'
```

在上述例子中，赋值给变量 z 的是一个多行的字符串。但是，当查看变量 z 代表的内容时，结果还是以单行的形式表现，在 Hello World 和 Hello Python 中间，出现了一个"\n"，这是一个转义字符。

转义字符是 Python 中的特殊字符，一般由一个反斜杠和一个（或多个）字符组成。转义字符是一个整体，一个转义字符表示一个特殊的字符。这里的"\n"就是一个换行符。常用转义字符如表 2-2 所示。

表 2-2　常用转义字符

转 义 字 符	描　　述	转 义 字 符	描　　述
\\	反斜杠符号	\t	横向制表符
\'	单引号	\n	换行
\"	双引号	\（在行尾）	续行符
\a	响铃	\f	换页
\b	退格	\OOO	八进制数 OOO 代表的字符
\r	回车	\xXX	十六进制数 XX 代表的字符

2.2.5　布尔类型 bool

布尔类型也称逻辑类型，在 Python 中称为 bool。其实，布尔是一个人名，他是有名的逻辑学家，布尔发明了逻辑值及逻辑值之间的运算体系。为了纪念他，很多程序设计语言都将表示真、假的数据类型名称叫作布尔类型。

布尔类型的数据只有 True 和 False 两个值，True 代表真，False 代表假。这非常符合人类的逻辑推理方式，即"非真即假"的二值逻辑。

读者在后面的章节中会学习到 if 和 while 等语句，它们需要依据条件来进行不同的操作。而表示真假的逻辑值可以用于条件的判断。根据真或假的判断结果，程序的执行会有所不同。

```
>>> type(True)
<class 'bool'>
>>> type(False)
<class 'bool'>
>>> type(false)
Traceback (most recent call last):
File "<pyshell>", line 1, in <module>
NameError: name 'false' is not defined
```

注意：在 Python 中，True 和 False 这两个布尔类型的数据，在书写时必须首字母大写，否则不是正确的布尔类型数据。

2.3　运算符与表达式

2.3.1　运算符与表达式的概念

在对数据进行不同运算处理时运用到的一些符号或关键字，称为运算符。Python 有丰富的运算符，包括算术运算符、关系运算符、逻辑运算符等。根据参与运算对象的数目，可以分为单目运算符和双目运算符。

　　将运算对象用运算符和括号组合在一起的式子就是表达式。单独的一个常量或变量都可以视为一个表达式。如果一个表达式中有多种运算符出现，那么不同运算求值的顺序是有区别的，圆括号内的运算有最高优先权，其他的运算按照运算符的默认运算顺序进行，和数学中的"先乘除后加减"是类似的。逻辑运算中 not 的优先级高于 and 高于 or、关系运算优先级高于逻辑运算等。具体的优先级顺序可以参照附录 B。但在实际编程的过程中，如果设计一个比较复杂的表达式，需要用到多种运算符时，可以使用圆括号把需要先运算的部分括起来。这样，其他人或编程者自己在查看代码时，就会非常清晰，而不需要借助对优先级顺序的理解。这样比较符合 Python 的哲学，将隐式的规则使用明显的方式表现出来，可以大大增加程序的可读性。

　　在 Python 中，表达式的计算结果，会产生一个新的数据对象，数据对象的类型根据表达式运算的结果来决定。

2.3.2　算术运算符

　　算术运算包含加、减、乘、除，以及取余和求幂等。设 a、b 是两个运算对象，算术运算符如表 2-3 所示。

表 2-3　算术运算符

运　算　符	示　　例	描　　述	运　算　符	示　　例	描　　述
-	-a	取负	/	a/b	相除
+	a+b	相加	//	a//b	整除
-	a-b	相减	%	a%b	取余
*	a*b	相乘	**	a**b	求幂

　　Python 中的算术运算符与常规的算术概念基本一致。不过个别运算符有所区别，乘法的运算符用*表示；除法运算分为普通除法（/）和整除（//）两种。前者，无论参与运算的数据是整数还是浮点数，计算结果都是浮点数；后者，如果参与运算的是整数，则结果为整数，若参与运算的有浮点数，则结果为浮点数。在编程时我们可以根据实际需要选择合适的除法运算。

```
>>> 9/4
2.25
>>> 9//4
2
>>> 9%4
1
>>> 9**0.5
3.0
```

　　数值数据在计算机内部是以二进制表示的，而输入浮点数时，都是以十进制的形式输入的。在进制转换时，一个十进制的有限小数，很可能会变成一个二进制无限循环小数。

并且由于浮点数本身有效数字位数的限制，使得在进行浮点数运算时，有时会出现一些奇怪的现象。例如，在计算 0.1+0.2 时，得到的结果不是 0.3，而是比 0.3 略大一点的数字。所以我们在进行浮点数的运算时，要注意其特殊性。

```
>>> 0.1+0.2
0.30000000000000004
```

2.3.3　关系运算符

关系运算用于比较两个数据，也就是我们平常所说的比较大小。需要注意大于或等于、等于、不等于的写法，不要和数学中的符号混淆。关系运算的结果是布尔类型，根据运算结果的真、假，可以得到 True 或 False 的布尔值。在基本数据类型中，整数数据、浮点数数据、字符串和布尔类型数据都可以进行所有的关系运算，而复数类型只能进行是否相等的运算。设 a、b 是两个运算对象，关系运算符如表 2-4 所示。

表 2-4　关系运算符

运　算　符	示　　例	描　　述	结　　果
>	a>b	比较 a 是否大于 b	a 大于 b，返回 True，否则返回 False
>=	a>=b	比较 a 是否大于或等于 b	a 大于或等于 b，返回 True，否则返回 False
<	a<b	比较 a 是否小于 b	a 小于 b，返回 True，否则返回 False
<=	a<=b	比较 a 是否小于或等于 b	a 小于或等于 b，返回 True，否则返回 False
==	a==b	比较 a 是否等于 b	a 等于 b，返回 True，否则返回 False
!=	a!=b	比较 a 是否不等于 b	a 不等于 b，返回 True，否则返回 False

当运算对象是数值型时，关系运算符和数学中的关系运算概念一致。字符串数据在进行关系运算时，会按照顺序逐个比较。先比较首字符，若首字符相等，则比较下一个字符，以此类推。布尔类型数据在和数值型数据比较时，可以把 True 当作 1，False 当作 0 来进行关系运算。

```
>>> 3>5
False
>>> 'abd'<'abc'
False
>>> True>False
True
>>> False==0
True
```

前面我们讲过浮点数运算的特殊性，得到的结果可能不是绝对精确的。在比较两个浮点数是否相等时，要避免使用是否相等的判断，而要使用另一个方法：只要它们之间的差小于一个很小的数时，就认为它们足够接近，由此判断这两个浮点数相等。需要配合使用内置函数 abs()，它是计算绝对值的函数。

```
>>> x=0.1+0.2
>>> x==0.3
False
```

```
>>> abs(x-0.3)<1e-6
True
```

2.3.4　逻辑运算符

关系运算进行的是比较简单的布尔判断，复杂的布尔表达式就需要使用逻辑运算了。逻辑运算包括逻辑非、逻辑与和逻辑或运算，分别用 "and"、"or" 和 "not" 运算符来表示。逻辑运算的结果可以是 True 或 False。就像数学中的加、减、乘、除运算一样，逻辑运算的运算符也有各自的规则。运算结果只有两种，如表 2-5 所示。

表 2-5　逻辑运算的运算结果

a	b	a and b	a or b	not a
True	False	False	True	False
False	True	False	True	True
False	False	False	False	True
True	True	True	True	False

逻辑运算及关系运算的结果具有非真即假的特点，往往在选择结构和循环结构中，用作条件判断的表达式。如下面例子中，判断整数能否同时被 3 和 5 整除。

```
>>> x=100
>>> x%3==0 and x%5==0
False
>>> y=150
>>> y%3==0 and y%5==0
True
```

2.3.5　赋值运算符

在 Python 中，赋值运算是一种常用的运算，用 "=" 表示。在前面的章节中，已经介绍过变量的赋值。赋值运算符不再意味着左右相等的关系，而是表示将右侧表达式的结果赋予左侧的变量。在赋值后，变量就代表右侧表达式创建的数据对象了，可以一次只给一个变量赋值，也可以同时给多个变量赋值。在多变量赋值时，左侧变量和右侧表达式一一对应，中间使用逗号分隔。

```
>>> x=100*2
>>> x
200
>>> x,y,z=100,200,300
>>> x
100
>>> y
200
>>> z
300
>>> x,y=y,x
```

```
>>> x
200
>>> y
100
```

从上述例子中可以看出，通过多变量赋值的操作可以很方便地实现两个变量值互换。

另外，还有一种复合赋值的运算，在赋值运算符"="之前加上其他双目运算符可以构成复合赋值符，如"+=""−=""*="等。复合赋值符的使用形式为"变量　运算符= 表达式"等同于"变量 = 变量 运算符 表达式"。

复合赋值运算的执行过程是先计算复合赋值符右侧表达式的值，让变量代表的数据和这个值进行双目运算，再将计算的结果赋值给原变量。

```
>>> a=100
>>> a+=3
>>> a
103
>>> a%=10
>>> a
3
```

2.3.6　身份运算符

变量都是数据对象的引用。也就是说，变量代表数据对象。同一个数据对象可以被多个变量引用。Python 中提供身份运算符用于判断两个变量是否代表同一个数据对象。身份运算符如表 2-6 所示。

表 2-6　身份运算符

运　算　符	示　　例	描　　述
is	a is b	判断 a 和 b 是否引用同一个数据对象。如果是，则运算结果为 True；如果否，则运算结果为 False
is not	a is not b	判断 a 和 b 是否引用不同数据对象。如果是，则运算结果为 True；如果否，则运算结果为 False

可以使用内置函数 id() 查看数据对象的标识。如果变量 a 和变量 b 引用了同一个数据对象，则数据对象的标识也应该相同，即 id(a) 和 id(b) 一致。

```
>>> a=3
>>> b=3
>>> id(3)
1473702432
>>> id(a)
1473702432
>>> id(b)
1473702432
>>> a is b
True
>>> c=3.0
```

```
>>> id(c)
25254288
>>> a is c
False
```

2.4 相关内置函数与 math 库

使用运算符可以对数据对象进行一些运算，以达到表达式计算的目的。为了方便运算，Python 将一些常用的功能设计成函数，供用户使用。例如，前面学习过的绝对值函数 abs()，以及 math 库中的 sqrt()函数等，都可以让程序员从繁杂的运算编程中解放出来，只需选择调用相关的函数就可以实现想要的运算。

2.4.1 相关内置函数

所谓内置函数，就是不需要导入库就可以使用的函数。实际上，在前面的章节中我们已经学习过一些内置函数。比如，输入函数 input()、输出函数 print()，以及字符串解析函数 eval()。这 3 个函数我们已经比较熟悉了，接下来介绍一些其他的相关函数，它们被分为几种类型。

1．数学运算类内置函数

这些内置函数可以根据用户提供的参数，计算相应的结果，并辅助程序员进行一些基本的数学运算。数学运算类内置函数如表 2-7 所示。

表 2-7 数学运算类内置函数

函　　数	描　　述
abs(x)	计算 x 的绝对值
divmod(x,y)	分别计算 x 除以 y 得到的商和余数
pow(x,y[,z])	计算 x 的 y 次幂（z 为可选参数，结果再除以 z 得到的余数）
round(x[,n])	四舍五入取整（n 为可选参数，结果四舍五入保留 n 位小数）
max(x1,x2,...,xn)	计算 x1，x2，…，xn 中的最大值
min(x1,x2,...,xn)	计算 x1，x2，…，xn 中的最小值

在函数的参数中，带方括号的是可选参数，可以根据程序的需求进行取舍。

```
>>> abs(-9.5)
9.5
>>> divmod(9,4)
(2, 1)
>>> pow(2,10)
1024
>>> pow(2,10,100)
24
>>> round(3.1415)
3
```

```
>>> round(3.1416,3)
3.142
>>> max(1,9,7,8)
9
>>> min(1,9,7,8)
1
```

其中，在使用 round()函数进行四舍五入运算时需要注意，由于浮点数在二进制存放时不能做到百分之百的精确，因此在对某一位上的数字进行四舍五入时，假设数字刚好是 5，结果并不一定会进位。

```
>>> round(3.5)
4
>>> round(4.5)
4
>>> round(3.175,2)
3.17
```

若只是想把打印的结果四舍五入，则可以使用格式化字符串 f-string 来实现，在本章的后半部分会进行介绍。

2. 创建对象类内置函数

我们在前面的章节中学习了 5 种基本数据类型：整数类型、浮点数类型、复数类型、字符串类型和布尔类型，它们在 Python 中对应的名称分别为 int、float、complex、str 和 bool。相应地，也有 5 个以它们为名称的内置函数用于创建相应类型的数据对象，如表 2-8 所示。

表 2-8　创建对象类内置函数

函　　　数	描　　　述
int([x[,base]])	创建一个整数对象
float([x])	创建一个浮点数对象
complex([real[, imag]])	创建一个复数对象
str([object])	创建一个字符串对象
bool([x])	创建一个布尔对象

这些内置函数的参数都是可选的，可以直接创建一个数据对象，也可以使用参数将其他类型的数据对象进行转换后，创建相应数据类型的数据对象。

```
>>> int()
0
>>> int(3.68)
3
>>> int(True)
1
>>> float()
0.0
>>> float(' 3.14')
3.14
>>> str()
''
```

```
>>> str(123)
'123'
>>> bool()
False
>>> bool(0)
False
>>> bool('')
False
>>> bool(2.5)
True
>>> bool('ok')
True
```

在上述例子中，无参数的 str()函数返回的是空字符串。无参数的 bool()函数、参数为 0
或空字符串的 bool()函数，其返回的结果都为 False，参数为非 0 或非空字符串的 bool()函
数返回的结果为 True。

当 int()函数的第 1 个参数为字符串时，还可以设置第 2 个参数。例如，int('101',8)函数
的含义是把 101 当作一个八进制的数转换为十进制整数后的结果。同样地，也可以将字符
串形式的二进制数或十六进制数形式转换为十进制整数。进制转换不限于二进制、八进制
和十六进制。第 2 个参数值的范围是 2～36。int()函数可以将字符串形式的其他进制数转换
为十进制整数。需要注意的是，在将字符串转换为整数时，字符串前后出现空格都是被允
许的。但字符串数字字符中间出现空格，或者字符串中的任意位置出现其他字符，在使用
int()函数时都会出错。

```
>>> int('101',8)
65
>>> int('3A',16)
58
>>> int('101',3)
10
>>> int('44 55')
Traceback (most recent call last):
  File "<pyshell>", line 1, in <module>
ValueError: invalid literal for int() with base 10: '44 55'
>>>
```

需要强调的是，创建对象类的内置函数是创建新的数据对象，并不是对原来的数据对
象进行修改。例如，若 a 代表 3.14，使用 int(a)得到结果 3，查看 a 的值发现 a 还是保持原
来的 3.14，所以 int(a)并没有改变变量 a，而是创建了一个新的整数对象。

```
>>> a=3.14
>>> int(a)
3
>>> a
3.14
```

3．转换类内置函数

转换类内置函数如表 2-9 所示。

表 2-9　转换类内置函数

函　　数	描　　述
ord(x)	返回字符 x 对应的 Unicode 编码
chr(x)	返回 Unicode 编码 x 对应的字符
bin(x)	返回整数 x 对应的二进制数字符串
oct(x)	返回整数 x 对应的八进制数字符串
hex(x)	返回整数 x 对应的十六进制数字符串

其中，ord()函数和 chr()函数是相反的，可以称其为反函数。ord()函数将字符转换为对应的 Unicode 编码，而 chr()函数将 Unicode 编码转换为对应的字符。

拓展阅读：Unicode

所有要放入计算机的内容都必须用 0 和 1 表示。最早，计算机是由西方人发明和使用的，只需表示英文内容就可以。英文字符的数量比较少，在国际上一般采用 ASCII 来表示 128 个英文字符。随着计算机被广泛应用到世界各地，计算机也就需要表示和处理各个国家的字符，如汉字。于是国际学者提出了一种标准方案，用于展示世界上所有语言中的所有字符，Unicode 就是为了解决传统的字符编码方案的局限而产生的，它基本为每种语言中的每个字符设定了统一且唯一的二进制编码，以满足跨语言、跨平台进行文本转换和处理的需求。也就是说，Unicode 相当于一本很厚的字典，记录着世界上所有字符对应的数字编码。

```
>>> ord('A')
65
>>> chr(65)
'A'
>>> ord('中')
20013
>>> chr(20013)
'中'
```

表格中的后 3 个函数与整数的进制转换有关。在前面的章节中讲到，如果想要把代表其他进制数的字符串转换为对应的十进制整数，可以使用 int()函数，现在反过来，想要把十进制整数转换为对应的其他进制数的字符串形式可以使用 bin()函数、oct()函数和 hex()函数，它们可以分别把十进制整数转换为二进制、八进制和十六进制对应的字符串。

```
>>> bin(123)
'0b1111011'
>>> oct(123)
'0o173'
>>> hex(123)
'0x7b'
```

这里字符串前面的 0b、0o 和 0x 分别表示二进制、八进制和十六进制，它们后面才是真正的数据。

以上内容只是本书进行到现在可能涉及的相关内置函数，随着学习的深入，我们还会学习到 Python 中的其他内置函数。

2.4.2　math 库的使用

Python 有着丰富的函数库，使用函数库编程是 Python 最重要的一个特点。math 库能够支持包括整数和浮点数在内的所有数值型的运算，包括正弦、余弦、正切等三角函数运算，以及开平方、乘方、对数等运算。我们前面学习过 turtle 库，和 turtle 库的使用一样，要使用 math 库，首先需要进行导入操作（大家可以参照第 1 章中的 turtle 库导入方式），然后就可以使用 math 库中的常量和函数了，常用的调用形式如下：

```
math.函数名(参数)
```

或者：

```
math.常量
```

常用算术运算函数和常量如表 2-10 所示。

表 2-10　常用算术运算函数和常量

函数名或常量	描　　述	数 学 表 示
math.e	表示自然对数底数	e
math.pi	表示圆周率	π
math.sin(x)	返回 x 的三角正弦值	$\sin x$
math.asin(x)	返回 x 的反三角正弦值	$\arcsin x$
math.cos(x)	返回 x 的三角余弦值	$\cos x$
math.acos(x)	返回 x 的反三角余弦值	$\arccos x$
math.tan(x)	返回 x 的三角正切值	$\tan x$
math.atan(x)	返回 x 的反三角正切值	$\arctan x$
math.fabs(x)	返回 x 的绝对值	$\lvert x \rvert$
math.sqrt(x)	返回 x 的平方根	$\sqrt{x}$
math.log(x[,base])	返回 x 的对数值，只有 x 参数时，返回自然对数，即 ln x	$\log_{base} x$
math.pow(x,y)	返回 x 的 y 次幂	x^y
math.exp(x)	返回 e 的 x 次幂，e 就是自然对数底数	e^x
math.factorial(x)	返回 x 的阶乘	$x!$

【实例 2-1】已知一个圆和一个正方形面积相等。输入圆半径，计算并输出正方形的边长，要求结果保留两位小数。

```
#example2-1.py
import math
r=float(input('请输入圆半径: '))
s=math.pi*r*r
a=math.sqrt(s)
print('正方形边长为: ',round(a, 2),sep='')
```

运行程序，输入圆半径值 2.5，运行结果如下：

```
请输入圆半径: 2.5
正方形边长为: 4.43
```

2.5 字符串的操作

字符串区别于其他几种类型，有其特有的一些运算和操作。

2.5.1 字符串的基本操作

字符串是 Python 常用的处理对象，字符串的基本操作如表 2-11 所示。

表 2-11 字符串的基本操作

操 作 符	描 述
x+y	连接字符串 x 和字符串 y
x*n 或 n*x	将字符串 x 复制 n 次
x in y	若字符串 x 是字符串 y 的子串，则返回 True，否则返回 False
len(x)	获取字符串 x 的长度
x[i]	索引，返回字符串 x 中第 i 个字符
x[i,j]	切片，返回字符串 x 中第 i 个到第 j-1 个子串

加号和乘号这两个运算符，我们在算术运算符中已经使用过了。它们在字符串的操作中有不同的含义，当加号两边都是字符串时，它不再进行加法的操作，而当作字符串连接符使用，但不能把字符串和其他类型数据对象进行连接，否则会出错。当乘号两边，一边是字符串，一边是整数时，可以用于复制字符串。

```
>>> 'hello' + '123'
'hello123'
>>> 'hello' + 123
Traceback (most recent call last):
 File "<pyshell>", line 1, in <module> TypeError: can only concatenate str
(not "int") to str
>>> 'OK'*3
'OKOKOK'
>>> len('OKOKOK')
6
```

成员运算符 in 可以用于字符串，进行子串的判断。若 y 字符串包含完整的 x 字符串，则 x 是 y 的子串。相同的字符串互为子串，空字符串是所有字符串的子串。

```
>>> 'at' in 'look at me'
True
>>> 'at' in 'after'
False
>>> a='hello'
>>> 'hello' in a
True
>>> '' in a
True
>>> '' in 'at'
True
```

一个字符串可以包含多个不同字符，每个字符所在的位置是固定的。我们采用类似门牌编号的方式，将字符串中的每个字符的位置按顺序编号，从 0 开始，然后 1、2、3 直到 n-1。图 2-3 所示为'Hello World'字符串，一共由 11 个字符组成，其索引值从 0 开始一直到 10。要查找或表示其中的某个字符，只需知道它的位置就能锁定。比如，第 0 个字符是 H，第 6 个字符就是 W。有一点要特别注意，就是字符串的索引编号是从 0 开始的，不是从 1 开始的。索引值还可以是负数，取负的索引值时，最后一个元素的索引值为-1，倒数第 2 个元素的索引值为-2，以此类推。11 个字符，就是-1～-11 的索引值。我们可以根据程序的实际情况选择正向递增的正索引或反向递减的负索引。

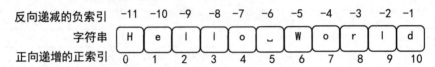

图 2-3　字符串

在使用索引获取单个字符时，需要使用方括号，使用形式如下：

```
字符串[索引]
```

其中，字符串可以用变量来表示，也可以是直接用引号括起来的字符串。例如：

```
>>> '大家好'[0]
'大'
>>> s='Hello World'
>>> s[6]
'W'
>>> s[-5]
'W'
```

使用索引可以获取字符串的单个字符，如果我们需要得到字符串的子串，那么可以使用切片操作。切片操作同样使用方括号。其中，用冒号分隔起始索引值和结尾索引值，用于表示切片的范围。切片结果包括起始索引值代表的字符，但不包括结尾索引值代表的字符。如果起始索引值为 0，则可以省略；如果切片包括原字符串的最后一个字符，则可以省略结尾索引值。切片的使用形式如下：

```
字符串[起始索引值:结尾索引值]
>>> s='Hello World'
>>> s[0:5]
'Hello'
>>> s[:2]
'He'
>>> s[6:8]
'Wo'
>>> s[-3]
'r'
>>> s[-3:]
'rld'
```

在程序设计时，输入一个字符串，其中的各个部分包含很多信息，可以使用切片操作，提取其中的部分字符串所代表的信息来进行编程。切片操作在 Python 中是十分有用的，在后面的章节中还会学习到切片的详细操作。

【实例 2-2】输入一个字符串，包括三个字符和一个号码，打印对应的号码牌。号码牌由边框和号码构成。组成边框的字符分为 3 类，分别是角落字符、水平字符和垂直字符，分别对应输入的前三个字符。若输入的字符串为"+-|2008161876"，则打印如图 2-4 所示的号码牌。

图 2-4　号码牌

```
#example2-2.py
x=input()
a=x[0]
b=x[1]
c=x[2]
d=x[3:]
e=len(d)
print(f'{a}{e*b}{a}')
print(f'{c}{d}{c}')
print(f'{a}{e*b}{a}')
```

2.5.2　字符串的常用操作函数

字符串对象也有一些自身的操作函数，用于实现字符串的相关操作，使用形式如下：

字符串.函数(参数)

有的字符串函数有一个或多个参数，有的字符串函数没有参数。常用的字符串操作函数如表 2-12 所示。

表 2-12　常用的字符串操作函数

类　型	函　数　名	描　述
判断类相关函数	s.isalpha()	判断字符串 s 是否全为字母，是返回 True，否返回 False
	s.isdigit()	判断字符串 s 是否全为数字，是返回 True，否返回 False
	s.islower()	判断字符串 s 是否全为小写字母，是返回 True，否返回 False
	s.isupperr()	判断字符串 s 是否全为大写字母，是返回 True，否返回 False
大小写相关函数	s.lower()	字符串 s 转换为小写字母，生成一个新的字符串对象
	s.upper()	字符串 s 转换为大写字母，生成一个新的字符串对象
	s.title()	字符串 s 首字母转换为大写字母，生成一个新的字符串对象
	s.swapcase()	字符串 s 中的大小写字母分别转换为小写字母和大写字母，生成一个新的字符串对象

类　　型	函　数　名	描　　　　　述
去字符类函数	s.strip([x])	删除字符串 s 左边和右边的指定字符 x，不带参数时，默认删除空格，生成一个新的字符串对象
	s.lstrip([x])	删除字符串 s 左边的指定字符 x，其他规则同上
	s.rstrip([x])	删除字符串 s 右边的指定字符 x，其他规则同上
其他相关函数	s.find(x[,start[,end]])	只带一个 x 参数时，在字符串 s 中查找子串 x，返回首次出现的位置。start 和 end 为可选参数，表示查找范围为[start, end)，若找不到，则返回-1
	s.replace(old,new[,n])	在字符串 s 中用 new 子串替换 old 子串，可选参数 n 表示最多替换 n 次
	s.split([x])	将字符串 s 以指定字符 x 为分隔，拆分为多个子串构成的列表，不带参数时，默认分隔字符为空格
	s.count(x[,start[,end]])	统计子串 x 在字符串 s 的[start,end)区间出现的次数

注意：字符串为不可变类型。以上这些函数，要么产生一个新的字符串对象，要么得到一个新的其他类型的数据对象，并不会改变原来的字符串。

```
>>> a='Hello World'
>>> a.isalpha()
True
>>> a.islower()
False
>>> a.lower()
'hello world'
>>> a
'Hello World'
>>> '  abc ok   '.strip()
'abc ok'
>>> a.find('o')
4
>>> a.find('o',5)
7
>>> a.find('o',5,7)
-1
>>> a.split()
['Hello', 'World']
>>> a.count('o',1,7)
1
>>> a.count('o')
2
```

【实例 2-3】重复打印：若输入 "X 个 Y"，则输出时将 Y 重复 X 遍进行打印。若输入 "3 个 6"，则打印 "666"；若输入 "2 个皮球"，则打印 "皮球皮球"。

```
#example2-3.py
n,x=input().split('个')
n=int(n)
print(n*x)
```

2.5.3 字符串格式化

1. f-string 格式化字符串

在输出程序的结果时，经常会用到一些字符串，用于表达特定的含义，而普通的字符串，因为是不可修改的，所以往往不能表达千变万化的运行结果。Python 提供了一种格式化字符串的方法，可以将变量或表达式的值以一定的格式结合到字符串中，从而得到一个新的包含运算结果的字符串，即 f-string，也称格式化字符串，是 Python 3.6 引入的一种字符串格式化方法。f-string 在形式上是以大写 F 或小写 f 修饰符引领的一个字符串，格式如下：

F 字符串　或　f 字符串

字符串中的内容可以是普通字符，也可以是用花括号括起来的字段，字段可以是变量，也可以是表达式。最后生成的字符串中会包含变量代表的数据对象或表达式生成的数据对象。例如：

```
>>> name='Fiona'
>>> f'My name is {name}.'
'My name is Fiona.'
>>> a,b=3,5
>>> f'{a}+{b}={a+b}'
'3+5=8'
```

在 f-string 中，花括号外部是普通字符，在生成的字符串中保持原样，如 f'My name is {name}.'中的第 1 个 name，最后还是'name'，而花括号内部的 name 是变量，在最后生成的字符串中，变为 name 变量代表的字符串'Fiona'。又如 f'{a}+{b}={a+b}'中的第 1 个加号（+）是花括号外部的普通字符，最后还是保持加号不变，而第 2 个加号（+）在花括号内部，是表达式的一部分，最终参与表达式的计算，得到结果后会结合到 f-string 的字符串中。

f-string 本质上是一个在运行时运算求值的表达式，表达式的结果就是一个字符串，可以作为程序的输出。

2. f-string 字段格式控制

如果对输出的格式有要求，则可以对 f-string 中的字段进行格式控制。使用方法是在字段的花括号内，在表达式后面加上冒号和格式控制标记。字段格式化的使用形式如下：

{ 表达式 : 格式控制标记 }

引导符冒号（:）后面的格式控制标记主要由 6 部分组成，其含义和排列顺序如表 2-13 所示。程序员可以根据需要选择其中的部分进行标记。

表 2-13　格式控制标记的含义和排列顺序

<填充>	<对齐>	<宽度>	<千分位>	<精度>	<类型>
填充宽度的字符，默认为空格	<: 左对齐（默认） >: 右对齐 ^: 居中对齐	设定输出宽度	数字的千位分隔符，用于整数和浮点数	浮点数小数部分的精度或字符串的输出长度	整数类: b、c、d、o、x 浮点类: e、f、%

其中，前 3 个格式控制标记主要负责表达式结果的宽度、对齐等格式。

<宽度>标记可以指定表达式结果显示的宽度，用整数表示。在实际结果不到指定宽度时出现空位。

<对齐>标记用于设定对齐方式，该标记出现在<宽度>标记的左侧。根据<对齐>标志的不同，空位出现的位置也会不同。左对齐方式（<）表示空位出现在数值的右侧；右对齐方式（>）表示空位出现在数值的左侧；居中对齐方式（^）表示空位出现在数值的两侧。若没有指定对齐方式，则默认左对齐。

<填充>标记中的部分字符是指当输出值不到设定的宽度时填充空位的字符，它是最左侧的格式控制标记。若没有指定<填充>标记，则默认由空格填充空位。

```
>>> s='ZUST'
>>> f'{s:10}'
'ZUST      '
>>> f'{s:*^10}'
'***ZUST***'
>>> f'{s:*10}'
>>> f'{"Hello":>10}'
'     Hello'
```

需要注意的是，当一个表达式中需要嵌套使用一些引号时，需要选择不同类型的引号。在上述例子的倒数第 2 行，外层 f-string 使用了单引号，那么内部表达式使用的引号就必须与其区别开来，如使用双引号。

后 3 个格式控制标记分别为千分位分隔符标记、精度标记和类型标记。

<千分位>标记一般使用逗号（,）或下画线（_）。

<精度>标记用于设置保留小数位数。在输出字符串时，使用精度可以控制输出字符个数。

<类型>标记表示当输出整数或浮点数时，可以根据需要选择不同进制，由不同的格式控制符决定，主要包括以下字符。

- b：以二进制形式显示整数。
- c：以整数对应的 Unicode 字符显示。
- d：以十进制形式显示整数，是整数的默认形式。
- o：以八进制形式显示整数。
- x 或 X：以十六进制形式显示整数。
- e 或 E：以指数形式显示浮点数。
- f 或 F：以小数形式显示浮点数。
- %：以百分号形式显示浮点数。

```
>>> f'{100:x}'
'64'
>>> f'{100:b}'
'1100100'
>>> f'{65:c}'
```

```
'A'
>>> f'{20013:c}'
'中'
>>> f'{33.141592:.3f}'
'33.142'
>>> f'{33.141592:.3e}'
'3.314e+01'
>>> f'{33.141592:.3%}'
'3314.159%'
>>> f'{1234.56789:#>20,.3f}'
'###########1,234.568'
```

最后一个例子使用了 6 种格式控制标记，需要注意各种标记的位置。

f-string 会生成一个新的包含数据和格式的字符串对象，经常作为程序的输出，并用 print()函数打印出来。

【实例 2-4】修改实例 2-1 中的输出语句。

```
#example2-4.py
import math
r=float(input('请输入圆半径: '))
s=math.pi*r*r
a=math.sqrt(s)
print(f'正方形边长为: {a:.2f}')
```

可以得到相同的输出结果。

3．其他字符串格式化方法

除了使用 f-string 来实现字符串的格式化，还有早期的%格式化和 format()函数格式化。

（1）%格式化。

在 Python 2.5 之前，我们使用的是%格式化输出，一般使用形式如下：

```
字符串%(表达式列表)
```

字符串中可以包含普通字符和百分号（%）引领的格式符，格式符必须和后面的表达式列表一一对应。

```
>>> name='Fiona'
>>> 'My name is %s.'%name
'My name is Fiona.'
>>> x,y=3,5
>>> '%s÷%s=%.3f'%(y,x,y/x)
'5÷3=1.667'
```

格式符和 f-string 格式控制标记中的<类型>相似。在上面的例子中，两个%s 表示以字符串的形式输出后面的表达式，这里也可以用%d（整数形式）来输出。%.3f 表示四舍五入保留 3 位小数输出浮点数。

（2）format()函数格式化。

从 Python 3.0 开始（与 Python 2.6 同期发布），Python 支持使用 format()函数进行格式化输出。format()函数也属于字符串的操作函数，它可以产生一个新的字符串对象，一

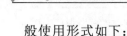

般使用形式如下：

```
字符串.format(表达式列表)
```

字符串中可以包含普通字符和一对花括号{}代表的字段。一个字段对应后面的一个表达式。默认按照{}在字符串中的排列顺序，依次由后面的表达式结果逐个填入。如果在{}内填入后面参数的序列编号（从 0 开始），则按编号填充相应的参数值。

```
>>> name,age='Fiona',12
>>> "My name is {}. I'm {} years old.".format(name,age)
"My name is Fiona. I'm 12 years old."
>>> x,y=3,5
>>> '{0}+{1}={2}  {1}÷{0}={3:.2f}'.format(x,y,x+y,y/x)
'3+5=8  5÷3=1.67'
```

在上面的例子中，第 1 个 format()函数使用时，前面字符串中的字段没有使用编号，那么就按顺序依次将后面 name 和 age 变量的值填充到前面的两个字段中。第 2 个 format()函数的括号中有 4 个表达式，编号为 0～3，前面字符串中的字段有编号，并且可以通过编号多次使用对应的表达式或变量。在最后一个字段中还使用了格式控制标记，它的使用方法和前面 f-string 的格式控制标记基本相同，在例子中是以保留两位小数的小数形式浮点数输出。

从%格式化到 format()函数格式化，再到 f-string 格式化，可以看出格式化的方式越来越直观。相对来说，f-string 的效率比前两个要高一些，使用起来也更简单一些，所以推荐使用 f-string 来对字符串进行格式化。

本章小结

本章学习了 Python 常用的数值类、逻辑类和字符串类的基本数据类型，介绍了表达式的概念和算术、关系、逻辑、赋值等常用运算符，以及一些常规标准函数的使用，还学习了字符串的基本操作及格式字符串的方法，为后续编程打下基础。

习　题

一、判断题

1．Python 使用 input()输入的数据都是字符串类型。

2．Python 中 1/4 的结果是 0。

3．表达式 bool(0)+bool(1)与 bool(0) and bool(1)的结果一致。

4．已知 a=65，那么执行语句 a = 12.78 后，a 的值是 12。

5．可以用 math.pi 表示圆周率。

6．s="gdfdawm"，s[2:5]表示"fdaw"这段子串。

7．Python 中的整数只能以十进制形式显示，浮点数只能以小数形式显示。

8．2^3 表示 2^3。

二、填空题

1．print(math.floor(-3.56))的结果是（　　　）。

2．print(~2&(3^7))的值为（　　　）。

3．'***'*3 的结果是（　　　）。

4．$\sin 15^{\circ} + \dfrac{e^x - 5x}{\sqrt{x^2+1}}$ 数学表达式的 Python 写法是（　　　）。

5．print(3>6 or (not 7) and 1<=3)的执行结果是（　　　）。

三、选择题

1．print('dsghj'+2)的执行结果是（　　　）。

　　A．语法错误　　　　　　　　　　　　B．'dsghj2'

　　C．dsghj dsghj　　　　　　　　　　　D．2

2．print(3.65+2)的执行结果是（　　　）。

　　A．5　　　　　　　B．6　　　　　　　C．5.65　　　　　D．语法错误

3．print(hex(16),ord('a')) 的执行结果是（　　　）。

　　A．16　a　　　　　B．0x10　97　　　C．10　a　　　　D．16　97

4．print(type(4//3)) 的执行结果是（　　　）。

　　A．<class 'int'>　　　　　　　　　　B．<class 'float'>

　　C．<class 'double'>　　　　　　　　　D．<class 'complex'>

5．print(chr(50)) 的执行结果是（　　　）。

　　A．50　　　　　　　B．0　　　　　　　C．2　　　　　　D．5

6．print(math.sqrt(4)**math.sqrt(9)) 的执行结果是（　　　）。

　　A．36.0　　　　　　B．6.0　　　　　　C．8.0　　　　　D．222

四、编程题

1．输入一个 3 位数，判断并输出它个、十、百位上的数字。

2．编程输入圆柱体的半径和高，计算并输出圆柱体的体积，结果保留 3 位小数。

3．输入一个整数，判断它是否能同时被 3 和 7 整除，并输出 True 或 False。

4．编程输入两个字符串 a、b，并进行两个字符串的连接和比较。

5．输入一个字符串 a 和单独的一个字符 x（假设字符 x 必定出现在字符串 a 中），查找并输出 a 中第 1 次出现 x 的位置。

6．输入某位学生的 18 位身份证号码，计算该学生在 2020 年入学时的年龄。

第 3 章

程序的基本控制结构

学习目标

- ☑ 了解算法的概念及算法的流程图表示
- ☑ 掌握顺序结构
- ☑ 掌握选择结构，能针对不同的情况选择不同的分支语句处理问题
- ☑ 掌握循环结构，熟练使用 while 语句和 for 语句
- ☑ 学会区分 break 语句和 continue 语句，在编程中正确使用优化设计方案

3.1 算法及算法表示

3.1.1 概述

程序就是为了完成某一任务而制定的一组操作步骤。人们在使用计算机编程解决实际问题时，首先要针对具体问题深入分析，确定解决问题的方法和步骤，再用某种程序设计语言编制好一组命令，即程序，指挥计算机有条不紊地按设定的顺序和方法完成任务。所以，在编写代码前，我们需要先确定解决问题的办法。很多程序设计老师都这样认为，程序设计语言，如 Python 只是帮助我们解决实际问题的工具，解决问题的 idea 才是程序的灵魂。描述程序解决问题的方法就是算法，算法就是解决问题的方法，算法的设计会直接影响计算机执行结果是否正确，以及执行效率的高低，所以算法的设计是程序设计的关键。如何设计有效的算法，并使用 Python 把我们心中的思想和算法表达出来，是本章学习的重点。

对于同样的问题，不同的人可能会设计出不同的解决方案，执行效果也会千差万别。例如，我们出行会利用 GPS 导航，如果赶时间，就可以选择"高速优先"模式，节省了时间但相应的费用可能会增加；如果在乎费用，就可以选择"避免收费"模式，但是可能会绕道增加时间成本。所以，我们在设计算法时要结合算法的特征，不能盲目。

算法的特征如下。

- 有穷性：算法必须在执行有限步骤后终止。
- 确定性：算法给出的每个计算步骤都必须有明确定义，无二义性。
- 有效性：算法中的每个步骤都能有效执行，并得到确定结果。
- 有零个或多个输入：算法处理的数据可以源于输入的数据。
- 有一个或多个输出：算法应有输出，执行结果就是算法的输出。

评价一个算法的优劣，可以从以下 4 个方面入手。

（1）正确性。指算法能否正确求解相应的问题。我们一般选择有代表性的数据对程序进行测试，并查看结果是否与预期一致。

（2）时间复杂度。指计算机在执行程序时所花费的时间量。

（3）空间复杂度。指在计算机上运行程序时需要消耗内存的大小。

（4）可理解度。指算法是否便于人们阅读、理解。

3.1.2　算法的表示

算法的表示形式有很多，如自然语言、伪代码、流程图等。自然语言就是人们日常使用的语言，如汉语、英语等。这样的表述方式通俗易懂，但用来表示算法的文字数量会较多且篇幅过长。伪代码是介于自然语言和计算机语言之间的文字和符号，具有书写方便的特点。流程图是直观且传统的一种算法表示方法，它使用不同的几何图形框来代表各种不同性质的操作，用流程线来表示算法的执行方向，再配以简单的文字说明，来描述程序的基本操作和算法的实现过程。

常用的流程图符号如图 3-1 所示。

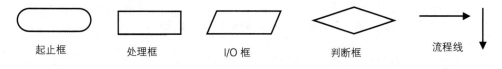

起止框　　　　处理框　　　　I/O 框　　　　判断框　　　　流程线

图 3-1　常用的流程图符号

（1）起止框：表示程序的开始或结束。

（2）处理框：表示程序的处理步骤。

（3）判断框：根据不同的判断结果执行不同的操作。

（4）输入/输出框：表示数据的输入/输出。

（5）流程线：表示程序的执行路径。

下面我们回顾第 1 章中计算三角形面积的实例，设计算法、绘制流程图，并根据算法流程图进行程序设计。

【实例 3-1】输入三角形的三条边长，计算三角形面积。首先需要判断输入的三条边长能否构成三角形，判断成功后再计算面积（保留两位小数），否则输出不能构成三角形的提

Python 程序设计教程

示信息。

使用流程图把这个例子的算法表示出来，如图 3-2 所示。

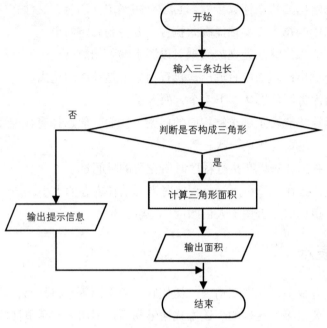

图 3-2　流程图示例

编写代码如下：

```
#example3-1.py
import math
a=float(input('请输入 a 边长: '))
b=float(input('请输入 b 边长: '))
c=float(input('请输入 c 边长: '))
if a>0 and b>0 and c>0 and a+b>c and a+c>b and b+c>a:
    x=(a+b+c)/2
    s=math.sqrt(x*(x-a)*(x-b)*(x-c))
    print(f'三角形面积为{s:.2f}。')
else:
    print('这不是一个三角形! ')
```

在解决实际问题时，我们可以先使用流程图把算法草稿表示出来，并修改调整使其符合题意，再按照流程图进行程序设计，就比较方便了。流程图最大的优点是内容直观、逻辑清晰；缺点是当程序较大时，流程图会很复杂，反而降低了其直观清晰的特点。但对初学者来说，刚开始编写的程序都比较小，可以使用流程图来表示算法，有了算法，就可以开始编写程序了。

3.2　程序基本结构

程序都是事先编写好的，并存储在计算机中。计算机会根据编写的代码，有条不紊地按设定的顺序、逐条语句执行。在执行完一条语句后，计算机会判定下一条要执行的语句是什么，然后去执行。决定下一条执行的语句对计算机来说非常关键，它可以控制计算机根据不同的情况做出一些不同的反馈，或者是否能自动实现一些反复的操作。

这种决定"下一条语句"的机制，在程序设计语言中被称为程序的"控制流程"。当执行到程序中的某一条语句时，也可以说控制转到了该语句。由于复杂问题的解法可能涉及复杂的执行次序，因此编程语言必须提供表达复杂控制流程的手段，即编程语言的控制结构或程序控制结构。大部分程序设计语言，都是通过顺序、选择和循环这 3 种基本结构来实现这个控制流程的。

1. 顺序控制结构

顺序控制结构是最简单、最直观的一种结构，它按照语句队列的前后顺序来执行程序中的语句。如图 3-3 所示，执行完语句 A 后再执行语句 B，排在前面的语句先执行，排在后面的语句后执行。前面章节中的例子大部分都是通过顺序结构来实现的。

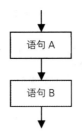

图 3-3　顺序控制结构

【实例 3-2】输入半径值计算对应的圆面积。

```
#example3-2.py
import math
r=float(input('r='))
s=math.pi*r*r
print(f's={s:.2f}')
```

若在运行时输入 2.5，则输出结果 s=19.63，这是一个正确的顺序结构的程序。如果我们交换代码的顺序，就会产生一些问题。比如，交换第 2、3 行，读者可以自行测试。即使是最简单的顺序结构，也不是一股脑儿地把代码堆上去，而是需要根据程序的要求，合理地安排语句的先后顺序。

2. 选择控制结构

选择控制结构，又称条件分支，根据判断条件结果的不同，进入不同的分支，从而执行不同的代码。如图 3-4 所示，当判断条件的结果为 True 时，执行语句块 A（因为分支中的语句可能不止一句，所以这里使用语句块来代表）；当判断条件的结果为 False 时，执行语句块 B。

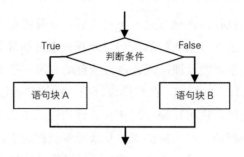

图 3-4　选择控制结构

实例 3-1 的程序中就包含一个选择结构。我们为这段代码编写行号。当执行到代码①时，根据判断条件的结果，下一条语句有可能执行代码②，也有可能执行代码⑥。可以看出，代码⑥并不是紧挨着代码①的，所以代码执行出现了跳转，这就是选择结构，代码不再按前后顺序从上到下依次执行，而是在执行到一个点后，实现了分叉，既有可能执行这里的语句，也有可能执行那里的语句。

```
①   if a>0 and b>0 and c>0 and a+b>c and a+c>b and b+c>a:
②       x=(a+b+c)/2
③       s=math.sqrt(x*(x-a)*(x-b)*(x-c))
④       print(f'三角形面积为{s:.2f}。')
⑤   else:
⑥       print('这不是一个三角形！')
```

3. 循环控制结构

计算机最大的一个优点是速度快，如果需要处理大批量的数据，就要重复执行一些操作，并且是自动实现的重复操作，这就需要使用循环控制结构。如图 3-5 所示，根据循环是否执行的判断结果，决定是继续执行循环，还是退出循环。如果执行循环，则执行对应的语句块，然后重复进行循环是否执行的判断，判断成功则继续执行循环，直到判断失败，退出循环。

重复执行的次数，以及什么时候结束，由循环结构本身决定。程序员可以指定循环体的这些代码重复执行多少次，并给出一个固定的次数，也可以不固定次数，只指定一个条件，根据实际条件的真假，来决定是否继续循环。如果退出循环，则下一条执行循环结构后面的语句。

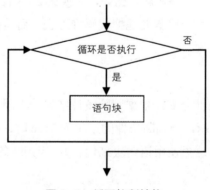

图 3-5　循环控制结构

这 3 种程序设计的基本结构，可以串联或嵌套使用。比如，选择结构或循环结构中的语句块内部，都可以包含另一个完整的顺序结构、选择结构或循环结构。

在程序设计时，应该先考虑总体的程序结构，再考虑细节。对于复杂问题，肯定是由若干个比较简单的问题构成的，先从上层的总目标开始设计，逐步把问题具体化，将需要解决的总目标分解为若干个子目标，再进一步分解为具体的小目标，把每一个小目标称为一个模块，逐步细化，这就是结构化程序设计方法。结构化程序设计思想是软件发展历程中一个重要的里程碑，它强调程序设计采用自顶向下、逐步细化的模块化方法，任何简单或复杂的问题都可以通过顺序、选择和循环这 3 种基本控制结构解决。

3.3 选择结构

选择结构是通过判断特定条件是否满足要求来决定程序的执行流程，就像来到一条分岔路口，选择往左边的路走，还是往右边的路走，程序会根据条件来选择执行不同的语句，让程序有了一种判断力。

判断的根据就是选择结构的条件。所以，这个条件的确立对选择结构来说是非常重要的。比如，根据变量当前的值来判断，或者根据值的特点（如奇数还是偶数等）来判断，还有数据之间的比较结果等，都可以作为判断的条件。一般来说，条件是一个表达式，表达式可能包含算术运算、关系运算、逻辑运算等各种运算。若表达式的结果为 True，则条件成立；若表达式的结果为 False，则条件不成立。

根据事物分类的情况，选择结构可以分为单分支选择结构、双分支选择结构和多分支选择结构，它们都是通过 if 语句来实现的。如果判断情况复杂，那么我们还需要利用嵌套的分支结构来解决问题。

3.3.1 单分支选择结构

单分支选择结构是选择结构中比较简单的一种判断执行，使用形式如下：

```
if 条件:
    语句块
```

在书写时需要注意，if 语句的条件后有一个冒号，下面的语句块就是 if 语句的分支，可以包含多条语句，但需要相对 if 进行缩进。

单分支 if 语句，表示当条件成立时，执行语句块；若条件不成立，则语句块被跳过不执行。条件表达式的结果为真（True），表示条件成立；条件表达式的结果为假（False），表示条件不成立。单分支选择结构适合处理只有一种特别情况的问题，流程图如图 3-6 所示。

Python 程序设计教程

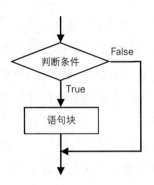

图 3-6　单分支选择结构

【实例 3-3】输入一个整数，若它是偶数，则打印输出。

```
#example3-3.py
x=int(input('请输入一个整数: '))
if x%2==0:
    print(f'{x}是偶数')
```

当输入 8 时，运行结果如下：

```
请输入一个整数: 8
8 是偶数
```

若输入的不是偶数，则没有任何输出。程序会根据设置的条件进行判断，并进行不同操作。判断的条件是一个表达式，用到了算术运算和关系运算。若一个数能被 2 整除，也就是和 2 做求余运算后结果为 0，那么这个数就是偶数。根据题目的要求进行条件的设计，是选择结构程序设计中比较重要的环节。

需要注意的是，作为条件的表达式，我们希望它是 True 或 False，也就是布尔类型的数据。关系运算或逻辑运算的结果都是逻辑型，用作选择结构的判断条件非常合适。但是，选择结构的条件不一定是关系或逻辑表达式，也可以是其他类型的表达式，无论表达式的运算结果是什么类型，基本都可以作为 if 语句的判断条件。如果是数值型，则 0 当作 False，非 0 的当作 True。如果是字符串，则空字符串当作 False，非空字符串当作 True。我们以后会学习新的数据类型，也都可以向布尔类型转换。

3.3.2　双分支选择结构

单分支选择结构在条件不成立（False）时，不会执行任何代码，而双分支选择结构会根据条件是否成立，执行不同的代码，使用形式如下：

```
if 条件:
    语句块 1
else:
    语句块 2
```

和单分支 if 语句相比，双分支 if 语句新增了 else 关键字，并与 if 对齐，其后也有冒号，但没有条件的设置。else 下面带领的分支，也就是语句块 2 相对 else 进行缩进，缩进

62

量和语句块 1 相同。

双分支选择结构，表示当条件成立时，执行语句块 1；当条件不成立时，执行语句块 2，即无论条件成立与否，都有相应的语句执行，流程图如图 3-7 所示。

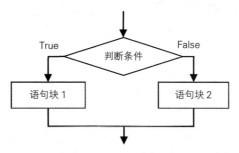

图 3-7　双分支选择结构

因为语句块 1 和语句块 2 的执行条件是相反的，所以这两种执行是互斥的，即执行了语句块 1 就不可能执行语句块 2，反之亦然。这和使用两条单分支语句处理是有区别的。

【实例 3-4】修改实例 3-3，要求判断输入的整数是偶数还是奇数，并打印输出。

```
#example3-4.py
x=int(input('请输入一个整数: '))
if x%2==0:
    print(f'{x}是偶数')
else:
    print(f'{x}是奇数')
```

当输入 7 时，运行结果如下：

```
请输入一个整数: 7
7 是奇数
```

当输入 8 时，运行结果如下：

```
请输入一个整数: 8
8 是偶数
```

无论输入任何整数，该程序都有结果输出。根据条件判断的结果，输出是奇数或是偶数。

当执行的分支比较简单时，Python 可以用一种紧凑的格式来代替双分支选择语句，这就是条件表达式，其使用形式如下：

```
值1 if 条件 else 值2
```

表示当条件成立时，表达式的运算结果取值 1；当条件不成立时，表达式的运算结果取值 2。条件表达式也是一个表达式，表达式的运算结果会生成一个新的数据对象，可以使用这个数据对象进行编程。例如，实例 3-4 的双分支语句可以替换为如下代码：

```
print(f'{x}是{"偶" if x%2==0 else "奇"}数')
```

运行结果是相同的。f-string 的第 2 个字段是一个条件表达式，根据条件表达式中的判断条件（x%2==0）是否成立，整个条件表达式的结果可能是"偶"或"奇"字符串。需要注意的是，由于 f-string 带有单引号，为避免冲突，"偶"和"奇"字符串使用了双引号。

3.3.3　多分支选择结构

单分支 if 语句和双分支 if 语句都适用于一个事件分两种情况的状态。判断的条件都只有一个，条件为 True 时是一种情况，条件为 False 时是另一种情况。单分支只有在条件为 True 时，才执行语句；在条件为 False 时，不执行语句。双分支在两种不同的情况下执行不同的语句。如果一件事情有 3 种及以上情况，就需要用到多分支 if 语句来解决问题。

多分支 if 语句的特点是有多个判断条件、每个判断条件带领各自的分支，并且每个分支的执行是相互排斥的，使用形式如下：

```
if 条件 1:
    语句块 1
elif 条件 2:
    语句块 2
…
elif 条件 n-1:
    语句块 n-1
else:
    语句块 n
```

相较双分支 if 语句，多分支 if 语句新增了 elif 关键字，并与 if 对齐，其后也带条件和冒号。elif 下面带领的分支，相对 elif 进行缩进。一个多分支 if 语句中包含一个 if 关键字、多个 elif 关键字和一个 else 关键字。

多分支 if 语句在执行时按照从上到下的顺序，先判断条件 1，若条件 1 为 True，则执行语句块 1，该分支执行完毕，整个 if 语句也执行完成，后面不再判断，这是问题的第 1 种情况。若条件 1 为 False，则判断条件 2；若条件 1 为 True，则执行语句块 2，执行完毕，整个 if 语句也执行完成，后面不再判断，这是问题的第 2 种情况。如果条件 2 也为 False，则向后执行。以此类推，如果所有的 n-1 个条件都为 False，则执行 else 带领的分支，也就是语句块 n，这是问题的最后一种情况。若没有 else 关键字带领的分支，则当所有条件都不成立时，不执行任何语句，流程图如图 3-8 所示。

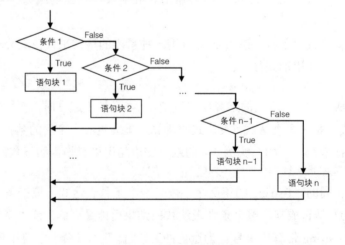

图 3-8　多分支选择结构

每个语句块的执行都是互斥的。当某个条件成立，执行对应分支后，整个多分支 if 语句执行结束，不再进行后面的条件判断。

【实例 3-5】编写程序，输入 x 的值后，根据下面的公式计算并输出 y 的值。

$$y = \begin{cases} x - \sin x & x < -2 \\ e^x + 1 & -2 \leqslant x \leqslant 2 \\ \sqrt{x^2 + x + 1} & x > 2 \end{cases}$$

```
#example3-5.py
import math
x=float(input())
if x<-2:
    y=x-math.sin(x)
elif -2<=x<=2:
    y=math.exp(x)+1
else:
    y=math.sqrt(x**2+x+1)
print(f'y={y:.3f}')
```

上述例子中计算的是分段函数，一共有 3 种情况，使用多分支 if 语句来编程实现。第 2 种情况，elif 关键字后面的条件 2（-2<=x<=2）可以写为 x<=2，因为它排在条件 1（x<-2）的后面，如果 x<-2，才会执行第 1 个分支，然后 if 语句结束。只有在条件 1（x<-2）不成立的情况下，才会进行条件 2 的判断，所以在进行条件 2 的判断时，一定是在 x 大于或等于-2 的前提下。最后一个分支是在前两个条件不成立的情况下执行的，也就是 x 大于 2 的情况，这个分支不需要进行条件的判断，因为使用的是 else 关键字。

3.3.4　选择结构的嵌套

无论是单分支、双分支还是多分支 if 语句，一般都是针对同一事物的情况进行分析的，如果涉及多个事物的变化，那么还是需要使用多个 if 语句来实现，在情况复杂时，还需要使用选择结构的嵌套。所谓选择结构的嵌套，就是在 if 语句的分支语句块中，又出现另一个完整的 if 语句。嵌套的结构有多种，if 语句的每个分支中都有可能会出现另一个 if 语句，如下面形式中双分支 if 语句中的其中一个分支就包含了另一个双分支 if 语句。

```
if 条件 1:
    语句块 1
    if 条件 2:
        语句块 4
    else:
        语句块 5
    语句块 2
else:
    语句块 3
```

其中，"if 条件 1:"和最后的"else"对齐，它们各自的分支相对它们向右缩进。"if 条件 2:"与其"else"和语句块 1、2、3 对齐。语句块 4、5 分别作为内部 if 语句的分支，相对"if 条件 2:"向右再次缩进。在使用选择结构的嵌套时，需要严格把控语句的缩进量，同一层次的所有语句的缩进量都相同，越是里层的语句缩进量越多。根据语句的缩进量来区分不同层次的选择结构，不同的缩进量代表语句属于不同的结构层次，这种规范可以很容易地分辨程序的层次结构。

【实例 3-6】编程求解一元二次方程 $ax^2+bx+c=0$。

分析：首先根据输入 a、b、c 的数值，区分当前输入的系数能否构成一元二次方程。

（1）$a=0$ 时，显示输入的系数构成的"不是一元二次方程"。

（2）$a\neq 0$ 时，根据 $\triangle$（b^2-4ac）是否大于或等于 0，决定计算实根还是虚根。

① 若 $b^2-4ac>=0$，则有两个实根。

② 若 $b^2-4ac<0$，则有两个虚根。

```python
#example3-6.py
import math
a,b,c=map(float,input('Enter a,b,c=').split())
if math.fabs(a)>1e-6:
    d=b**2-4*a*c
    if d>=0:
        x1=(-b+math.sqrt(d))/(2*a)
        x2=(-b+math.sqrt(d))/(2*a)
        print(f'x1={x1:.2f},x2={x2:.2f}')
    else:
        m=-b/(2*a)
        n=math.sqrt(math.fabs(d))/(2*a)
        print(f'x1={m:.2f}+{n:.2f}i')
        print(f'x2={m:.2f}-{n:.2f}i')
else:
    print('不是一元二次方程')
```

3.4 循环结构

对于某些需要重复执行的操作，需要实现一个自动反复的执行，可以使用循环结构来实现。一个循环由两部分构成，一部分是循环的条件，另一部分是重复执行的内容，也就是循环体。进入循环结构，先判断循环的条件，如果条件成立，则执行循环体；再次判断循环条件，如果条件成立，则再次执行循环体，重复此过程，直到循环条件不成立时，退出循环。循环结构如图 3-9 所示。

若在第 1 次判断循环条件时就不成立，则直接退出循环，循环体没有执行。所以，循环体在循环条件的控制下，可能执行多次，也可能一次也不执行。根据程序的需要，循环体中可以包含多条语句。

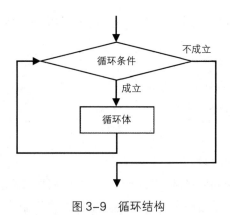

图 3-9　循环结构

Python 中循环结构的循环条件分为两种类型。

（1）用于判断的表达式：如果表达式的运算结果为 True，则表示条件成立，执行循环体；如果表达式的运算结果为 False，则表示条件不成立，循环结束。这样的循环称为条件循环，使用 while 语句来实现。

（2）以一个数据集作为遍历结构：从一个数据集中逐一获取其中的单个数据项，获取一次数据项，执行一次循环体。若数据项没有遍历完毕，则表示循环条件成立，继续循环；当所有的数据项都获取过一次，在遍历完成后，表示循环条件不成立，循环就结束了。这样的循环称为遍历循环，使用 for 语句来实现。

3.4.1　while 语句

条件循环根据设定的条件来决定是否执行循环，循环的结构使用 while 语句来实现，使用形式如下：

```
while 条件：
    语句块
```

当判断条件为 True 时，执行循环体的语句块，然后重复进行计算判断条件的操作。如果条件为 True，则再次执行循环体。以此类推，每次都是先进行循环条件的判断，满足条件的执行一次循环，程序会反复自动地执行。作为循环条件的表达式的计算结果也在变化，在有限次循环后，判断条件为 False 时，结束循环。while 循环如图 3-10 所示。

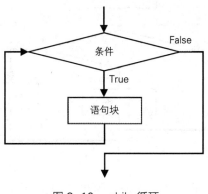

图 3-10　while 循环

【实例 3-7】输入 5 个学生的成绩，计算他们的平均成绩，并打印出来。

```
#example3-7.py
n=1
s=0
while n<=5:
    x=float(input(f'请输入第{n}个学生的成绩: '))
    s+=x
    n+=1
print(f'平均成绩是{s/5:.1f}')
```

上述例子中包含一个 while 循环，"n<=5" 是循环条件，缩进的 3 行代码是循环体。因为一开始 n 的初值为 1，所以循环条件的结果为 True，执行循环体。输入一个学生的成绩，累加到 s 变量中，并修改 n 的值为 2，进行递增，再次判断循环条件 "n<=5"，结果仍然为 True，继续重复执行循环体。在类似地执行 5 遍循环体后，n 的值递增为 6，再次判断循环条件 "n<=5"，结果为 False，结束循环。循环条件一开始为 True，从而进入循环。循环体中的 "n+=1" 语句使循环条件在执行有限次循环后，由 True 变为 False，从而退出循环。

在有些实例中，一开始循环的条件不太好设立，但是在循环执行的过程中，一旦满足一定的条件，就可以结束循环。可以设计循环体带 break 语句的 while 循环，break 可以退出循环，使用形式如下：

```
while True:
    语句块
    if 退出条件:
        break
    语句块
```

把循环条件设计为 True，循环条件一直成立，执行循环。在循环体中，配合选择结构，执行 break 语句，如果退出条件成立，则退出循环。while 循环中的 break 语句如图 3-11 所示。

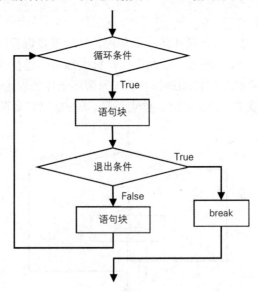

图 3-11　while 循环中的 break 语句

while 语句的循环条件为 True，循环条件一直成立。在循环体中，if 语句的条件是退出循环的条件，如果该条件为 True，则执行 break，结束循环；如果该条件为 False，则不执行 break，继续重复执行循环。

【实例 3-8】输入若干个学生的成绩，以-1 结束。计算他们的平均成绩，并打印出来。

```
#example3-8.py
n=0
s=0
while True:
    x=float(input(f'请输入第{n+1}个学生的成绩: '))
    if x== -1:
        break
    s+=x
    n+=1
if n>0:
    print(f'平均成绩是{s/n:.1f}')
```

在本实例中，学生人数是不定的，需要根据用户的输入来判断成绩是否输入完毕，可以使用带 break 语句的 while 循环进行编程。

3.4.2　for 语句

遍历循环是从一个数据集中逐一获取其中的单个数据项，每获取一次，执行一次循环体。循环的结构使用 for 语句来实现，使用形式如下：

```
for 循环变量 in 遍历结构 :
    语句块
```

其中，遍历结构是一个包含一些数据对象的数据集，语句块就是循环体。从遍历结构中逐一获取数据项赋值给循环变量，执行一次循环，当所有数据项获取完后，结束循环。

字符串中包含若干个字符，可以充当遍历循环的遍历结构。

【实例 3-9】输入一个单词，并打印单词中字母对应的大写字母。

```
#example3-9.py
x=input()
for i in x:
    print(f'{i}---{i.upper()}')
```

当输入 hello 时，运行结果如下：

```
h---H
e---E
l---L
l---L
o---O
```

输入的字符串中有 5 个字符，也就是 for 循环执行了 5 遍循环体，循环变量依次代表字符串中的某一个字符。

除了字符串，还有许多其他数据可以作为遍历结构。比如，组合数据类型的数据、文件，以及内置函数 range()等，前两个会在后面的章节中学习，range()函数用于产生指定的整数序列，在 for 循环中比较常用，主要包括以下 3 种格式。

1．range(终值)

用于产生区间为[0, 终值) 的整数序列。注意这是一个左闭右开的区间，如 range(5)代表 0、1、2、3、4 的整数序列。由于 range()函数返回的是一个 range 类型的数据对象，因此要想查看其整数序列的具体内容，可以使用*号将其解包打印。

```
>>> print(range(5))
range(0, 5)
>>> print(*range(5))
0 1 2 3 4
```

2．range(初值,终值)

用于产生区间为[初值, 终值)的整数序列。如果初值为 0，则可以省略，就变成了第 1 种形式。

```
>>> print(*range(1,6))
1 2 3 4 5
>>> print(*range(-10,11))
-10 -9 -8 -7 -6 -5 -4 -3 -2 -1 0 1 2 3 4 5 6 7 8 9 10
```

3．range(初值，终值，步长)

用于产生区间在[初值，终值)范围内，按照步长每几个整数取一个的整数序列。

```
>>> print(*range(10,51,2))
10 12 14 16 18 20 22 24 26 28 30 32 34 36 38 40 42 44 46 48 50
```

当步长为负数时，设置初值大于终值，可以产生从大到小排列的整数序列。

```
>>> print(*range(20,0,-1))
20 19 18 17 16 15 14 13 12 11 10 9 8 7 6 5 4 3 2 1
>>> print(*range(20,0,-3))
20 17 14 11 8 5 2
```

for 循环中使用 range()函数可以有效地控制循环的次数，同时可以使循环变量按顺序获取指定的整数值。

【实例 3-10】改写实例 3-7，输入 5 个学生的成绩，计算他们的平均成绩，并打印出来。

```
#example3-10.py
s=0
for n in range(5):
    x=float(input(f'请输入第{n+1}个学生的成绩：'))
    s+=x
print(f'平均成绩是{s/5:.1f}')
```

使用 range()函数配合 for 循环，构建一个执行 5 次的循环，注意 n 的取值为 0～4，所以在显示第几个学生时，需要使用 n+1。

【实例 3-11】求 1+1/3+1/5+…+1/99 的值。

```
#example3-11.py
```

```
s=0
for i in range(1,100,2):
    s+=1/i
print(f's={s:.2f}')
```

循环体中也可以不使用循环变量，range()函数仅用于控制循环的次数。

【实例 3-12】斐波那契数列，又称黄金分割数列，因数学家斐波那契以兔子繁殖为例而引入，故又称为"兔子数列"，指的是这样一个数列：1、1、2、3、5、8、13、21、34……第 1 项和第 2 项都是 1，从第 3 项开始，数列中的所有数都为前面两个数字之和。计算斐波那契数列中的第 n 项。

```
#example3-12.py
n=int(input())
a=1
b=1
for i in range(n-2):
    a,b=b,a+b
print(b)
```

循环变量 i 并没有在循环体中用到，使用 range(n-2)函数控制循环 n-2 次。第 1 项和第 2 项固定为 1，每循环一次计算下一个数，第 n 个数循环计算 n-2 次即可。循环体中使用了多值赋值。

3.4.3　循环的嵌套结构

在前面的章节中，我们学习过选择结构的嵌套，即在 if 语句的分支语句块中，又出现另一个 if 语句。在循环结构的程序设计中，若遇到复杂的循环问题，也可以使用循环的嵌套结构来解决，就是在一个循环结构的循环体中，嵌套另一个完整的循环结构。

【实例 3-13】会议室有 2 排座位，每一排有 3 个位置，按顺序打印座位。

```
#example3-13.py
for i in range(1,3):
    print('*'*16)
    for j in range(1,4):
        print(f'第{i}排第{j}个座位')
```

运行结果如下：
```
****************
第 1 排第 1 个座位
第 1 排第 2 个座位
第 1 排第 3 个座位
****************
第 2 排第 1 个座位
第 2 排第 2 个座位
第 2 排第 3 个座位
```

在上述程序中，代码的缩进代表层次关系。外层 for 循环的循环体中包含两个语句，一个是打印星号的 print 语句，另一个是内层 for 循环。因为内层 for 循环打印了 3 个座位，所以外层 for 循环的循环体就是打印一行星号和 3 个座位。外层循环重复了两次，就得到以上运行结果。外层循环的循环变量为 i，内层循环的循环变量为 j，从打印结果可以看出，当 i 为 1 时，j 从 1 变化到 3；当 i 为 2 时，j 从 1 变化到 3。外层循环每执行一次，内层循环就需要从头到尾执行一遍完整的循环。若外层循环的循环次数为 m，内层循环的循环次数为 n，则内层的循环体语句要重复执行 m×n 次。因此，使用嵌套的循环结构将导致总循环次数翻倍增加。

【实例 3-14】打印输出如下格式的九九乘法口诀表。

```
1*1=1    1*2=2    1*3=3    1*4=4    1*5=5    1*6=6    1*7=7    1*8=8    1*9=9
         2*2=4    2*3=6    2*4=8    2*5=10   2*6=12   2*7=14   2*8=16   2*9=18
                  3*3=9    3*4=12   3*5=15   3*6=18   3*7=21   3*8=24   3*9=27
                           4*4=16   4*5=20   4*6=24   4*7=28   4*8=32   4*9=36
                                    5*5=25   5*6=30   5*7=35   5*8=40   5*9=45
                                             6*6=36   6*7=42   6*8=48   6*9=54
                                                      7*7=49   7*8=56   7*9=63
                                                               8*8=64   8*9=72
                                                                        9*9=81
```

分析：平面图案打印是典型的两重循环嵌套问题。按照人们从上到下、从左到右的习惯，一般外层可以视为行的循环，内层则视为列的循环。这张口诀表的格式为：每行都先输出若干列空格，再输出若干列算式，最后输出换行。所以，外层考虑成行的循环，每行输出的都是这 3 部分内容，一共要输出 9 行，意味着这样的输出操作需要重复 9 次。每行的输出视为内层列的循环，包括：

（1）数量不等的空格输出可以看作输出一个空格的操作重复若干次，重复次数与所在行数有关。

（2）每列算式的输出，包括内容和重复次数都与所在行有关，这种变化关系也是有规律可循的，很容易表示清楚。

（3）输出换行。

代码如下：

```
#example3-14.py
for i in range(1,10):
    print(' '*8*(i-1),end='')
    for j in range(i,10):
        print(f'{i}*{j}={i*j:<4}',end='')
    print()
```

嵌套结构中的循环除了使用 for 循环，也可以通过 while 语句实现。

程序结构的嵌套包括：

（1）选择结构的分支中可以嵌套另一个选择结构或另一个循环结构。

（2）循环结构的循环体中可以嵌套另一个循环结构或另一个选择结构。

需要注意的是，Python 中使用缩进来代表层次结构，我们在书写时要注意同层次代码的对齐。

3.4.4　break 语句和 continue 语句

有时遇到一些特定条件下需要提前结束某个或某一次循环的情况，我们可以使用 break 语句和 continue 语句实现程序有条件地转向，这时往往会与选择结构结合使用。

1. break 语句

我们曾在 while 循环的学习内容中使用过 break 语句，它的作用是跳出当前的循环。如果把 while 循环的条件设置为 True，循环的条件一直成立，就需要通过 break 语句来跳出循环。一般来说，break 语句需要配合 if 语句来使用，当某个条件成立时，跳出循环。实际上，while 的循环条件不一定要设置为 True 才可以使用 break 语句，循环条件和配合 break 语句的退出条件可以同时存在，并且 for 循环也可以使用 break 语句退出循环。这一类型的循环结构还可以添加 else 关键字，使用形式如下：

```
while 循环条件:                    for 循环变量 in 遍历结构:
    语句块                            语句块
    if 退出条件:                      if 退出条件:
        break                            break
    语句块                            语句块
else:                             else:
    语句块 1                          语句块 1
```

在进入循环后，当循环条件不成立或 if 语句的退出条件成立（为 True）时，都可以退出循环，哪个先执行到就通过哪个方式退出循环。需要注意的是，如果循环是通过 break 语句退出的，那么不会执行 else 关键字后面的语句块 1；只有当循环条件不成立才退出循环的情况下，如 while 的循环条件为 False 或 for 循环的遍历结构中的数据项遍历结束，才导致循环的退出，此时就需要执行 else 关键字后面的语句块 1。这个 else 是循环结构的 else，在书写时需要和 while 或 for 关键字对齐。带 break 和 else 的循环结构如图 3-12 所示。

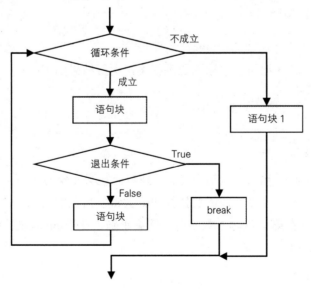

图 3-12　带 break 和 else 的循环结构

【实例 3-15】设计一个猜数字的游戏，设置固定数字的值，并给出数字范围，让用户猜这个数字是几。猜中数字则结束游戏，猜不中则给出范围提示，最多可以猜 3 次，3 次都猜不中的话游戏结束。

```
#example3-15.py
x,y=1,100                    #表示数字范围
a=8                          #表示猜测答案
n=0                          #表示猜测次数
print("******猜数字游戏******")
while n<3:
    b=int(input(f"请输入一个{x}~{y}之间的数字："))
    n+=1
    if b==a:
        print(f"***你猜对啦，一共猜了{n}次***")
        break
    elif b>a:
        print("***太大啦！***")
        y=b-1
    else:
        print("***太小啦！***")
        x=b+1
else:
    print("你已经猜了 3 次，还没猜中，Game over!")
```

在程序运行时输入 3 次错误答案，运行结果如下：

```
******猜数字游戏******
请输入一个 1~100 之间的数字：65
***太大啦！***
请输入一个 1~64 之间的数字：5
***太小啦！***
请输入一个 6~64 之间的数字：30
***太大啦！***
你已经猜了 3 次，还没猜中，Game over!
```

再次运行程序，在 3 次机会中输入正确答案，运行结果如下：

```
******猜数字游戏******
请输入一个 1~100 之间的数字：50
***太大啦！***
请输入一个 1~49 之间的数字：8
***你猜对啦，一共猜了 2 次***
```

在程序第 1 次运行时输入 3 次错误答案，猜数计数器 n 变为 3，再次判断 while 循环条件时，循环条件不成立退出循环，需要执行 else 关键字后面的语句，打印"Game over!"。在程序第 2 次运行并在第 2 次输入数字时，答案正确，使用 break 语句退出循环，不执行 else 关键字后面的语句。

2. continue 语句

循环结构的程序一般会执行多次循环体。continue 语句的作用是提前结束本次循环，并

进入下一次循环。在执行到 continue 语句后，本次循环中 continue 语句后面的语句会被跳过，即不执行，如果还有下一次循环，就转到下一次循环中执行。和 break 语句一样，continue 语句一般也配合 if 语句来使用。

【实例 3-16】输入一个字符串，并分行单个打印其中的字符。如果字符非数字，还需要打印它对应的 Unicode。

```
#example3-16.py
for i in input():
    print(i)
    if i.isdigit():
        continue
    print(f'---{ord(i)}')
```

在程序运行时输入"中国 HZ2022"，结果如下：

```
中
---20013
国
---22269
H
---72
Z
---90
2
0
2
2
```

在程序中，使用 for 循环遍历输入的字符串。在打印当前字符后，若该字符是数字，则执行 continue 语句，跳过其后打印 Unicode 的语句，并进入下一个字符的循环；若不是数字字符，则不执行 continue 语句，并正常执行打印 Unicode 的语句。

部分使用 continue 语句的代码可以被取代，调节相应的选择结构即可。如上面的例子，也可以通过下列代码来实现。

```
for i in input():
    print(i)
    if not i.isdigit():
        print(f'---{ord(i)}')
```

3. 比较 break 语句和 continue 语句

相似之处：

（1）两者都在循环结构中使用。需要注意的是，循环结构可能存在嵌套，break 语句和 continue 语句都只对所在的本层循环起作用。

（2）两者一般都配合选择结构 if 语句来使用，当满足一定条件时才进行跳转。

不同之处：

（1）break 语句是结束本层的整个循环，转到本循环后面的语句去执行。

（2）continue 语句只是提前结束本次循环，转到本循环的下一次循环去执行。

3.5　random 库

　　随机数可以用于我们在程序中随机过程的模拟，如实现一个类似抽签的操作。现实场景中的抽签或者抛硬币取正反面是随机的，而计算机不可能产生随机数据，它会根据程序的设定来生成一个确定的值。计算机产生的随机数，叫作伪随机数。伪随机数是按照一定的算法来模拟产生的。算法产生的一系列伪随机数在一定范围内且分布均匀，表面上看起来好像是随机选取的，但实际上是按照算法一步步计算得到的。算法确定，它的结果也是确定的。由于计算机不能生成真正的随机数，因此我们把伪随机数当作随机数来使用。

　　random 库是 Python 中随机数的标准函数库。和前面学习过的 turtle 库和 math 库一样，标准函数库是在安装 Python 后自带的功能模块，不需要专门安装，使用 import 导入后就可以使用库中的函数。

　　【实例 3-17】打印 5 个随机数。

```
#example3-17.py
import random
random.seed(8)                          #设置随机数种子为 8
for i in range(5):
    print(random.random())              #打印产生的一个随机数
```

运行结果如下：

```
0.226 7058593810488
0.962 2950358343828
0.126 33089865085956
0.704 8169228716079
0.085 18526805075266
```

　　程序中使用到 random 库的两个函数，即 seed()函数和 random()函数。seed()函数用于设置随机数种子，random()函数用于产生区间[0,1)内的随机浮点数。

　　伪随机数产生的算法中有一个参数就是种子。顾名思义，种子就是起源，有了种子才能发展和延续。确定了随机数种子，后面利用算法产生的随机数序列也就确定了。一个种子对应一个序列，序列中数的值，以及顺序都是确定的。所以实例 3-17 中的每次运行结果都相同。

　　若修改随机数种子，则会产生不同的随机数序列，也可以不设置随机数种子，Python 会自动把第一次调用随机数函数时的当前系统时间作为种子。由于每次运行程序的时间不同、种子不同，因此产生的随机数也不同。如实例 3-17 中的代码，若去掉"random.seed(8)"语句，则每次的运行结果就不同了。

　　是否需要主动设置随机数种子，由程序的需求确定。

　　（1）如果用户在编程过程中设置了随机数种子，那么程序在多次运行中，只要种子相同，随机数就是相同的。用户可以利用相同的数据，重现程序运行的过程和结果。

　　（2）如果用户在编程中没有设置随机数种子，那么默认使用系统当前时间作为随机数种子。在程序多次运行时，使用的种子肯定不同，随机数序列也不同，程序的运行结果就会不同，更能体现随机的效果。

为了满足用户的不同需求，random 库还通过 random()函数扩展了一些其他的函数，如表 3-1 所示。

表 3-1　random 库的随机函数

类　　型	函　　数	描　　述
种子	seed(a)	设置随机数种子
产生随机数	random()	生成一个[0,1)范围内的随机小数
	uniform(x, y)	产生一个[x, y]范围内的随机浮点数
	randint(x, y)	产生一个[x, y]范围内的随机整数
	randrange(x, y[, z])	随机从 range(x, y[, z]) 产生的整数序列中选取一个整数
	getrandbits(x)	产生一个 x 位二进制范围内，即[0,2x-1]范围内的随机整数
序列类型相关	choice(x)	从序列类型数据 x 中随机返回其中一个元素
	sample(x, y)	从序列类型数据 x 中随机选择其中 y 个元素，以列表形式返回
	shuffle(x)	将列表 x 中的元素重新随机排列

改写实例 3-15，使猜数字的答案随机产生。

【实例 3-18】设计一个猜数字的游戏，输入数字范围能随机产生答案数字，让用户猜这个数字是几，猜中数字则结束游戏，猜不中则给出范围提示，最多可以猜 3 次，3 次都猜不中的话游戏结束。

```
#example3-18.py
import random
x,y=map(int,input('输入数字范围：').split())          #输入数字范围
a=random.randint(x,y)                                #随机产生猜测答案
print("******猜数字游戏******")
for n in range(1,4):
    b=int(input(f"请输入一个{x}~{y}之间的数字："))
    if b==a:
        print(f"***你猜对啦，一共猜了{n}次***")
        break
    elif b>a:
        print("***太大啦！***")
        y=b-1
    else:
        print("***太小啦！***")
        x=b+1
else:
    print("你已经猜了 3 次，还没猜中，Game over!")
```

运行结果如下：
```
输入数字范围：10 99
******猜数字游戏******
请输入一个 10~99 之间的数字：70
***太大啦！***
请输入一个 10~69 之间的数字：46
***太小啦！***
```

```
请输入一个 47~69 之间的数字：59
***太小啦！***
你已经猜了 3 次，还没猜中，Game over!
```

若在本次运行中 3 次都没有猜对数字，则在程序运行结束后，可以查看答案变量 a 的值。

```
>>> a
69
```

由于答案是随机产生的，并且没有设置随机数种子，因此在每次运行时，产生的数字都不同。实例 3-15 中的代码使用的是 while 循环，实例 3-18 中的代码使用的是 for 循环。在猜数字游戏实例中，两种循环完成的功能相同。

3.6 异常处理

3.6.1 异常概述

在编写程序时，经常会出现各种错误，有的是语法错误，此类错误很容易发现。解释器在进行语法检查时，如果发现不符合其语法就会给出错误信息，如括号不匹配、变量名拼写错误、用关键字作为变量名等；有的是逻辑错误，程序可以运行，但结果不对，如求解问题的算法本身就有错误；还有一种运行错误，程序可以执行，但是在执行过程中发生了错误，导致程序提前退出。例如，试图打开一个不存在的文件，或者在进行除法操作时，除数为 0。运行错误在设计阶段比较难被发现。

【实例 3-19】两数相除，除数为 0。

```
#example3-19.py
a,b=map(int,input('请输入两个整数：').split())
c=a/b
print(f'两个整数的商是：{c}')
```

在程序运行时，输入 9 和 4，运行结果如下：

```
请输入两个整数：9  4
两个整数的商是：2.25
```

而在程序运行时，输入 9 和 0，运行结果如下：

```
请输入两个整数：9  0
Traceback (most recent call last):
  File "C:\example\ep3-19.py", line 2, in <module>
    c=a/b
ZeroDivisionError: division by zero
```

可以看到，程序出现了 "ZeroDivisionError: division by zero" 错误，因为 0 不能作为除数，所以程序在运行过程中会出现以上错误。

异常是指程序在运行时引发的错误。当 Python 在运行程序时检测到一个错误，解释器就会提前终止程序，并输出错误信息及错误发生处的信息，这时程序就出现了异常。

除了 ZeroDivisionError 异常，Python 还存在其他异常。常见异常如表 3-2 所示。

表 3-2　常见异常

异 常 名 称	说　　　明
NameError	尝试访问一个没有申明的变量
ZeroDivisionError	除数为 0
SyntaxError	语法错误
IndexError	索引超出序列范围
KeyError	请求一个不存在的字典关键字
IOError	输入输出错误（如要读的文件不存在）
AttributeError	尝试访问未知的对象属性
ValueError	传给函数的参数类型不正确，如给 int()函数传入字符串型
FileNotFoundError	未找到指定文件

3.6.2　异常处理相关操作

在运行程序时，有些错误并不一定会出现，若输入的数据符合程序的要求，则程序可以正常运行，否则程序会遇到异常并给出错误信息。比如，在实例 3-19 中，当除数为 0 时，程序提前结束并报错。程序员在可能发生异常的地方添加异常处理程序，可以使程序具有更高的容错性，防止因为用户的错误输入而造成程序的终止，从而提高程序的稳健性。

1．try…except…结构

在 Python 中，可以通过 try…except…结构来处理异常，使用形式如下：

```
try:
    可能会发生异常的语句块
except:
    异常发生时执行的语句块
```

把可能会出现异常的代码放在 try 语句块中，把异常发生时需要执行的代码放在 except 语句块中。在执行 try 语句块时，如果发生错误，那么程序不会终止，而是转到 except 语句块去执行。相反地，如果在执行 try 语句块时未发生错误，那么程序将不会执行 except 语句块。

【实例 3-20】改写实例 3-19，处理两个整数相除可能会出现的异常。

```
#example3-20.py
try:
    a,b=map(int,input('请输入两个整数：').split())
    c=a/b
    print(f'两个整数的商是：{c}')
except:
    print('输入有误，程序出错！')
```

在程序运行时，输入 9 和 0，运行结果如下：

```
请输入两个整数：9 0
输入有误，程序出错！
```

2．try…except…else…结构

在异常发生时，部分语句不能执行。只有在没有发生异常时，该部分语句才得以执行。

在 try…except…后面可以加 else 关键字，else 部分用于编写程序没有出现异常时需要执行的语句块，使用形式如下：

```
try:
    可能会发生异常的语句块
except:
    异常发生时执行的语句块
else:
    未出现异常时执行的语句块
```

把未出现异常时需要执行的代码放在 else 语句块中。在执行 try 语句块时，如果发生错误，那么转到 except 语句块去执行。相反地，如果在执行 try 语句块时未发生错误，那么程序会转到 else 语句块去执行。except 语句块和 else 语句块是互斥地执行。

【实例 3-21】改写实例 3-20。

```
#example3-21.py
try:
    a,b=map(int,input('请输入两个整数：').split())
    c=a/b
except:
    print('输入有误，程序出错！')
else:
    print(f'两个整数的商是：{c}')
```

可以看出，程序缩小了可能出现异常的代码范围，仅将可能出现异常的代码放到 try 语句块中，如果未出现异常，则执行 else 语句块。

3. try…except…else…finally…结构

在 try…except 结构中还可以添加 finally 关键字，可以用这类结构来处理异常，无论程序中是否有异常，finally 语句块中的代码都会被执行。因此，finally 关键字后面的代码经常用来处理一些清理工作，如释放资源、关闭文件等，使用形式如下：

```
try:
    可能会发生异常的语句块
except:
    异常发生时执行的语句块
else:
    未出现异常时执行的语句块
finally:
    无论是否发生异常都会执行的语句块
```

【实例 3-22】改写实例 3-21。

```
#example3-22.py
try:
    a,b=map(int,input('请输入两个整数：').split())
    c=a/b
except:
    print('输入有误，程序出错！')
else:
```

```
    print(f'两个整数的商是：{c}')
finally:
    print('程序顺利结束了！')
```

4．多种异常的分类处理结构

在实际开发中，同一段代码可能会产生多种不同的异常。针对不同的异常需要进行不同的处理。Python 在处理异常时，允许带多个 except 关键字，并指定相应异常的类型，使用形式如下：

```
try:
    可能会发生异常的语句块
except 异常类型 1:
    异常 1 发生时执行的语句块
except 异常类型 2:
    异常 2 发生时执行的语句块
…
except 异常类型 n:
    异常 n 发生时执行的语句块
except:
    其他异常发生时执行的语句块
else:
    未出现异常时执行的语句块
finally:
    无论是否发生异常都会执行的语句块
```

如果程序在执行 try 语句块时发生了异常，则会按照顺序依次检查是否和某一个 except 的异常类型匹配，从而转去执行相应的处理异常语句块。若不能和任何一个 except 的异常类型匹配，则转去执行不带类型的 except 语句块。结构中的 try 和 except 关键字是必要的，else 和 finally 关键字可以根据需要选择使用。

【实例 3-23】改写实例 3-22。

```
#example3-23.py
try:
    a,b=map(int,input('请输入两个整数：').split())
    c=a/b
except ZeroDivisionError:
    print('除数为 0，程序出错！')
except ValueError:
    print('输入的数据不能转换为整数，程序出错！')
except:
    print('其他错误！')
else:
    print(f'两个整数的商是：{c}')
```

在程序运行时，输入 9 和 0，由于除数不能为 0，因此发生了 ZeroDivisionError 异常，运行结果如下：

```
请输入两个整数：9  0
除数为 0，程序出错！
```

而在程序运行时，输入"除数 被除数"，由于输入的内容不能转换为整数，因此会发生
ValueError 异常，运行结果如下：

```
请输入两个整数：除数 被除数
输入的数据不能转换为整数，程序出错！
```

3.7　应用实例

【实例 3-24】假设共有鸡和兔 40 只、脚 100 只，问鸡和兔各多少只。

分析：鸡兔同笼是小学阶段典型的数学问题。已知鸡和兔的总头数和总脚数，要求计算鸡和兔各有多少只。用计算机来解决这类问题时，可以发挥计算机运算速度快的特点，使用穷举法来编程。穷举法的思路：使用循环结构将所有可能的情况一一列举，并结合选择结构把真正符合条件的情况记录下来或打印出来。

已知鸡和兔一共是 40 只，那么，鸡的只数可能性范围是 1～40。设鸡的数量为 i，那兔的数量就是 40-i。使用穷举法逐个尝试鸡的只数，并计算相应脚的只数是否符合条件，打印结果。因为鸡兔同笼问题的答案一般只有一个解，所以找到正确答案时，即可退出循环。

```
#example3-24.py
for i in range(1,41):
    if i*2+(40-i)*4==100:
        print(f'鸡:{i},兔:{40-i}')
        break
```

运行结果如下：

```
鸡:30,兔:10
```

【实例 3-25】打印三位水仙花数。水仙花数指一个三位数，它的个、十、百位上的数字立方和恰好等于这个数本身。例如，$153=1^3+5^3+3^3$，那么 153 就是水仙花数。

分析：使用穷举法，把所有的三位数列举一遍，并将其中符合水仙花数条件的三位数打印出来。

```
#example3-25.py
for i in range(100,1000):
    a=i//100
    b=i//10%10
    c=i%10
    if i==a**3+b**3+c**3:
        print(i)
```

运行结果如下：

```
153
370
371
407
```

上述程序中 for 循环的遍历结构 range()函数，提供了三位数的穷举。根据遍历循环的特点可以得知，循环体中的 if 语句执行了 900 遍，判断了所有的三位数。

分析：换一种思路来使用穷举法计算水仙花数，使用嵌套循环来表示层次递进的穷举法。在最终的判断条件中，需要使用到三位数的百位、十位和个位这 3 个变化量。在穷举时，不一定要穷举整个三位数，可以依次穷举三位数的百位、十位和个位。我们可以分 3 个步骤进行，每次穷举一位数字：最外层循环穷举百位数，第 2 层循环穷举十位数，最内层循环穷举个位数。在最内层循环体中，可以根据条件进行判断和打印。3 层穷举依次执行，程序如下：

```
for a in range(1,10):
    for b in range(0,10):
        for c in range(0,10):
            i=a*100+b*10+c
            if i==a**3+b**3+c**3:
                print(i)
```

3 层 for 循环是嵌套的结构，最外层循环是一个 9 次的循环，第 2 层和最内层循环都是 10 次的循环。根据嵌套循环的执行方式，最内层循环的循环体，也就是用作判断的 if 语句，应该执行了 9×10×10=900 次，和前面的穷举法是一样的，运行结果也是一样的。

这样层次递进的穷举法，特别适合变化量比较多的情况。例如，上述例子中有百位、十位、个位 3 个变化量。还有一个经典案例，我国古代数学家张丘建在《算经》一书中曾提出著名的"百钱买百鸡"问题，用白话文翻译过来就是公鸡五块钱一只、母鸡三块钱一只、小鸡一块钱三只，现在要用一百块钱买一百只鸡，问公鸡、母鸡、小鸡各多少只？可以使用层次递进的穷举法编写如下程序：

```
for a in range(101):
    for b in range(101):
        for c in range(101):
            if a+b+c==100 and a*5+b*3+c/3==100:
                print(f"公鸡{a}只，母鸡{b}只，小鸡{c}只。")
```

但上述代码的效率很低，if 语句一共执行了 101×101×101=1030301 次。我们可以从以下两个方面进行优化。

（1）减少循环层数。小鸡的数量 c 可以用 100 减去公鸡和母鸡的数量，即 c=100-a-b，无须通过循环遍历各种取值情况。

（2）减少循环次数。一只公鸡 5 块钱，100 块钱最多只能买 20 只公鸡，第 1 层循环只需要重复 21 次。同理，第 2 层循环也只需要重复 34 次。

优化后的代码如下：

```
for a in range(21):
    for b in range(34):
        c=100-a-b
        if a*5+b*3+c/3==100:
            print(f"公鸡{a}只，母鸡{b}只，小鸡{c}只。")
```

这样只需执行 21×34=714 次 if 语句即可得到结果。

拓展阅读：工匠精神

习近平总书记曾在 2020 年召开的全国劳动模范和先进工作者表彰大会上精辟概括了工匠精神的深刻内涵——执着专注、精益求精、一丝不苟、追求卓越。2021 年 9 月，党中央批准了中央宣传部梳理的第一批纳入中国共产党人精神谱系的伟大精神，工匠精神是其重要组成部分。工匠精神不仅是引领制造业不断前行的精神源泉，更是推动信息技术飞速发展的精神力量。让代码更简洁、运行结果精度更高、执行速度更快、占用空间更小、稳定性更强的理念，体现了程序员们精益求精、追求极致的工匠精神。

【实例 3-26】判断输入的一个整数是否为素数。

分析：所谓素数是指除了 1 和自身，没有其他整数可以将它整除的自然数。设判断对象为 m，常规思路是让 m 依次除以 2～m-1 的所有整数。若没有一个数能把 m 整除，则说明 m 是素数，可以使用穷举法来实现。将穷举的范围设定为 2～m-1，如果在这个范围内的数都不能把 m 整除，那么 m 一定是一个素数。设穷举的循环变量为 i，i 的范围为 2～m-1。在循环的过程中，如果某一个 i 不能把 m 整除，那么这不是一个决定性的信息，因为素数的判断条件是所有 i 都不能把 m 整除。相反地，如果某一个 i 把 m 整除了，那么这是一个决定性的信息，m 肯定不是素数，后面的 i 也不用再继续穷举和判断下去了，直接使用break 退出循环，最后根据退出循环的方式确定 m 是否为素数。

```
#example3-26.py
m=int(input('请输入一个数: '))
for i in range(2,m):
    if m%i==0:
        print(f'{m}不是素数。')
        break
else:
    print(f'{m}是素数。')
```

在程序运行时输入 29，结果如下：

```
请输入一个数: 29
29 是素数。
```

在程序运行时输入 121，结果如下：

```
请输入一个数: 121
121 不是素数。
```

分析：这个例子中穷举法的穷举范围为 2～m-1。实际上穷举的范围可以缩小，最多列举到 m 的平方根即可。穷举的都是整数，我们设 k 为 m 的开平方取整，如果 m 能够被一个大于 k 的 i 整除，就意味着 m 一定可以被一个小于 k 的 i 整除，因为穷举时是按照从小到大的顺序进行的，如果是非素数，那么之前已经打印结果，并使用 break 退出循环了。所以没有必要进行大于 k 的那些 i 的循环。考虑到像 121 这样平方数的存在，我们的判断区间也要包括 k，所以循环范围缩小为 2～k，程序如下：

```
m=int(input('请输入一个数: '))
k=int(m**0.5)
for i in range(2,k+1):
    if m%i==0:
```

```
        print(f'{m}不是素数。')
        break
else:
    print(f'{m}是素数。')
```

【实例 3-27】使用格里高利公式求 π 的近似值，精度为 10^{-6}，公式如下：

$$\pi/4=1-1/3+1/5-1/7+\cdots$$

分析：这是一个累加公式，累加项的变化规律是正负交替出现的，分母不变，分子每次递增 2。抛开正负号，累加项的绝对值越变越小。累加问题可以使用循环结构来解决，结合精度的要求，当累加项的绝对值小于 10^{-6} 时停止累加。

```python
#example3-27.py
f,pi,n=1,0,1
while True:
    t=f/n
    if abs(t)<1e-6:
        break
    pi=pi+t
    n=n+2
    f=-f
print(f'π={pi*4:.5f}')
```

运行结果如下：

```
π=3.14159
```

本章小结

　　学好编程的关键是多练（上机）、多琢磨（研读例题）、多积累（经典算法）。本章介绍的算法是进行程序设计的关键之一，在 Python 程序设计语言学习中逐步积累一些典型问题的算法，对编程是非常有帮助的。顺序结构、选择结构和循环结构是 Python 程序设计语言的编程基础，要掌握好每种控制结构的使用前提。选择结构有 3 种语句，分别针对单分支、双分支和多分支 3 种不同的情况。循环结构也包含条件循环 while 和遍历循环 for 两种语句，适用于不同的情况。要注意选择语句和循环语句中的条件设置需要合理有效，否则程序执行无效。使用 break 语句和 continue 语句可以有效合理地控制程序走向，提高执行效率。需要重视嵌套结构的格式、执行层次，这种结构一般用来处理比较复杂的问题。利用 random 库的特点，可以进行有效的程序设计。在编程过程中，要注重程序的容错性，并能够进行异常处理。

习　题

一、判断题

1. 算法必须详细描述程序执行的每一个步骤。

2．Python 包括顺序、选择、递归这 3 种控制结构。

3．循环结构就是满足条件执行循环，一直到不能满足条件为止，无法提前终止。

4．选择结构可以嵌套、交叉执行。

5．Python 是通过缩进量来表示层次的不同。

二、选择题

1．执行下列 Python 语句产生的结果是（　　　）。

```
x=3
y=3.0
if x!=y:
    print('Equal')
else:
    print('Not Equal')
```

A．Equal　　　　B．Not Equal　　　C．编译错误　　　D．运行出错

2．在下面的程序段中，循环次数与其他不同的是（　　　）。

A．i=10
　　for i in range(10,0,-1):
　　　　print(i)

B．i=0
　　while i<=10 :
　　　　print(i)
　　　　i=i+1

C．i=10
　　while　i>0 :
　　　　print(i)
　　　　i=i-1

D．i=10
　　for i in range(10) :
　　　　print(i)

3．统计职称（duty）为副教授中年龄（age）在 40 岁以下的，性别（gender）为男性和女性的人数 n1、n2，正确的语句是（　　　）。

A．if gender=="男" and age<40 and duty=="副教授":
　　　　n1+=1
　　else:
　　　　n2+=1

B．if gender=="男" or age<40 or duty=="副教授":
　　　　n1+=1
　　else:
　　　　n2+=1

C．if age<40 and duty=="副教授":
　　　　if gender=="男":
　　　　　　n1+=1
　　else:
　　　　n2+=1

D．if age<40 and duty=="副教授":

    if gender=="男" :

        n1+=1

    else:

        n2+=1

4．判断两个数中较小数的语句段，不正确的是（　　）。

A.　min= x if x<y else y

B．if x<y:

        min=x

    min=y

C.　if x<y:

    min=x

  else:

    min=y

D.　min=x

    if x>y:

        min=y

5．下面程序段的输出结果为（　　）。

```
x=3
while x:
    print(x,end='')
    x-=1
```

A．3、2、1、0　　　　　　　　B．3、2、1

C．死循环　　　　　　　　　　D．2、1、0

三、编程题

1．服装店有买二免一的活动，购买两件衣服，价格略低的一件免费。输入两件衣服的价格，输出最终购买的价格。

2．设计人民币与美元汇率兑换程序。要求：按照 1 美元=7 人民币的汇率，编写一个双向兑换程序。输入美元或人民币的金额，币种在前，金额在后，如$20、￥100。每次输入一个金额，输出经过汇率计算后的美元或人民币的金额，格式与输入格式一样，要求结果保留两位小数。若输入有误，则显示"输入格式错误"。

3．输入某年某月，判断这个月有几天。注意闰年的条件：年号能被 4 整除但不能被 100整除，或者年号能被 400 整除。

4．随机产生 50 个 10～99 的整数，统计其中能被 3 整除的数的个数。

5．绘制如图 3-13 所示的菱形图案。

```
    1
   222
  33333
 4444444
555555555
 6666666
  77777
   888
    9
```

图 3-13　菱形图案

6. 打印空心数字矩形。输入一个整数 n（1≤n≤10），打印一个由数字 n 组成的数字空心矩形，要求行和列都是 n 个数字。若输入 5，则打印如图 3-14 所示的图形。

```
55555
5   5
5   5
5   5
55555
```

图 3-14　空心数字矩形

7. 打印字符金字塔。输入一个字符串，打印一个 5 行的字符金字塔，第 1 行 1 个字符，第 2 行 3 个字符，以此类推。字符内容由输入内容决定，按次序使用完后，继续从第 1 个字符开始使用。若输入 "ZUST"，则打印如图 3-15 所示的图形。

```
    Z
   UST
  ZUSTZ
 USTZUST
ZUSTZUSTZ
```

图 3-15　字符金字塔

8. 输入一个数字，判断它是否为合数。所谓合数是指一个等于其所有因子之和的正整数。例如：6=1+2+3，那么 6 就是合数。

9. 求 100 以内的所有素数之和。

10. 编写程序计算：$1-\dfrac{1}{2!}+\dfrac{1}{3!}-\dfrac{1}{4!}\cdots+(-1)^{n-1}\dfrac{1}{n!}$，精度为 0.000001。

11. 求指定位数的最小斐波那契数。在实例 3-12 中，我们学习过斐波那契数的计算，本题要求输入一个整数 n（n>1），输出斐波那契数列中最小的 n 位数。

第 4 章

组合数据类型

- ☑ 掌握序列的通用操作方法
- ☑ 掌握列表及其应用
- ☑ 掌握元组及其应用
- ☑ 掌握集合及其应用
- ☑ 掌握字典及其应用

4.1 组合数据类型概述

在前面的章节中，我们学习了 Python 中常用的一些数据类型，包括整数类型、浮点数类型、布尔类型等。使用这些数据类型仅能表示信息中的某个单一数据，这种表示单一数据的类型称为基本数据类型，而在实际情况中，计算机往往要处理的是一组数据，该组数据包含多个单一数据，且存在类型不同的情况。这时，需要将多个数据有效地组织起来，就要用到组合数据类型。

Python 中的组合数据类型是由基本数据类型组合而成的，能够将多个同类型或不同类型的数据组织起来，统一地表示，方便程序对数据进行操作。如图 4-1 所示，组合数据类型可以分为序列类型、集合类型和映射类型。

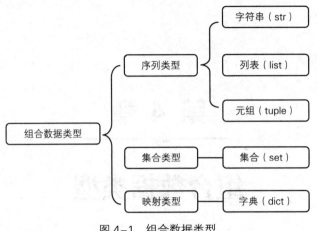

图 4-1　组合数据类型

组合数据如表 4-1 所示。

表 4-1　组合数据

类　　型		示　　例
序列	字符串	"好好学习，天天向上"
	列表	[0,1,2,3,4,5,6,7,8,9]
	元组	("富强", "民主", "文明", "和谐", "自由", "平等", "公正", "法治", "爱国", "敬业", "诚信", "友善")
集合		{"苹果", "亚马逊", "Alphabet","Facebook", "阿里巴巴", "腾讯", "三星电子", "英特尔", "微软", "华为"}
字典		{"name":"Guido van Rossum", "sex":"Male", "nationality":"荷兰"}

（1）序列类型是一种包括多项数据的组合结构，我们称单项数据为元素。序列类型的特点是序列结构中所包含的各个元素是有前后顺序的，元素可以重复。常用的序列类型有字符串、列表和元组。其中，列表是可变数据类型，元组和字符串是不可变数据类型。例如：

- 字符串示例："Hello Python"
- 列表示例：['哪吒', 'M', 3, 100]
- 元组示例：("ok", 2, 2, 3)

（2）集合类型与数学中集合的概念类似，其中的元素没有先后顺序，且不可重复。

集合示例：{"red", "yellow", "blue"}

（3）映射类型包含一系列"键-值对"构成的数据。Python 中的映射类型是字典类型，其中的每个元素都是由一对数据构成的，前面的数据称作键，后面的数据称作值。

字典示例：{"中国":960, "美国":937, "日本":38}

4.2　序列类型的通用操作

Python 中的序列结构属于容器类结构，它就像一个容器，用于存放大量数据。序列结构中包含的各个元素都是有前后顺序的，元素可以重复。序列类型主要包括字符串类型、列表类型和元组类型。

（1）字符串类型属于序列类型，它的每个元素都是一个字符，我们在前面的章节中已经学习过。字符串的字面量是用两个双引号（"）或单引号（'）括起来的任意个字符，也可以使用三个引号（单引号或双引号都可以，此时支持换行）。例如：

'Hello Python'

"I'm a good student."

'''欢迎来到

Python 学习园地'''

（2）列表的字面量用一对方括号[]表示。其中，元素之间用逗号（,）分隔。列表是可变数据类型，各个元素的类型可以相同，也可以不同，甚至还可以是序列类型。例如：

[1, 3, 5, 7, 9, 11, 13]

['red', 'orange', 'yellow', 'green', 'blue', 'purple']

['哪吒', 'M', 3, 100]

[[1, 2, 3], [4, 5, 6], [7, 8, 9]]

（3）元组的字面量用一对圆括号()表示。其中，元素之间用逗号（,）分隔。元组是不可变数据类型，各个元素的类型可以相同，也可以不同。例如：

(153, 370, 371, 407)

('Monday', 'Tuesday', 'Wednesday', 'Thursday', 'Friday', 'Saturday', 'Sunday')

("ok", 2, 2, 3)

所有的序列类型都可以进行一些通用的操作。这些操作包括索引、分片、加、乘，以及检查某个元素是否为序列的成员（成员资格）。除此之外，Python 还有计算序列长度、找出最大或最小元素的内置函数，以及查找特定元素出现的位置或出现次数的方法。表 4-2 所示为序列类型的通用操作。

表 4-2　序列类型的通用操作

操　作	描　述
for i in s:	遍历序列 s
s[i]	引用序列 s 中索引为 i 的元素
s[i:j]	引用序列 s 中索引为 i 到 j-1 的子序列（切片）
s[i:j:k]	引用序列 s 中索引为 i 到 j-1 的子序列，步长为 k
s1 + s2	将序列 s1 和序列 s2 按先后顺序连接起来，生成一个新的序列
s * n 或 n * s	将序列 s 重复 n 次，生成一个新的序列
x in s	如果 x 是序列 s 的元素，则返回 True，否则返回 False
x not in s	如果 x 不是序列 s 的元素，则返回 True，否则返回 False
len(s)	计算序列 s 的元素个数（计算序列的长度）
min(s)	计算序列 s 的最小元素
max(s)	计算序列 s 的最大元素
s.index(x,i,j)	在序列 s 索引为 i 到 j 的子序列中查找元素 x 出现的位置（参数 i、j 可以省略）
s.count(x)	计算元素 x 在序列 s 中出现的次数

4.2.1 遍历操作

由于序列中可以存放多个元素，因此要遍历序列通常需要用到循环结构。在实例 4-1 中，for 循环遍历了序列 s 中所有的元素。

【实例 4-1】列表中存放着所有学生的姓名，编程欢迎所有学生。

```
#example4-1.py
s = ['张三', '李四', '王五', '赵六']
for x in s:
    print(f'{x}同学, 欢迎你! ')
```

运行结果如下：

```
张三同学, 欢迎你!
李四同学, 欢迎你!
王五同学, 欢迎你!
赵六同学, 欢迎你!
```

4.2.2 索引操作

序列结构中包含的各个元素都是有前后顺序的。每个元素被分配一个序号，即元素的位置。通过这个序号可以访问序列中的每一个数据，这个序号被称为索引或下标。在序列中，最前面的元素索引值为 0，紧跟其后的元素索引值为 1，以此类推。如图 4-2 所示，若有列表['哪吒', 'M', 3, 100]，则元素'哪吒'的索引值为 0，元素'M'的索引值为 1。

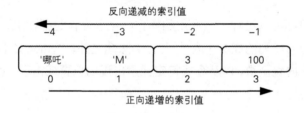

图 4-2　序列类型的索引体系

当使用负的索引值时，最后一个元素的索引值为-1，倒数第 2 个元素的索引值为-2，以此类推。元素'哪吒'的索引值也可以为-4，元素'M'的索引值也可以为-3。只要是序列类型，都可以使用这种索引体系，即正向递增的索引和反向递减的索引。

使用索引可以访问序列的单个元素，使用形式如下：

```
序列[索引值]
```

例如：

```
>>> s=['哪吒', 'M', 3, 100]
>>> s[1]
'M'
>>> s[-3]
'M'
```

在对序列类型进行索引操作时，可以使用变量，也可以使用序列字面量。例如：

```
>>> "Python"[2]
't'
>>> ['哪吒', 'M', 3, 100][3]
100
```

在序列类型中，对于列表和元组，其中的元素也可以是某种序列类型。如上面例子中，s 序列的第 0 个元素'哪吒'是字符串型，也是序列类型，我们就可以用二级索引来访问其中的字符。例如：

```
>>> s=['哪吒', 'M', 3, 100]
>>> s[0]
'哪吒'
>>> s[0][1]
'吒'
```

【实例 4-2】中文数字对照表，输入阿拉伯数字，转换为中文大写数字。

```
#example4-2.py
uppercase_number = ("零","壹","贰","叁","肆","伍","陆","柒","捌","玖")
number = input("请输入数字: ")
for i in number:
print(f'{uppercase_number[int(i)]}')
```

运行程序并输入 2，运行结果如下：

```
请输入数字: 2
贰
```

4.2.3　切片操作

通过索引操作可以访问序列中的单个元素，而通过切片操作则可以访问序列中的一部分元素。我们在前面的章节中学习过字符串的切片，现在我们来详细介绍序列的切片。切片操作可以通过冒号相隔的两个索引来实现，使用形式如下：

序列[起始索引值:结尾索引值]

切片操作可以获取序列中起始索引值和结尾索引值之间的元素，包括起始索引值对应的元素，但不包括结尾索引值对应的元素。切片操作对提取序列中的一部分是十分有用的。例如：

```
>>> s=[1, 3, 5, 7, 9, 11, 13]
>>> s[1:4]
[3, 5, 7]
```

如图 4-3 所示，s[1:4]就是对序列 s 进行切片操作后得到的该序列的一部分。起始索引值和结尾索引值分别为 1 和 4，相当于在 s[1]和 s[4]的前面各切一刀，得到一个新序列。该序列包含原序列 s 的 s[1]、s[2]和 s[3]这 3 个元素的内容。

使用索引访问序列中的单个元素时，可以使用负的索引值。切片操作当然也可以使用负的索引值，在上面的例子中，使用 s[-6:-3]可以得到相同的结果。

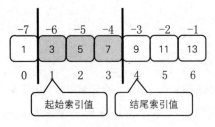

图 4-3　切片示意图

【实例 4-3】编程提取下列域名中的域名主体。

```
#example4-3.py
dn=['www.python.org', 'www.pythontutor.com', 'www.gov.cn']
for d in dn:
    n = -1
    while True:
        if d[n] == '.':
            break
        n -= 1
    print(d[4:n])
```

运行结果如下：

```
python
pythontutor
gov
```

在进行切片操作时，还需要注意以下两个方面的问题。

（1）省略索引值。

若想获取序列最后的一些元素，则在切片时需要注意结尾索引值的选择。如果要获取上面例子中 s 序列从 2 号索引开始的所有数据，那么使用 s[2:-1]是不正确的，因为这样得到的内容不包括结尾索引值对应的元素。也就是说，结果中没有包含最后一个元素 s[-1]。要想获得包含最后一个元素的切片，可以省略结尾索引值，使用 s[2:]。我们来看下面的例子：

```
>>> s=[1, 3, 5, 7, 9, 11, 13]
>>> s[2:-1]
[5, 7, 9, 11]
>>> s[2:]
[5, 7, 9, 11, 13]
>>> s[2:7]
[5, 7, 9, 11, 13]
```

当切片的结尾索引值超过最大索引值时，可以将后面所有的数据包含进来。如上面例子中，虽然序列 s 的最大索引值为 6，但是使用 s[2:7]也可以获得正确的结果。

切片时省略结尾索引值，表示要一直切到最后一个元素之后。当需要获取序列的最后几个数据时，这种切片会十分方便，使用切片 s[-n:]即可获取序列 s 的最后 n 个元素。

同样地，如果切片的起始索引值为 0，那么起始索引值也可以省略。若两个索引值都省略，则相当于复制整个原序列。例如：

```
>>> s=[1, 3, 5, 7, 9, 11, 13]
>>> s[:3]
[1, 3, 5]
>>> s[:]
[1, 3, 5, 7, 9, 11, 13]
```

（2）步长。

在进行切片操作时，还可以使用步长。步长用于跳过某些元素，需要再添加一个冒号和步长来实现，使用形式如下：

序列 [起始索引值:结尾索引值:步长]

实际上，在普通的切片中，步长为 1，是隐式设置的。切片操作就是按照这个步长逐个遍历序列指定范围内的元素，并将结果返回。同样地，返回的内容包括起始索引值对应的元素，不包括结尾索引值对应的元素。如果设置步长大于 1，则会跳过一些元素。例如，将步长设置为 2，则每隔一个元素获取内容，如图 4-4 所示。

```
s = [1, 3, 5, 7, 9, 11, 13]
>>> s[1:6:2]
[3, 7, 11]
```

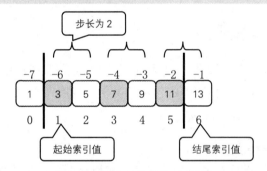

图 4-4　带步长的切片示意图

步长设置为 n（n>0），表示每隔 n 个元素提取一个元素。在使用切片时，也可以省略索引值。例如：

```
>>> s = [1, 3, 5, 7, 9, 11, 13]
>>> s[ : : 3]
[1, 7, 13]
```

虽然步长不能为 0，但是可以设置步长为负数。当步长为负数时，元素提取方向为从后向前。例如：

```
>>> s = [1, 3, 5, 7, 9, 11, 13, 15, 17, 19, 21, 23, 25, 27]
>>> s[12:3:-3]
[25, 19, 13]
```

如图 4-5 所示，当切片的步长为-3 时，元素提取方向为从后向前，每隔 3 个元素提取一个。提取的元素包括起始索引值对应的元素，但不包括结尾索引值对应的元素。索引值也可以使用负值，s[12:3:-3]和 s[-2:-11:-3]等价。

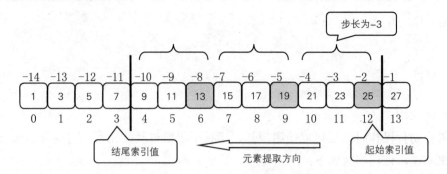

图 4-5　步长为负的切片示意图

如果想要得到一个倒置的序列就可以使用步长为负的切片。例如：

```
>>> s = [1, 3, 5, 7, 9, 11, 13]
>>> s[::-1]
[13, 11, 9, 7, 5, 3, 1]
```

需要注意的是，切片并没有改变原序列，只是获取原序列中的部分元素，并生成一个新的序列。

4.2.4　序列的加法与乘法

在数值计算中，可以使用加号（+）和乘号（*）分别实现加法运算和乘法运算。这两个运算符也可以用在序列中，但它们的作用和数值计算有所不同。在序列的运算中，还可以使用 in 运算符来进行成员资格的判断。

1. 加号（+）连接两个序列

使用加号（+）对两个序列进行加法运算，可以将两个序列连接起来。例如：

```
>>> s1 = [1, 3, 5, 7, 9, 11, 13]
>>> s2 = [2, 4, 6]
>>> s1+s2
[1, 3, 5, 7, 9, 11, 13, 2, 4, 6]
>>> 'Hello ' + 'Python'
'Hello Python'
```

【实例 4-4】编程设计一个周值班表。5 个工作日，5 个人每人值班一天，具体周几值班实行轮换制。例如，上一周是周二值班，这一周就是周一值班；上一周是周三值班，这一周就是周二值班，以此类推，而上一周周一值班的人员，这一周就周五值班。

```
#example4-4.py
worker = ['张三', '李四', '王五', '赵六', '哪吒']
n = int(input('请输入需要值班的周数:'))
print('       周一  周二  周三  周四  周五')
for i in range(1, n+1):
    print(f'第{i}周: ', end = '')
    for x in worker:
        print(f'{x:^4}', end = '')
```

```
    print()
    worker = worker[1:] + worker[:1]
```

若输入 4，则程序的运行结果如下：

请输入需要值班的周数:4
　　　　周一　周二　周三　周四　周五
第1周：张三　李四　王五　赵六　哪吒
第2周：李四　王五　赵六　哪吒　张三
第3周：王五　赵六　哪吒　张三　李四
第4周：赵六　哪吒　张三　李四　王五

需要注意的是，只有相同类型的序列才可以进行加号（+）的连接运算。字符串、列表和元组都属于序列类型，但是它们相互之间不能进行连接操作。例如，试图使用加号（+）连接列表和字符串就会出错。

```
>>> [1, 3, 5] + 'Python'
Traceback (most recent call last):
  File "<pyshell>", line 1, in <module>
TypeError: can only concatenate list (not "str") to list
```

2. 乘号（*）重复序列

用数字乘以一个序列可以将其重复若干遍，并连接在一起形成一个新的序列。例如：

```
>>> [1, 2] * 3
[1, 2, 1, 2, 1, 2]
>>> 5 * [0]
[0, 0, 0, 0, 0]
>>> '(^_^)' * 2
'(^_^)(^_^)'
```

需要注意的是，乘号两边的数据，必须一个是整数类型，一个是序列类型，前后顺序无所谓。

3. 成员资格

使用 in 运算符可以检查一个值（判断对象）的成员资格，也就是判断该值是否在序列中。运算的结果是逻辑值：True 或 False。

对列表和元组来说，检查成员资格就是判断对象是否是序列的一个元素。例如：

```
>>> s = [1, 3, 5, 7, 9, 11, 13]
>>> 3 in s
True
>>> [3] in s
False
>>> [1, 3] in s
False
>>> t = [[1, 3], 5, 7, 9, 11, 13]
>>> [1, 3] in t
True
```

在上面的例子中，列表 s 的所有元素都是整数，虽然列表[3]和[1, 3]中的数据都属于 s

列表，但是它们都不具有成员资格。而列表 t 的第 0 个元素就是一个列表[1, 3]，所以[1, 3]具有成员资格。

字符串类型的情况有所不同。我们前面讲过字符串作为序列类型，它的每一个元素是一个字符。字符串中的每一个字符都具有成员资格，字符串的子串也具有成员资格。例如：

```
>>> s = 'Hello Python'
>>> 'e' in s
True
>>> 'Hello' in s
True
```

使用 in 运算符可以判断一个字符串是否为另一个字符串的子串。空字符串是任何字符串的子串。

4.2.5　序列的长度与最值

内置函数 len()、min()和 max()可以用于序列。len()函数返回序列的元素个数（计算序列的长度），min()函数和 max()函数分别返回序列的最小元素和最大元素。

```
>>> s = [85, 93, 60, 100, 55]
>>> len(s)
5
>>> min(s)
55
>>> max(s)
100
```

需要注意的是，影响序列内部的正向索引值是从 0 开始的，所以序列 s 最大的索引值等于 len(s)-1。

4.2.6　查找元素

1．count()方法

使用序列的 count()方法，可以返回指定值在序列中出现的总次数，使用形式如下：

序列.count(元素值)

例如：

```
>>> s = [1, 3, 5, 7, 1, 3, 2, 1]
>>> s.count(1)
3
```

2．index()方法

使用序列的 index()方法，可以在序列中找出其值为指定值的元素首次出现的位置，使用形式如下：

列表.index(元素值, 起始索引值, 结尾索引值)

　　该方法用于在序列起始索引值和结尾索引值之间的元素中查找指定值的元素，并返回首次找到的元素索引值。若找不到该元素，则会产生一个错误。注意查找的范围包括起始索引值对应的元素，但不包括结尾索引值对应的元素。

　　若查找范围包含最后一个元素，则可以省略结尾索引值；若查找范围包括序列的所有元素，则省略起始索引值和结尾索引值两个参数。例如：

```
>>> s = [1, 3, 5, 7, 1, 3, 5, 7]
>>> s.index(3)
1
>>> s.index(3, 2)
5
>>> s.index(3, 2, 5)
Traceback (most recent call last):
  File "<pyshell>", line 1, in <module>
ValueError: 3 is not in list
```

　　在最后一个例子中，由于查找的索引范围为 2～5（包括 2，不包括 5），但其中没有值为 3 的元素，因此程序产生了一个错误。

　　在使用序列的这两个和查找相关的方法时，若查找的序列是一个字符串，则不但可以查找元素（单个字符），还可以查找子串。对于 index()方法，在查找范围内如果发现指定的子串，则返回子串第 1 个字符所在的索引值。

```
>>> s = 'Hello Python. Hello World.'
>>> s.count('Hello')
2
>>> s.index('Python')
6
```

4.2.7　序列应用实例

　　【实例 4-5】输入一个身份证号码，编程判断其长度是否为 18 位，并输出其出生年月日。

　　中国的 18 位身份证号码代表的含义：1～2 位为省、自治区、直辖市代码，3～4 位为地级市、盟、自治州代码，5～6 位为县、县级市、区代码，7～14 位为出生年月日，15～17 位为顺序号。其中，第 17 位数字表示性别，奇数表示男性，偶数表示女性。第 18 位为尾号的校验码，是由号码编制单位按统一的公式计算出来的，如果尾号是 10，那么就用 X 表示。

　　分析：可以先用 len()函数测试字符串的长度，并判断长度是否为 18 位，再用字符串切片的方法获取身份证号码中代表出生年月日的子串，用"+"拼接后输出。

```
#example4-5.py
#输入一个18位身份证号码，并输出他的出生年月日
in_id = input()              #输入一个字符串
if len(in_id) != 18:         #测试输入的字符串长度是否为18
        print('输入的身份证号位数错')
```

```
else:
    year = in_id[6:10]          #字符串中序号为 6～9 的子串,年份
    month =in_id[10:12]         #序号为 10、11 的子串,月份
    day = in_id[12:14]          #序号为 12、13 的子串,日期
    print('出生于'+year+'年'+month+'月'+day+'日')
                                #用"+"将几个字符串拼接起来
```

输入:

330124198808240056

输出结果:

出生于 1988 年 08 月 24 日

4.3 列表类型

列表属于序列类型,由一系列按照指定顺序排列的元素组成。元素可以是任何类型,并且各元素的类型也可以不同。列表的长度和内容都是可变的,没有长度限制。列表的使用非常灵活,是 Python 中十分常用的数据类型。除了前面学习过的序列通用操作,列表类型还有自己特有的一些操作,如表 4-3 所示。大部分的方法(除了 s.copy())都对原列表做了修改。

表 4-3 列表类型的特有操作

操　作	描　述
list(t)	将其他类型的数据转换为列表(t 是可迭代对象,如列表等,下同)
s[i] = x	将列表 s 中索引值为 i 的元素赋值为 x
s[i:j] = t	将列表 s 中的[i:j]部分替换为 t(索引范围包括 i,不包括 j,下同)
s[i:j:k] = t	将列表 s 中的[i:j]部分按步长逐个替换为 t 中的元素
del s[i]	删除列表 s 中索引值为 i 的元素
del s[i:j]	删除列表 s 中的[i:j]部分元素
del s[i:j:k]	按步长删除列表 s 中的[i:j]部分元素
s.append(x)	在列表 s 最后增加一个元素 x
s.clear()	删除列表 s 中的所有元素,使其成为一个空列表
s.copy()	生成一个新的列表,复制列表 s 中的所有内容
s.extend(t)	将 t 的内容添加到列表 s 的后面
s.insert(i,x)	在索引值为 i 的位置插入元素 x
s.pop(i)	提取列表 s 中索引值为 i 的元素,并删除该元素
s.remove(x)	删除列表 s 中首个值为 x 的元素
s.reverse()	将列表 s 倒置
s.sort(key=None, reverse=False)	对列表 s 中的元素进行升序排列

4.3.1 创建列表

有以下 3 种方法可以创建列表。

(1)直接使用列表的字面量来创建列表。例如:

```
s1 = [ ]                        #创建一个空列表
s2 = [1, 3, 5, 7, 9]            #创建一个有一些值的列表
```

这样就创建了一个空列表和一个有一些值的列表，之后还可以向 s1 和 s2 对应的列表中添加元素。

列表的元素可以是任何类型，当然也可以是列表。使用元素是列表的列表，可以构建多维的列表，二维的列表可以存放类似矩阵的数据。例如：

```
s = [[1, 2, 3], [4, 5, 6], [7, 8, 9]]
```

在这个例子中，s[0]作为列表 s 的第 0 个元素，它也是一个列表，可以通过 s[0][1]这样的二级索引来访问数据，也可以使用列表 s 表示下面的矩阵，矩阵的行对应列表 s 的一个元素。

$$\begin{bmatrix} 1 & 2 & 3 \\ 4 & 5 & 6 \\ 7 & 8 & 9 \end{bmatrix}$$

（2）使用 list()函数将其他数据类型的数据转换为一个列表。例如：

```
s3 = list()                     #创建一个空列表
s4 = list(range(1, 10, 2))      #创建一个有一些值的列表
s5 = list('Python 程序设计')     #创建一个元素是字符串的列表
```

使用不带参数的 list()函数可以创建一个空列表。list()函数的参数可以是一个可迭代对象，如列表、元组、字符串、集合，以及 range()函数返回的对象等。在上面的例子中，s3和 s1、s4 和 s2 所对应的列表相等，而 s5 对应的列表为：

['P', 'y', 't', 'h', 'o', 'n', '程', '序', '设', '计']

（3）使用列表推导式来生成一个列表。例如：

```
s6 = [i for i in range(5)]
s7 = [i*i for i in (1, 2, 3, 4)]
```

列表推导式的具体设计方法，我们会在后面的章节中详细讲解。上面例子中 s6 和 s7 对应的列表分别为：

```
[0, 1, 2, 3, 4]
[1, 4, 9, 16]
```

4.3.2　修改列表内容

1. 元素赋值

使用索引值选择特定的元素进行赋值操作，可以修改列表中某一个元素的值。

```
>>> s = [1, 3, 5, 7, 9, 11, 13]
>>> s[2]=10
>>> s
[1, 3, 10, 7, 9, 11, 13]
```

需要注意的是，不可以对不存在的元素进行赋值。当元素的索引值超出其取值范围时，就会产生一个错误。

2. 切片赋值

在前面的章节中，我们学习了序列的切片。元素赋值可以修改单个元素的值，而利用切片赋值可以修改列表中多个元素的值。此时，赋值语句的右侧需要一个可迭代对象，如列表、字符串等。

```
>>> s = [1, 3, 5, 7, 9, 11, 13]
>>> s[1:-1]=[0]*10
>>> s
[1, 0, 0, 0, 0, 0, 0, 0, 0, 0, 0, 0, 13]
```

如图 4-6 所示，在上面的例子中，切片 s[1:-1] 是除去 s[0] 和 s[-1] 中间的部分。使用具有 10 个元素 0 的列表对其进行替换，更新后的列表 s 如例子中的结果所示。替换的内容和原切片长度可以相同，也可以不同。如果替换的内容是空列表，那么相当于将列表中的切片部分删除。

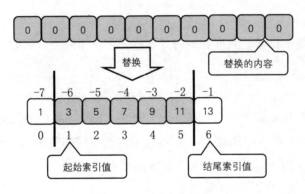

图 4-6　切片赋值示意图

在切片赋值时，还可以带步长。此步长的含义和我们前面学习过的带步长的切片相同。如图 4-7 所示，继续上面的例子。

```
>>> s[1:-1:3]=[2, 4, 6, 8]
>>> s
[1, 2, 0, 0, 4, 0, 0, 6, 0, 0, 8, 13]
```

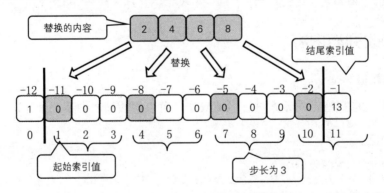

图 4-7　带步长的切片赋值示意图

在进行带步长的切片赋值时，要注意替换内容的长度必须和原切片内容的长度相对，才能实现元素的一一替换，否则会出错。

3．元素的排序和倒置

（1）Python 提供了 sort()方法对列表元素进行排序，使用形式如下：

```
列表.sort(key=None, reverse=False)
```

reverse 参数默认升序排序，当指定参数 reverse=True 时，降序排序。通过 key 参数来指定排序规则。在排序后，列表中各个元素的位置发生变化，列表内容被修改。

列表的 sort()方法与内置 sorted()函数的区别：sort()方法没有返回值，是直接对列表进行修改的；sorted()函数则可以传入任意可迭代对象，并返回一个新的列表。例如：

```
>>> s = [85, 93, 60, 100, 55]
>>> t=sorted(s)
>>> s
[85, 93, 60, 100, 55]
>>> t
[55, 60, 85, 93, 100]
>>> s.sort()
>>> s
[55, 60, 85, 93, 100]
```

（2）Python 提供了 reserve()方法对列表元素进行倒置，从而修改原列表中的内容，使用形式如下：

```
列表.reserve()
```

例如，对前面排序后的列表 s 进行倒置。

```
>>> s.reverse()
>>> s
[100, 93, 85, 60, 55]
```

4.3.3　添加和删除列表元素

列表的内容可以修改，列表的长度也可以修改。在进行切片赋值（不带步长）时，根据替换内容长度的不同，在修改列表内容的同时，也修改了原列表的长度。此外，Python 中还有专门的方法为列表添加或删除元素，从而改变列表的长度。

1．添加元素

（1）使用列表的 append()方法，可以在列表的末尾追加一个元素，使用形式如下：

```
列表.append(元素值)
```

（2）使用列表的 extend()方法，可以在列表的末尾追加多个元素，使用形式如下：

```
列表.extend(可迭代对象)
```

（3）使用列表的 insert()方法，可以在列表的指定位置插入一个元素，使用形式如下：

```
列表.insert(索引值, 元素值)
```

3 个方法的应用如下：

```
>>> s=[1, 3, 5]
```

```
>>> s.append(9)
>>> s
[1, 3, 5, 9]
>>> s.extend([2, 4, 6, 8, 10])
>>> s
[1, 3, 5, 9, 2, 4, 6, 8, 10]
>>> s.insert(3,7)
>>> s
[1, 3, 5, 7, 9, 2, 4, 6, 8, 10]
```

其中，s.extend(t)方法看似和加号（+）连接两个序列的操作一样，但实际上，使用加号（+）连接两个列表时，产生了一个新的列表，原来的两个列表没有任何变化，而 s.extend(t)方法则将 t 连接到列表 s 的尾部，执行该方法的列表 s 发生了改变。并且，相同序列类型的数据才可以使用加号（+）连接，而使用 s.extend(t)方法时，t 可以是列表、字符串等可迭代对象，内容都会转换为列表连接到列表 s 尾部。如上面例子中的 s.extend([2, 4, 6, 8, 10])语句可以替换为 s.extend(range(2,11,2))语句。

2. 删除元素

（1）可以使用 del 语句删除列表中指定索引值对应的元素，使用形式如下：

```
del 列表[索引值]
```

（2）如果要一次删除多个元素，则需要用到切片，使用形式如下：

```
del 切片
```

例如：

```
>>> s=[1, 2, 3, .4, 5, 6]
>>> del s[4]
>>> s
[1, 2, 3, 4, 6]
>>> del s[1:-1]
>>> s
[1, 6]
```

当然，切片也可以使用步长。无论如何，在使用"del 切片"语句后，原列表只保留除去切片后剩下的元素。若使用"del 列表"语句还可以删除整个列表，那实际上是删除了列表变量，也就是列表对象的引用。当然，del 语句也可以删除其他类型的变量。

（3）使用列表的 remove()方法也可以删除列表中的某个元素，使用形式如下：

```
列表.remove(元素值)
```

使用列表的 remove()方法删除的是首次出现的其值为指定值的元素。它的参照物是元素的值，而不是索引。例如：

```
>>> s=[1, 2, 3, 4, 5, 6]
>>> s.remove(4)
>>> s
[1, 2, 3, 5, 6]
```

例子中 remove()方法中的参数指的是删除的元素，其值为 4，并不是该元素索引值为 4。注意，如果参数选取的值不在列表中，则会生成一个错误。

（4）使用列表的 pop() 方法，可以获取列表中的指定元素，并将该元素从列表中删除，使用形式如下：

```
列表.pop(<索引值>)
```

使用 pop() 方法后可以返回索引值指定的元素，同时在列表中删除该元素，相当于从列表中弹出该元素。若 pop() 方法不带参数，则默认为最后一个元素。例如：

```
>>> s = [1, 3, 5, 7, 9]
>>> s.pop(2)
5
>>> s.pop()
9
>>> s
[1, 3, 7]
```

（5）使用列表的 clear() 方法，可以删除列表中的所有元素，使其变为一个空列表，使用形式如下：

```
列表.clear( )
```

例如：

```
>>> s=[1, 2, 3, 4, 5, 6]
>>> s.clear()
>>> s
[]
```

需要注意的是，clear() 方法和 “del 列表” 语句不同。在使用 clear() 方法后，原列表还存在，只是其中的元素没有了，成了一个空列表。而后者将列表变量也删除了。

4.3.4　复制列表

使用列表的 copy() 方法，可以复制列表，从而产生一个和原列表一模一样的列表，使用形式如下：

```
列表.copy()
```

copy() 方法可以返回一个新列表。例如：

```
>>> s=[1, 2, 3, 4, 5, 6]
>>> t=s.copy()
>>> t
[1, 2, 3, 4, 5, 6]
```

在前面的章节中，我们学习过使用省略两个索引值的切片，相当于复制序列。所以，t = s.copy() 语句可以替换为 t = s[:] 语句，它们的执行效果相同。

需要注意的是，Python 中的变量都是对象的引用，如果直接将一个保存了列表的变量赋值给另一个变量，那么实际两个变量都引用了同一个列表。如果其中一个变量中的列表内容被修改，那么通过另一个变量也可以看到这个修改。如果想要两个变量拥有各自的列表，就需要复制一个新的列表。若有如下代码：

```
>>> a = [1, 3, 5]
>>> b = a
```

```
>>> b
[1, 3, 5]
>>> c = [2, 4, 6]
>>> d = c.copy()
>>> d
[2, 4, 6]
```

则其内存中的情况如图 4-8 所示。虽然从程序的运行结果来看，b 的内容同 a，d 的内容同 c，好像两者效果一样。但实际上，a 和 b 是同一个列表对象的引用，而 c 和 d 是不同列表对象的引用。所以，当我们修改列表 b 时，列表 a 会同步改变，而修改列表 d 则不会影响列表 c。

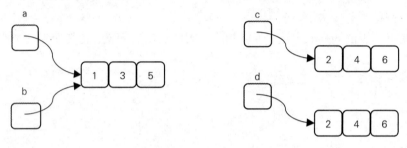

图 4-8　列表的复制

继续上面的代码：

```
>>> b[1]=9
>>> b
[1, 9, 5]
>>> a
[1, 9, 5]
>>> d[1]=10
>>> d
[2, 10, 6]
>>> c
[2, 4, 6]
```

可以发现在修改 b[1]后，a[1]也随之发生了改变，而在修改 d[1]后，c[1]没有任何改变。

4.3.5　列表应用实例

【实例 4-6】输入一个整数金额，输出汉字表示的大写金额。假设输入的金额数为正整数，且最大为 12 位数字。

```
#example4-6.py
num = ['零', '壹', '贰', '叁', '肆', '伍', '陆', '柒', '捌', '玖']
unit = [['圆', '万', '亿'], '拾', '佰', '仟']
t = input()
n = len(t)
s=[ ]
for m in range(n):
```

```
    i=m%4
    j=m//4
    x=unit[i][j] if i==0 else unit[i]
    s.append(x)
    k=n-m-1
    y=num[int(t[k])]
    s.append(y)
s.reverse()
print(''.join(s))
```

运行程序，输入 1234567890，运行结果如下：

```
输入整数金额: 1234567890
壹拾贰亿叁仟肆佰伍拾陆万柒仟捌佰玖拾零圆
```

【实例 4-7】设计一个计算评委评分的程序，输入 10 位评委的评分，去掉一个最高分，去掉一个最低分，计算剩余评分的平均分，得到最终得分。

```
#example4-7.py
a = []
for i in range(10):
    a.append(eval(input(f'请输入第{i+1}个评委评分: ')))
s = max(a)
print(f'去掉一个最高分: {s}')
a.remove(s)
s = min(a)
print(f'去掉一个最低分: {s}')
a.remove(s)
print('评委评分: ', end = '')
for i in a:
    print(f'{i} ', end = '')
print(f'\n最终得分: {sum(a) / len(a):.2f}')
```

运行结果如下：

```
请输入第 1 个评委评分: 9.5
请输入第 2 个评委评分: 7.8
请输入第 3 个评委评分: 6.3
请输入第 4 个评委评分: 9.2
请输入第 5 个评委评分: 7.7
请输入第 6 个评委评分: 5.5
请输入第 7 个评委评分: 7
请输入第 8 个评委评分: 8
请输入第 9 个评委评分: 7.2
请输入第 10 个评委评分: 9.1
去掉一个最高分: 9.5
去掉一个最低分: 5.5
评委评分: 7.8 6.3 9.2 7.7 7 8 7.2 9.1
最终得分: 7.79
```

【实例 4-8】一副扑克牌一共有 54 张，包括大王、小王和 52 张正牌。正牌有 4 个花色，每个花色包括 1～10（1 通常表示为 A），以及 J、Q、K 表示的 13 张牌。设计一个自动发牌程序，为 3 位玩家分别发 4 张牌。

```
#example4-8.py
import random
ranks = [str(n) for n in range(2,11)] + list('JQKA')
suits = ['♥','♠','♦','♣']
cards = [a+b for a in suits for b in ranks]
cards.extend(['★','☆'])    #表示扑克牌中的大王和小王
random.shuffle(cards)
player = [[], [], []]
for i in range(4):
    for j in range(3):
        player[j].append(cards.pop(0))
for i in range(3):
    print(f'玩家{i+1}的牌: ',end='')
    for j in player[i]:
        print(j, end=' ')
    print()
```

运行结果如下：
```
玩家 1 的牌: ♠6 ♠9 ♣J ♦9
玩家 2 的牌: ♠10 ♦A ♣3 ♦4
玩家 3 的牌: ♥Q ♦8 ♣10 ♣Q
```

注意：因为使用了 random 库，所以每次的运行结果有所不同。

4.3.6　列表推导式

Python 的强大特性之一是对列表的解析，也就是利用列表推导式从一个或多个列表中快速简洁地创建另一个列表。它将循环和条件判断相结合，比 for 语句更精简、运算更快。

1. 简单列表推导式

最基本的列表推导式使用形式如下：
```
[ 表达式 for 变量 in 遍历结构]
```
一般来说，表达式包含变量。使用一个 for 循环的结构，可以利用变化的变量值，计算变化的表达式值，从而构建出列表的各个元素。例如：
```
>>> [i for i in range(5)]
[0, 1, 2, 3, 4]
>>> [abs(i) for i in (-22, 25, 31, -4)]
[22, 25, 31, 4]
```

【实例 4-9】编程求 $1-\frac{1}{2}+\frac{1}{3}-\frac{1}{4}+\cdots-\frac{1}{10}$ 的值。

分析：生成一个列表 $\left[1,-\frac{1}{2},\frac{1}{3},-\frac{1}{4},...,-\frac{1}{10}\right]$，然后使用内置函数 sum() 对列表中的元素求和并打印。代码如下：
```
#example4-9.py
```

```
print('s={:.2f}'.format(sum([1/i if i%2==1 else -1/i for i in range(1,11)])))
```

运行结果如下：

```
s=0.65
```

2．带条件的列表推导式

列表推导式还可以加上选择的条件，如带 if 的列表推导式，使用形式如下：

```
[ 表达式 for 变量 in 遍历结构 if 条件 ]
```

在遍历过程中，符合条件的变量才进行表达式的计算，并生成列表的元素。例如：

```
>>> [i*i for i in (9, 2, 7, 5) if i % 2==1]
[81, 49, 25]
>>> [i for i in range(10,100) if i//10+i%10==10]
[19, 28, 37, 46, 55, 64, 73, 82, 91]
>>> [i for i in 'Central Processing Unit' if i.isupper()]
 ['C', 'P', 'U']
```

【实例 4-10】输入一个字符串，并输出其中的元音字符。

分析：使用列表推导式，将输入字符串中的元音字母提取出来并生成列表，再将列表串联成字符串输出。代码如下：

```
#example4-10.py
t=input()
s=[i for i in t if i.lower() in 'aeiou']
print(''.join(s))
```

输入：

```
Answer the question in English.
```

输出结果：

```
AeeueioiEi
```

3．多重循环的列表推导式

在列表推导式中可以多次使用 for 循环，使用形式如下：

```
[ 表达式 for 变量1 in 遍历结构1 for 变量2 in 遍历结构2 ]
```

其效果和双重循环类似。例如：

```
>>> [i+j for i in 'ABC' for j in '123']
['A1', 'A2', 'A3', 'B1', 'B2', 'B3', 'C1', 'C2', 'C3']
>>> s=[[8, 9, 0, 2], [5, 2, 7, 4], [4, 9, 4, 9]]
>>> [i for j in s for i in j ]
[8, 9, 0, 2, 5, 2, 7, 4, 4, 9, 4, 9]
```

【实例 4-11】对 m 行 n 列的列表进行展开。

```
#example4-11.py
import random as r
m,n=map(int,input().split())
s=[[r.randint(0,9) for j in range(n)] for i in range(m)]
print(s)
t=[i for j in s for i in j]
print(t)
```

输入：

```
3 4
```

输出结果：

```
[[9, 3, 4, 7], [2, 3, 2, 4], [6, 3, 3, 4]]
[9, 3, 4, 7, 2, 3, 2, 4, 6, 3, 3, 4]
```

4.4 元组类型

序列类型具体包括 3 种类型：列表、字符串和元组。列表是可修改的任何类型数据的序列；字符串是不可修改的字符序列；元组则是不可修改的任何类型数据的序列。元组的结构和列表类似，但它是不可变的，一旦创建就不能被修改。

4.4.1 创建元组

有以下两种方法可以创建元组。

（1）直接使用元组的字面量来创建元组。例如：

```
s1 = ( )                        #创建一个空元组
s2 = 1, 3, 5, 7, 9              #创建一个有一些值的元组
s3 = (1, 3, 5, 7, 9)           #创建一个和 s2 相同的元组
s4 = (78, )                     #创建一个只有单个元素的元组
```

没有包含任何内容的一对圆括号可以表示一个空元组。

使用逗号分隔一些值，就创建了一个元组。这些值可以用一对圆括号括起来，也可以不用。

在创建只包含一个元素的元组时，我们也需要使用逗号，否则该元素会被看作单值。例如：

```
>>> (78) * 5
390
>>> (78,) * 5
(78, 78, 78, 78, 78)
```

(78)是单值，进行的是乘法的操作；(78,)是包含一个元素的元组，进行的是重复序列的操作。

元组的元素可以是任何类型，当然也可以是序列类型。类似于多维的列表，使用元素是元组的元组，可以构建多维的元组。例如：

```
s = ((1, 2, 3), (4, 5, 6), (7, 8, 9))
```

访问元素的方法和列表类似，但是这个元组的内容是不可以改变的。

（2）使用 tuple()函数将其他数据类型的数据转换为一个元组。例如：

```
s1 = tuple ( )                  #创建一个空元组
s2 = tuple([1, 3, 5, 7, 9])
s3 = tuple(range(1, 10, 2))
s4 = tuple('Python 程序设计')
```

使用不带参数的 tuple()函数可以创建一个空元组。tuple()函数的参数可以是一个可迭代对象，如列表、元组、字符串、集合，以及 range()函数返回的对象等。

在创建了元组后，如果只读取元组中的元素，那么其使用方法和列表基本相同。元组类型是序列类型之一，序列的通用操作都适用于元组。

从表面上看，元组是一个一旦创建就不能改变的列表，似乎可以使用列表来取代元组。在通常情况下，的确如此。但实际上，元组也有其不可取代性。例如，元组可以实现函数的多值返回、多变量赋值，以及元组可以作为字典的键和值等（这些内容会在后面的章节中学习）。并且，在表达固定的数据项、实现循环遍历等情况中，使用元组不需要引入额外的处理列表可变数据的代码，从而节省不必要的升销，提高程序性能。

4.4.2　序列封包与解包

序列的封包与解包实现了多个值和序列整体之间的转换。

1．序列封包

在将多个值赋值给一个变量时，Python 会自动把多个值封装成元组，称为序列封包。例如：

```
>>> s = 1, 3, 5, 7, 9
>>> s
(1, 3, 5, 7, 9)
>>> type(s)
<class 'tuple'>
```

2．序列解包

将一个序列（列表、元组、字符串等）直接赋给多个变量，此时会把序列中的各个元素依次赋值给每个变量，称为序列解包。例如：

```
>>> s = ['哪吒', 'M', 3, 100]
>>> name, sex, age, energy = s
>>> name
'哪吒'
>>> sex
'M'
>>> age
3
>>> energy
100
```

需要注意的是，变量的个数必须与元素的个数相同，否则会出错。这时，我们可以使用星号（*）来解决这个问题。例如：

```
>>> s = ['哪吒', 'M', '0571-12345678', '18005710000']
>>> name, sex, *phone = s
>>> name
'哪吒'
```

```
>>> sex
'M'
>>> phone
['0571-12345678', '18005710000']
```

由于最后一个变量 phone 带了星号，因此可以收集序列中剩下的所有元素，并组成一个新的列表，适用于解包长度不定的序列。如上面例子中，通讯录中的电话号码可能有多个，它们都被存放在变量 phone 中。

实际上，只要是可迭代对象，就都可以进行解包的操作。

4.4.3　元组应用实例

【实例 4-12】大学名称的英文缩写。输入一个大学的英文全称（大小写均可），输出大学的英文缩写（要求大写）。一般大学的英文缩写是大学全称中各个单词的首字母，但不包括 of 和 and。

```
#example4-12.py
s=input().split()
t=('of','and')
x= [i[0].upper() for i in s if i.lower() not in t]
print(*x,sep='')
```

输入：
```
zhejiang university of science and technology
```

输出结果：
```
ZUST
```

【实例 4-13】平衡点问题。例如，numbers = (1,3,5,7,8,25,4,20)，数字 25 前面的总和是 24，后面的总和也是 24，25 就是平衡点。也就是说，假如一个数组中的元素，其前面的部分等于后面的部分，那么这个点的位序就是平衡点。按要求编程，求出这个平衡点。

```
#example4-13.py
numbers = (1,3,5,7,8,25,4,20)
total=sum(numbers)
#find number
i=0
fore=0
for number in numbers:
  if fore<(total-number)/2 :
    fore+=number
    i+=1
  else:
    break
#print answer
if fore == (total-number)/2 :
  print (f'平衡点值为{number}')
  print (f'位于第{i}位')
else :
```

```
print ('not found')
```
输出结果：
平衡点值为 25
位于第 5 位

4.5　集合类型

Python 中的集合和数学中的集合概念类似，由一系列元素组成。不同于前面学习过的序列类型，集合类型中的元素是无序且不可重复的。虽然集合也是可变类型，但是其中的元素必须是不可变类型，如数值类型、字符串类型、元组类型等。列表、集合等可变类型数据都不能作为集合的元素。表 4-4 所示为集合的基本操作。

表 4-4　集合的基本操作

操　　作	描　　述
for i in s:	遍历集合 s
x in s	如果 x 是集合 s 的元素，则返回 True，否则返回 False
x not in s	如果 x 不是集合 s 的元素，则返回 True，否则返回 False
s1 == s2	如果集合 s1 和集合 s2 包含了相同的元素，则返回 True，否则返回 False
s1 != s2	如果集合 s1 和集合 s2 包含了相同的元素，则返回 False，否则返回 True
s1 <= s2	如果集合 s1 是集合 s2 的子集，则返回 True，否则返回 False
s1 < s2	如果集合 s1 是集合 s2 的真子集，则返回 True，否则返回 False
s1 >= s2	如果集合 s1 是集合 s2 的超集，则返回 True，否则返回 False
s1 > s2	如果集合 s1 是集合 s2 的真超集，则返回 True，否则返回 False
s1 | s2	并集操作，生成一个新集合，包含集合 s1 和集合 s2 中所有的元素
s1 & s2	交集操作，生成一个新集合，包含集合 s1 和集合 s2 中共同拥有的元素
s1 - s2	差集操作，生成一个新集合，包含在集合 s1 中，但不在集合 s2 中的元素
s1 ^ s2	对称差，生成一个新集合，包含集合 s1 和集合 s2 中共同元素之外的元素
len(s)	计算集合 s 的元素个数（计算集合的长度）
min(s)	计算集合 s 的最小元素
max(s)	计算集合 s 的最大元素
set(t)	将其他类型的数据转换为集合（t 是可迭代对象，如列表等）
s.add(x)	将元素 x 添加到集合 s 中
s.clear()	删除集合 s 中的所有元素，使其成为一个空集合
s.copy()	生成一个新的集合，复制集合 s 中的所有内容
s.pop()	获取集合 s 中的一个元素，并删除该元素
s.remove(x)	删除集合 s 中值为 x 的元素

由于集合中的元素是无序的，因此索引在集合中无意义。相应地，切片操作也无法在集合中使用。表 4-4 中的部分操作与序列的通用操作及列表的特有操作相同，使用方法可以参照前面章节中的内容。

4.5.1 创建集合

有以下两种方法可以创建集合。

（1）直接使用集合的字面量来创建集合。例如：

```
s1={'red', 'green', 'blue', 'orange', 'yellow'}
#创建和集合 s1 相等的一个集合 s2
s2={'red', 'green', 'blue', 'orange', 'red', 'yellow'}
```

集合的字面量用一对花括号{}表示，其中的元素之间用逗号（,）分隔。集合是可变类型，各个元素的类型可以相同，也可以不同。但是元素无序，并且不可以重复。所以在上面的例子中，在创建集合 s2 时虽然有两个元素都是'red'，但实际创建的集合只会包含一个元素'red'，程序会自动将重复的元素删除。

需要注意的是，没有包含任何内容的一对花括号不可以表示一个空集合，它是用来创建一个空字典的，我们会在后面的章节中学到。

（2）使用 set()函数将其他数据类型的数据转换为一个集合。例如：

```
s1 = set()                    # 创建一个空集合
s2 = set([1, 3, 5, 7, 9])
s3 = set('Python 程序设计')
```

使用不带参数的 set()函数可以创建一个空集合。set()函数的参数可以是一个可迭代对象，如列表、元组、字符串、集合，以及 range()函数返回的对象等。

4.5.2 集合的运算符

集合的运算包括成员资格、关系运算，以及并集、交集等运算。判断成员资格的方法和前面章节中学习过的序列成员资格判断法相同。

1. 关系运算

关系运算符（==）和（!=）可以用来判断两个集合是否相等。由于集合中的元素是无序的，所以只要两个集合包含的元素完全相同，就可以判断两个集合相同。

和数学中的集合概念一样，Python 中的集合也有子集和超集的概念。如果集合 a 中的元素集合 b 中都有，那么 a 是 b 的子集，b 是 a 的超集。如果集合 b 中至少有一个元素是集合 a 中没有的，那么 a 是 b 的真子集，b 是 a 的真超集。使用关系运算可以判断两个集合之间是否存在子集或超集关系，规则如下：

- 如果集合 s1 是集合 s2 的子集，则 s1<=s2 为 True，否则为 False。
- 如果集合 s1 是集合 s2 的真子集，则 s1<s2 为 True，否则为 False。
- 如果集合 s1 是集合 s2 的超集，则 s1>=s2 为 True，否则为 False。
- 如果集合 s1 是集合 s2 的真超集，则 s1>s2 为 True，否则为 False。

集合等价/不等价示例：

```
>>> s = set('python')
>>> t = {'p', 'y', 'p', 'h','o'}
```

```
>>> s == t                          #False
>>> s != t                          #True
>>>set('posh') == set('shop')       #True
```

子集/超集示例：

```
>>>s = set('shop')
>>>t = set('Milk tea shop')
>>>u = set('bookshop')
>>>s < t                            #s 是 t 的子集，True
>>>u > s                            #u 是 s 的超集，True
```

2. 集合特有的运算

在集合中有 4 种特有的运算：并集（|）、交集（&）、差集（-）、对称差（^），它们的操作逻辑和数学中的集合相同。如图 4-9 所示，图中 A 和 B 分别表示两个集合，阴影部分是集合运算的结果。

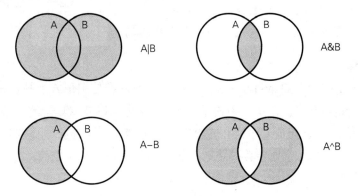

图 4-9　集合特有的运算

集合运算的方法与含义如表 4-5 所示。

表 4-5　集合运算的方法与含义

方　　法	符　　号	含　　义
A.union(B)	A | B	返回集合 A 和集合 B 的并集
ersection(B)	A & B	返回集合 A 和集合 B 的交集
fference(B)	A - B	返回集合 A 和集合 B 的差集
A.symmetric_difference(B)	A ^ B	返回集合 A 和集合 B 的对称差，即集合 A 和集合 B 中的非交集数据

集合运算示例：

```
>>> A={1,2,3,4,5}
>>> B={4,5,6,7,8}
>>> A|B
{1, 2, 3, 4, 5, 6, 7, 8}
>>> A&B
{4, 5}
>>> A-B
{1, 2, 3}
>>> A^B
{1, 2, 3, 6, 7, 8}
```

Python 程序设计教程

4.5.3 添加和删除集合元素

1. 添加元素

不同于有序的列表，无序的集合是通过 add()方法向集合中添加一个元素的，使用形式如下：

```
集合.add(元素)
```

需要注意的是，如果使用该方法添加的元素已经在集合中，则不能再次添加该元素，相当于不进行任何操作。例如：

```
>>> s = {1, 3, 5, 7, 9}
>>> s.add(2)
>>> s.add(3)
>>> s
{1, 2, 3, 5, 7, 9}
```

可以看出，元素 2 添加到集合 s 中了，但是元素 3 不能重复添加。也就是说，集合的添加操作会自动过滤重复元素，这是一个非常不错的功能。

2. 删除元素

集合的 remove()方法、clear()方法和列表的相应方法在使用形式上基本相同。

类似列表的 pop()方法，在集合中使用 pop()方法也可以获取集合的一个元素，并将其从集合中删除。但由于集合是无序的，它没有索引的概念，不能指定提取哪一个元素。因此，使用集合的 pop()方法无须参数，获取并删除的元素是系统决定的，使用形式如下：

```
集合.pop()
```

例如：

```
>>> s = set('Python 程序设计')
>>> s
{'t', 'o', '序', '计', 'P', 'h', 'y', '程', 'n', '设'}
>>> s.pop()
't'
>>> s
{'o', '序', '计', 'P', 'h', 'y', '程', 'n', '设'}
```

4.5.4 集合应用实例

【实例 4-14】输入一些小于 10 的非负整数，并求出这些数组成的最大整数，要求各位数字互不相同。

```
#example4-14.py
t=[int(i) for i in input().split()]
s=list(set(t))
s.sort(reverse=True)
print(*s,sep='')
```

输入：

```
1 3 5 7
```

输出结果:

```
7531
```

【实例 4-15】一个 4 位数的各位数字互不相同,所有数字之和等于 6,并且这个数是 11 的倍数,满足这种要求的 4 位数有多少个? 各是什么?

```
#example4-15.py
ls = []                           #建立一个空列表,用来保存特殊的 4 位数
for i in range(1000,10000):       #遍历
if i % 11 == 0 and sum(map(int,str(i))) == 6 and len(set(str(i))) == 4:
                                  #集合去重
    ls.append(i)                  #符合条件的数字加到列表 ls 中
print(len(ls))                    #列表长度就是数的个数
print(ls)
```

运行结果如下:

```
6
[1023, 1320, 2013, 2310, 3102, 3201]
```

【思考】在本题的循环语句中,只需遍历到 3210 即可,不需要遍历到 10000,为什么?

【实例 4-16】数数问题。淘淘不喜欢数字 3、6、9,在数数时,从 1 开始,带有这 3 个数字的都会跳过,就像:1、2、4、5、7、8、10、11、12、14、15、17、18、20、21、22、24、25、27、28、40……输入一个数字 n,求淘淘数到 n 时,她已经数了多少个数? 若 n 本身就包含 3、6、9 中的数字,则显示淘淘不会数到这个数。

分析:

(1)穷举数据,判断淘淘是否会数当前数。

(2)程序的关键点:如何判断当前数是否包含 3、6、9。

```
#example4-16.py
n=int(input())
t={'3','6','9'}
if len(set(str(n))&t)>0:
    print(f'淘淘不会数{n}')
else:
    s=0
    for i in range(1,n+1):
        if len(set(str(i))&t)==0:
            s=s+1
    print(s)
```

输入:

```
20
```

输出结果:

```
14
```

输入:

```
32
```

输出结果:

```
淘淘不会数 32
```

【思考】else:后面的语句是否可以改为列表推导式：

```
s=sum([1 for i in range(1,n+1) if len(set(str(i))&t)==0])
```

4.6 字典类型

前面章节中学习的列表是 Python 中重要的数据类型，且被大量使用。列表是有序的数据结构，列表中的每一个元素都有索引，通过索引可以快速方便地访问对应的元素，列表的索引是整数编号。这一节我们学习的字典类型（dict）是映射类型，字典中的元素没有顺序，但每一个元素的值都有一个与之对应的键（key）。所以，字典的元素是一个个的"键-值对"，形式为"键:值"。

就像现实中的字典，我们可以通过选定某个字（键），从而找到它的定义（值）。Python 中的字典可以通过元素的键快速地访问对应的元素值，这里的键就是字典的索引。

字典类型是可变类型，但字典元素的键必须是不可变类型，并且元素的键必须互不相同。这些特点和集合有相似之处，但字典通过键作为索引可以访问特定的元素值，而集合却不可以。

在下面列举的情况中，使用字典来实现比使用列表等数据结构更加方便。

（1）通讯录：使用姓名作为字典元素的键，电话号码等信息作为元素的值。

（2）棋盘的状态：使用棋盘格子的一对坐标值（x，y）组成元组，并作为字典元素的键，而该棋盘格子的棋子信息则作为元素的值。

字典的操作如表 4-6 所示。

表 4-6 字典的操作

操　　作	描　　述
for k in s:	遍历字典 s 中元素的键（key）
s[k]	引用字典 s 中键为 k 的元素
s[k] = x	将字典 s 中键为 k 的元素赋值为 x，或向字典 s 中添加元素 k:x
del s[k]	删除字典 s 中键为 k 的元素
k in s	如果 k 是字典 s 中元素的键，则返回 True，否则返回 False
k not in s	如果 k 不是字典 s 中元素的键，则返回 True，否则返回 False
s.clear()	删除字典 s 中的所有元素，使其成为一个空字典
s.copy()	生成一个新的字典，并复制字典 s 中的所有内容
s.get(k,<x>)	得到字典 s 中键为 k 的元素值，若键 k 不存在，则返回 x
s.items()	获取字典 s 中所有的元素（"键-值对"）
s.keys()	获取字典 s 中所有元素的键
s.popitem()	获取字典 s 中的一个元素，并删除该元素
s.values()	获取字典 s 中所有元素的值

4.6.1 创建字典

有以下 3 种方法可以创建字典。

（1）直接使用字典的字面量来创建字典。例如：

```
s1={ }                    #创建一个空字典
s2={'中国': 960, '美国': 937, '日本': 38}
s3={'中国': 960, '美国': 930, '日本': 38, '美国': 937}
```

字典的字面量用一对花括号{}表示，元素之间用逗号(,)分隔。元素的形式为"键:值"。字典中的元素无序，但元素的键必须是不可变类型，并且不可以重复。所以，在上面的例子中，字典 s3 在创建时虽然有两个元素的键都是'美国'，但实际创建的字典只会包含一个键为'美国'的元素，并且元素的值以最后一个为准。因此，在上面的例子中，s2 和 s3 是相等的字典。

（2）使用 dict()函数将其他数据转换为一个字典。例如：

```
#创建一个空字典
s1 = dict( )
#用其他映射（如字典）创建字典
s2 = dict({'c': 45, 'm': 41, 'f': 10})
#用元素是元组（键，值）的列表创建字典
s3 = dict([('c', 45), ('m', 41), ('f', 10)])
#用关键字参数来创建字典
s4 = dict(c = 45, m = 41, f = 10)
```

使用不带参数的 dict()函数可以创建一个空字典，使用带参数的 dict()函数可以将其他数据转换为字典。上面例子中产生的字典 s2、s3 和 s4 都是相等的。

（3）使用字典推导式快速生成字典。例如：

```
>>> ls=[('李明','13988887777'),('张宏','13866668888'),('吕京','13143211234')]
>>> mydict = { k:v for k,v in ls } #字典推导式
>>> mydict
{'李明': '13988887777', '张宏': '13866668888', '吕京': '13143211234'}
```

列表 ls 中的每个元素（元组）转换为字典中的一个元素，逗号变为冒号。

4.6.2　字典的基本操作

1. 获取元素的值

与列表类似，Python 中的字典也有非常灵活的操作方法。列表通过索引来访问元素，而在字典中，每个元素就是一个"键-值对"。元素的键就是字典元素的索引，使用元素的键就可以访问字典的单个元素，使用形式如下：

```
字典[键]
```

如下面表示国家国土面积的例子：

```
>>> s={'中国': 960, '美国': 937, '日本': 38}
>>> s['中国']
960
```

2. 遍历字典

和其他组合数据类型一样，字典也可以通过 for 循环遍历其中的元素。需要注意的是，

字典遍历的是元素的键，若要获取元素的值，则可以使用"字典[键]"来得到。例如：

```
s={'中国': 960, '美国': 937, '日本': 38}
for i in s:
    print(f'{i}的国土面积是{s[i]}万平方公里')
```

运行结果如下：

```
中国的国土面积是 960 万平方公里
美国的国土面积是 937 万平方公里
日本的国土面积是 38 万平方公里
```

3．修改或添加元素

字典的内容或长度都是可变的，随时可以向字典中添加新的"键-值对"，或者修改现有元素的键所关联的值。添加和修改元素的方法相同，使用形式如下：

```
字典[键] = 值
```

区别添加和修改的方法如下：

- 如果提供的键在原字典中已经存在，则修改当前元素的键所关联的值。
- 如果提供的键在原字典中不存在，则直接按提供的键和值，添加一个元素。

```
>>> s={'中国': 960, '美国': 937, '日本': 37}
>>> s['日本'] = 38
>>> s['加拿大'] = 996
>>> s
{'中国': 960, '美国': 937, '日本': 38, '加拿大': 996}
```

依据字典的键对元素进行修改和添加操作，是字典的一大优势。

4．删除元素

删除字典元素的方法和列表的操作类似，使用形式如下：

```
del 字典[键]
```

同样地，字典也有相应的一些方法用于删除元素。我们会在后面的内容中学习到。

4.6.3 字典的方法

字典的 copy()、clear()等方法，使用起来和列表的相应方法相同，大家可以根据前面学习的内容进行操作。由于字典的元素是"键-值对"，因此字典的其他相关方法，有其特有的操作方式。

1．获取字典的整体信息

（1）使用字典的 items()方法，可以获取字典中所有的元素（"键-值对"），使用形式如下：

```
字典.items()
```

（2）使用字典的 keys()方法，可以获取字典中所有元素的键，使用形式如下：

```
字典.keys()
```

（3）使用字典的 values()方法，可以获取字典中所有元素的值，使用形式如下：

```
字典.values()
```

以上 3 个方法返回的都是可迭代对象，可以作为 for 循环的遍历结构，也可以通过 list()、

set()等函数将其转换为其他类型的数据。

2．获取字典单个元素的信息

使用字典的 get()方法，可以获取字典中键对应的元素值。若提供的键在字典中不存在，则返回提供的默认值（该参数可选），使用形式如下：

```
字典.get(键, <默认值>)
```

字典的 pop()方法和 get()方法类似，可以获取字典中键对应的元素值，区别是 pop()方法同时会把该元素从字典中删除，使用形式如下：

```
字典.pop(键, <默认值>)
```

字典的 popitem ()方法和集合的 pop()方法类似，可以获取字典的一个元素（"键-值对"），并将其从字典中删除，使用形式如下：

```
字典.popitem()
```

4.6.4　字典应用实例

【实例 4-17】使用字典统计英文词频。需要统计一篇文章中出现次数最多的 10 个词和每个词出现的次数，将词和词出现的次数用字典中的键-值对表示。遍历整篇文章，词为键，该词出现的次数为值，构成词典，对词典进行降序排序，并输出前 10 个元素。

```python
#example4-17.py
txt = input()                                 #读入一段英文文本，单词之间以空格分隔
txt = txt.lower()                             #全部转换为小写字母
for ch in '!"#$%&()*+,-./:;<=>?@[\\]^_`{|}~':
    txt = txt.replace(ch, " ")                #将文本中的特殊字符替换为空格
words = txt.split()                           #切词得到一个单词列表
counts = {}                                   #词频字典
for word in words:
    counts[word] = counts.get(word,0) + 1
items = list(counts.items())                  #将字典的键-值对转换为列表
items.sort(key=lambda x:x[1], reverse=True)   #排序
for i in range(10):                           #输出前 10 个高频词
    word, count = items[i]
    print ("{0:<10}{1:>5}".format(word, count))
```

输入：

```
Let's take a minute to think about the water we use. The human body is 60%
water and we need to drink lots of water to be healthy. When we are thirsty we
just go to the kitchen and fill a glass with clean water.
```

输出结果：

```
to          4
water       4
we          4
the         3
a           2
```

and	2
let's	1
take	1
minute	1
think	1

对英文来说，每个单词间自然以空格进行分隔；对中文来说，中文各词之间无分隔，需要先将句子切分为多个词，中文的分词可以借助第三方库来完成，如 jieba 库。

拓展阅读：结巴中文分词

在自然语言处理过程中，为了能够更好地分析句子的特性，往往需要把句子拆分为一个一个的词语，这个过程就叫作分词。结巴（jieba）库是一个 GitHub 上的开源库，是中文自然语言处理中用的最多的工具包之一，由中国工程师 Sun Junyi 开发，参与贡献者已经达到 40 人。希望大家在未来也能够加入开源分享的行列，共同促进技术发展。

目前，jieba 库支持 4 种分词模式。

（1）精确模式，试图将句子最精确地切开，适合文本分析。

（2）全模式，把句子中所有的可以成词的词语都扫描出来，速度非常快，但是不能解决歧义。

（3）搜索引擎模式，在精确模式的基础上，对长词再次切分，提高召回率，适用于搜索引擎分词。

（4）paddle 模式，使用 PaddlePaddle 深度学习框架，训练序列标注网络模型实现分词，同时支持词性标注。

本章小结

本章主要介绍了组合数据类型中的列表、元组、集合和字典等类型及其基本操作。列表、元组及字符串都属于序列类型，它们有一些共同的序列类型操作方法，也有各自特有的操作方法。集合和字典作为两种数据容器，也有各自的特色。

习　题

一、判断题

1．字符串、列表和元组都属于序列类型。

2．通过索引的方式，可以访问字符串的某个字符，也可以修改字符串中的某个字符。

3．元组可以作为字典的"键"。

4．集合中的元素不允许重复。

5．列表中的元素也可以是列表。

6．列表中的所有元素必须为相同类型的数据。

7．字典中元素的"值"不允许重复。

8．可以删除集合中指定位置的元素。

二、选择题

1．下列选项中，（　　　）可以得到 ['A', 'B', 'C']。

    A．list('ABC')　　　　　　　　　　B．tuple('ABC')

    C．set('ABC')　　　　　　　　　　D．以上都不是

2．若要创建一个空集合，可以使用（　　　）语句。

    A．s = [ ]　　　　　　　　　　　　B．s = ( )

    C．s = { }　　　　　　　　　　　　D．s = set( )

3．已知 s = [1, 2, 3, 4, 5, 6, 7, 8, 9, 10]，则 s[:-3]的值为（　　　）。

    A．[1, 2, 3, 4, 5, 6, 7]　　　　　　B．[8, 9, 10]

    C．[8]　　　　　　　　　　　　　　D．8

4．若 s[3]是一个正确的表达式，则 s 不可能是（　　　）类型。

    A．列表　　　　　　B．元组　　　　　　C．集合　　　　　　D．字典

5．如果要将 x 添加到列表 s 中，并且作为 s 的首个元素，则下列语句正确的是（　　　）。

    A．s.insert(0, x)　　　　　　　　　B．s.append(0, x)

    C．s.add(1, x)　　　　　　　　　　D．s.entend(1, x)

三、编程题

1．输入若干个正整数，输出它们的最大值和最小值。

2．编程求 1-1/3+1/5-1/7+⋯-1/n 的值，n 的值由键盘输入。

3．输入若干个正整数（至少一个），输出每个数减去最小值的结果。

提示：

（1）输入时注意整数的转换。

（2）最小值可以使用内置函数计算。

（3）可以使用列表推导式。

4．输入一个列表，在忽略正负号后，求平均值，要求结果保留两位小数。

提示：

（1）输入就是列表，包括方括号，可以使用 eval()函数对输入进行处理。

（2）绝对值操作忽略正负号。

（3）内置函数配合计算平均值。

5．输入一个列表，判断该列表是否包含重复的元素，并将重复的元素删除。最后输出判断结果，以及删除重复元素后的列表。

提示：

（1）去重问题可以通过集合的操作快速完成。

（2）是否包含重复元素，可以通过去重后元素的个数变化来决定。

6. 随机产生密码。要求密码长度为 8 位，密码字符包括字母（区分大小写）和数字。

提示：

（1）需要确定密码字符产生的字符范围。

（2）在 8 位密码中，可能有重复字符，所以在使用 random 库的函数时，不应该使用 sample()函数，而应该使用 choice()函数。

7. 分类统计。1 班、2 班各自统计班里学生最喜欢的节目。统计结果已经分别存放到两个字典中。字典元素的键是节目的字母编号，元素的值是相应节目获得的票数，没人喜欢的节目不用记录。输入两个班级的统计结果，并将合并后的统计结果按节目编号的字母顺序打印出来。

注意：

（1）{'Q':10,'A':22,'X':28}字典表示喜欢 Q 节目的有 10 位学生，喜欢 A 节目的有 22 位学生，喜欢 X 节目的有 28 位学生。

（2）如果 1 班有 10 位学生喜欢 Q 节目，2 班有 15 位学生喜欢 Q 节目，则合并后有 25 位学生喜欢 Q 节目。

若输入：

{'Q':10,'A':22,'X':28}

{'A':30,'D':1,'Q':15,'B':13}

则输出：

A:52

B:13

D:1

Q:25

X:28

提示：

（1）输入时使用 eval()函数进行处理，直接获取字典数据。

（2）仿照前面单词统计的例子，以一个字典为基础，遍历另一个字典，并将其添加到第一个字典中。

（3）排序打印输出。

8. 一个合法的身份证号码由 17 位地区、日期编号和顺序编号加 1 位校验码组成。校验码的计算规则如下。

首先对前 17 位数字加权求和，权重分配为{7，9，10，5，8，4，2，1，6，3，7，9，10，5，8，4，2}；然后将计算的和对 11 取模得到 Z 值；最后按照以下关系对应 Z 值与校验码 M 的值。

Z：0 1 2 3 4 5 6 7 8 9 10

M：1 0 X 9 8 7 6 5 4 3 2

现输入一个身份证号码，请你验证校验码的有效性。

第 5 章

函 数

☑ 熟悉模块化程序设计思想

☑ 掌握函数的定义与使用方法

☑ 了解 lambda 函数的使用方法

☑ 掌握函数的参数传递过程

☑ 掌握变量的作用域

☑ 理解递归的定义及函数的递归调用

☑ 了解模块的概念和使用方法

5.1 函数概述

我们通过一个简单的例子来介绍模块化程序设计方法。

【实例 5-1】已知五边形的各条边长及其中两条对角线的长度，如图 5-1 所示，计算五边形的面积。

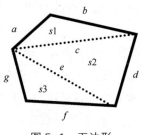

图 5-1 五边形

由海伦公式计算三角形面积：$s = \sqrt{x(x-a)(x-b)(x-c)}$。其中，$x = \dfrac{1}{2}(a+b+c)$。五边形可以分割为 3 个三角形，总面积 $s=s1+s2+s3$。

程序代码如下：

```
#example5-1.py
import math
a,b,c,d,e,f,g=9,11,18,13,14,7,8
x=1/2*(a+b+c)
s1=math.sqrt(x*(x-a)*(x-b)*(x-c))
x=1/2*(c+d+e)
s2=math.sqrt(x*(x-c)*(x-d)*(x-e))
x=1/2*(e+f+g)
s3=math.sqrt(x*(x-e)*(x-f)*(x-g))
s=s1+s2+s3
print(f"五边形面积为{s:.2f}")
```

从上述代码中可以发现，每计算一个三角形的面积，就要计算一次 x 和面积。多个三角形，就要编写多段类似重复的程序，仅仅是为了处理的数据不同，显然程序的开发效率很低。使用模块化程序设计方法就可以解决这类问题。模块化程序设计方法的思想就是将复杂的问题进行细化，并分解成若干个功能模块逐一实现，最后将这些程序模块组合起来实现最初的设计目标。

将求三角形的面积定义为一个函数：

```
def area(x, y, z):
    c=1 / 2 * (x + y + z)
    s=math.sqrt(c * (c - x) * (c - y) * (c - z))
    return s
```

在程序中，进行 3 次函数的调用，会得到 3 个不同三角形的面积。

```
s1=area(a, b, c)
s2=area(c, d, e)
s3=area(e, f, g)
```

上面定义的函数是一段能够完成一定任务的、相对独立的、可以重用的语句组，也可以被看作是一段具有名字的子程序。

将可能需要反复执行的代码封装为函数，在需要执行该段代码功能的地方调用封装好的函数，不仅能够实现代码的复用，更重要的是可以保证代码的一致性。函数能够完成特定的功能，使用函数不需要了解函数内部实现的原理，只需要了解函数的使用方法即可，可以说，函数是一种功能的抽象。

在 Python 中，函数可以分为 4 类：内置函数、标准库函数、第三方库函数和用户自定义函数。我们在前面的章节中已经学习了一部分内置函数（如 eval()函数、int()函数）和 Python 标准库中的函数（如 math 库中的 sqrt()函数）。上面的例子是我们自己编写的，被称为用户自定义函数。Python 社区提供了许多其他高质量的库，如 Python 图像库等，在下载安装这些库后，可以导入和使用其中定义的函数。

使用函数进行程序设计的优点如下。

（1）简化程序设计。将经常需要执行的一些操作写成函数后，用户就可以在需要执行此操作的地方调用此函数。

（2）便于调试和维护。将一个庞大的任务划分为若干个功能相对独立的小模块，便于管理和调试。每个模块可以由不同的人员分别实现，调试每个单元的工作量远远小于调试整个程序的工作量。当需要更新程序功能时，只需改动相关函数即可。

函数的使用在一定程度上来说也是对团队合作工作的检验。设计合理的函数对接接口是开展团队合作分工的第一步。团队合作时整体分工是否细致合理、沟通是否及时高效，都是对整个团队合作工作的检验。从某种意义上来说，掌握好函数的定义和使用的方法，可以帮助我们更好地适应今后学习和工作过程中的团队合作方式。

在使用函数进行程序设计时，一个完整的 Python 程序由若干个函数和程序主体组成。由程序主体根据需要调用其他函数来实现相应的功能，调用的关键在于函数之间的数据传递，而对每一个函数内部而言，它仍然由顺序、选择和循环这 3 种基本结构组成。

改写实例 5-1，使用函数完成相应的功能，完整的程序代码如下：

```
import math
def area(x, y, z):                          #函数定义
    c=1 / 2 * (x + y + z)
    s=math.sqrt(c * (c - x) * (c - y) * (c - z))
    return s
a,b,c,d,e,f,g=9,11,18,13,14,7,8
s1 = area(a, b, c)                          #函数调用
s2 = area(c, d, e)                          #函数调用
s3 = area(e, f, g)                          #函数调用
s = s1 + s2 + s3
print(f"五边形面积为{s:.2f}")
```

5.2　函数的定义与使用

5.2.1　函数的定义

Python 使用 def 关键字定义一个函数，语法形式如下：

```
def 函数名([形参列表]):
    函数体
```

说明：

（1）函数名是一个标识符，遵循命名规则。

（2）形参列表（形式参数）可以是 0 个、1 个或多个，表示该函数被调用时需要传递的一些必要的信息。如果不需要传递任何信息，则可以省略形参，但必须保留一对空的圆括号，这样的函数是无参数的函数；如果有多个形参，在使用时用逗号分隔，不需要声明其类型，如实例 5-1 中的 area()函数就有 3 个形式参数。

（3）函数体是实现函数功能的代码，按照 Python 的规则，需要相对 def 关键字保持一定的空格缩进，表示代码的层次关系。

（4）注释并不是必需的，如果为函数的定义加上注释，则可以为用户提供友好的提示和使用帮助。

（5）函数的定义可以出现在代码的任何部分，每个函数各自独立。但是，函数的定义位置必须位于调用该函数的代码之前，因为在 Python 中函数也是对象，调用函数之前程序必须先执行 def 语句创建函数对象。

5.2.2　函数的使用

定义函数是为了让其被调用，以实现其特定的功能，使用形式如下：

函数名([实参列表])

说明：

（1）实参列表（实际参数）是调用函数时向函数传递的具体信息数据。一般情况下，它的个数和位置与定义时的形参列表一一对应。如果在定义函数时没有形参，则调用函数时也没有实参。

（2）函数调用是表达式，如果函数有返回值，则可以在表达式中直接使用；如果函数没有返回值，则可以单独作为表达式语句存在。用户可以根据需要进行设计。

下面结合实例 5-1，具体分析函数调用时的程序执行流程，area()函数的调用过程如图 5-2 所示。函数只有在被调用时才会执行。所以，虽然函数的定义在前面，但是程序最先执行的是程序主体的部分（第①步）。当执行到调用函数的语句时，程序流程转向被调用的函数（第②步），并执行函数内部语句（第③步）。当被调用函数中的最后一条语句执行完毕或执行了 return 语句后，程序流程由被调用函数返回到程序主体部分（第④步），从刚才中断的位置继续向后执行（第⑤步）。若后面的代码又遇到调用函数的部分，则其执行过程和上面的 5 个步骤类似。

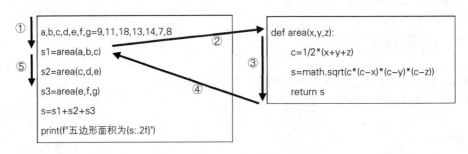

图 5-2　area()函数的调用过程

需要注意的是，被调用函数的函数体中也可以有嵌套调用其他函数的语句，如 area()函数中调用了 math 库的 sqrt()函数。每个函数调用的执行过程都和上面的 5 个步骤类似。

5.2.3　函数的返回值

函数在执行完成后，可以向调用者返回运算的结果（数据），该数据被称为函数的返回值。在函数体中，使用 return 语句可以结束函数的执行，并将函数运算的结果返回到调用该函数的语句中。例如，实例 5-1 中的 area()函数，就是用 return 语句将三角形面积的计算结果返回的。

　　我们前面编写过如何判断素数的程序。在实例 5-2 中，将判断素数的代码设计为一个函数，函数的返回值是逻辑值 True 或 False，用于表示判断对象是否为素数。

　　【实例 5-2】编程计算 20 以内素数的个数。

　　程序代码如下：

```
#example5-2.py
import math
def prime(n):                        #定义 prime()函数
    for i in range(2, int(math.sqrt(n)) + 1):
        if n%i==0:
            return False
    return True
m=0
for i in range(2, 21):
    if prime(i):                     #调用 prime()函数
        m += 1
print(f"20 以内的素数有{m}个")
```

　　实例 5-2 中的 prime()函数有两个 return 语句。若通过选择结构的判断，执行到 return False 语句，则 prime()函数执行结束，后面的语句不再执行。同时，将返回值 False 返回到调用该函数的语句中。若 return False 语句没有被执行到，则在退出循环后执行 return True 语句。其实，在这里我们使用了穷举法测试区间内的各个数是否能整除 n，一旦发现能整除的情况，则直接判断该数为非素数；若循环内的数都不能整除 n，则判断该数为素数。

　　注意：

　　（1）一个函数中可以有多条 return 语句，执行到哪一条 return 语句，哪一条就起作用。

　　（2）return 语句可以放置在函数的任意位置，当执行到第一个 return 语句时，不论其后是否还有语句未执行，都将立即结束所在函数的执行，并将结果返回调用者。

　　（3）包含 return 语句的函数在被调用时，一般作为表达式出现在语句中，并使用函数返回值进行计算。例如，实例 5-1 中的 s1=area(a,b,c)语句和实例 5-2 中的 if prime(i):语句。

　　（4）如果函数需要返回多个值，则可以使用返回一个元组的形式。

　　有些函数的功能不是计算结果，而是完成某项特定的任务（如打印数据），在执行完成后不返回结果，这样的函数可以没有 return 语句。如实例 5-3，设计了一个打印姓名牌的函数 tag()，该函数的功能不是计算结果，而是打印指定的内容。所以，tag()函数没有使用 return 语句。

　　【实例 5-3】输入一个姓名，并按样例打印姓名牌。

　　程序代码如下：

```
#example5-3.py
def tag(a):                        #定义 tag()函数
    n=len(a)+2
    print('*'*n)
    print(f"*{a}*")
    print('*'*n)
```

```
print('We can make name tags like this:')
tag('name')                      #调用 tag()函数
x=input('Please input your name:')
tag(x)
```

执行上面的程序，若输入 Fiona，则最后的运行结果如下：

```
We can make name tags like this:
******
*name*
******
Please input your name: Fiona
*******
*Fiona*
*******
```

实际上，像 tag()这样没有 return 语句的函数也是有返回值的，返回值为 None。

注意：

（1）如果一个函数没有 return 语句或 return 语句后没有数据，则该函数的返回值为 None。None 是 Python 中一个特殊的值，它不表示任何数据。

（2）返回值为 None 的函数，在被调用时一般都单独作为一行。它们的功能是完成特定的任务，而不是计算一个结果（这样的函数在被调用时，当然也可以作为语句的一部分，只是它计算的结果为 None。读者可以自行设计函数并进行调试）。

5.2.4　lambda 函数

Python 的 lambda 关键字是一种简便的、在同一行中定义函数的方法，使用 lambda 实际上会生成一个函数对象，又叫作匿名函数（即没有函数名字的临时使用的小函数）或 lambda 函数。使用 lambda 关键字定义的函数相当于一个表达式，所以我们又把它称为 lambda 表达式。如果将 lambda 关键字构成的函数表达式赋值给一个变量，则函数定义完成后该变量就是函数名，相当于给 lambda 表达式命名，定义形式如下：

```
函数名 = lambda 形参:返回值
```

该定义完全等价于：

```
def 函数名(形参):
    return 返回值
```

一般来说，返回值是一个包含形参的表达式。lambda 函数设计起来比较简单，经常用于临时需要一个类似函数的功能但又不想定义函数的场合。

【实例 5-4】输入直角三角形两条直角边的长度，计算斜边的长度。

程序代码如下：

```
#example5-4.py
import math
#给 lambda 表达式命名（函数定义）
f = lambda a,b: math.sqrt(a ** 2 + b ** 2)
x, y = map(eval, input('请输入两条直角边: ').split())
```

```
z = f(x, y)              #把 lambda 表达式作为函数使用（函数调用）
print(f'直角三角形的斜边长为: {z:.2f}')
```

执行上面的程序，若输入 3 4，则最后的运行结果如下：

```
请输入两条直角边: 3 4
直角三角形的斜边长为: 5.00
```

lambda 函数也可以作为其他函数的参数使用。在前面的章节中我们学习过，map()函数的第 1 个参数是一个函数，我们用到比较多的是 int()、eval()等内置函数。在下面这条语句中，直接使用了自定义的 lambda 函数作为 map()函数的第 1 个参数，功能是返回参数的平方。map()函数的第 2 个参数是一个列表，是为了查看 map()函数的运算结果，最后使用 list()函数返回参数平方的列表。

```
>>> list(map(lambda x:x*x,[1,3,5,7]))
[1, 9, 25, 49]
```

5.3　函数的参数

参数是调用函数的语句和函数之间信息交互的载体，函数的参数分为形式参数和实际参数两种。

（1）形式参数。在定义函数时，写入函数圆括号内的参数称为形参列表，又称为形参。在函数被调用前，没有具体的值。

（2）实际参数。在调用函数时，写入函数圆括号内的参数称为实参列表，又称为实参。实参可以是常量、变量或表达式，有具体的值。

在函数调用时，实参会把值传递给形参，从而实现参数的传递。

注意：在 Python 中，由于变量的值是对象的引用，在参数传递时，若实参也是变量，则它实际上是将对象的引用传递给形参。因此，实参和形参都引用了同一个对象。若此对象是可变对象（如列表、字典、集合等），并且在函数执行过程中发生了改变，则实际上就是实参引用的对象发生了改变。如果在函数内部对形参进行了重新赋值，则不会对实参造成影响。在定义函数时，不需要声明参数类型，解释器会根据实参类型自动推断形参类型，在一定程度上类似于函数的重载功能。

5.3.1　形参的设计

如何确定形参列表中参数的个数和类型，这是一个令初学者困惑的问题。事实上，形式参数的设计与函数的预期功能密切相关。因为函数要实现相应的功能，就必须获得一定的原始信息，而这些原始信息主要来自形参。所以，设计形参应该从函数的功能分析入手。根据实现函数功能的需求，函数可以划分为两种形式。

1．有参数的函数

为了实现函数的功能，需要向函数传递必要的信息。如实例 5-1 中的 area()函数，其功

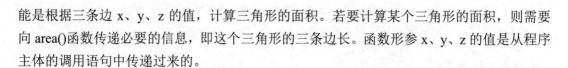

能是根据三条边 x、y、z 的值，计算三角形的面积。若要计算某个三角形的面积，则需要向 area()函数传递必要的信息，即这个三角形的三条边长。函数形参 x、y、z 的值是从程序主体的调用语句中传递过来的。

2. 无参数的函数

还有一类函数，无须向函数传递信息，也可以实现函数的功能，如实例 5-5。

【实例 5-5】设计一个随机产生 6 位密码的程序，要求密码由 6 个字符组成，字符包括大写字母和数字字符。

程序代码如下：

```
#example5-5.py
import random
def password():                         #函数定义
    n=random.randint(0, 6)
    t=[]
    for i in range(n):
        t.append(chr(random.randint(65, 90)))
    for i in range(6 - n):
        t.append(str(random.randint(0, 9)))
    random.shuffle(t)
    return ''.join(t)
print(password())                       #函数调用
```

在上述例子中，password()函数的功能是随机产生一个 6 位密码，要实现函数功能已经不再需要其他信息了，因此 password()函数被定义为一个无参数的函数。

5.3.2 关键字参数

一般在函数调用时，实参会默认按照参数的位置顺序依次将值传递给形参，按位置传递的参数被称为位置参数。

【实例 5-6】已知一元二次方程 $ax^2 + bx + c = 0$ 的 3 个系数，求解方程的实根。

程序代码如下：

```
#example5-6.py
import math
def equation(a, b, c):                  #函数定义
    dt = b * b - 4 * a * c
    if dt < 0:
        return 'No solution.'
    else:
        x1 = (-b + math.sqrt(dt))/(2 * a)
        x2 = (-b - math.sqrt(dt))/(2 * a)
        return x1,x2
print(equation(1, -2, 1))               #函数调用
print(equation(2, 11, -6))
print(equation(2, 2, 1))
```

程序的运行结果如下：

```
(1.0, 1.0)
(0.5, -6.0)
No solution.
```

在上述例子中，函数调用 equation(1, −2, 1)中的 3 个实参 1、−2、1，并按顺序分别赋值给 3 个形参 a、b、c。这种按照位置顺序传递参数的方式固然好，但是在参数很多的情况下，这样的传递参数方式可读性较差，并且容易发生顺序颠倒错误。

为了避免参数的位置发生混乱，在函数调用时，实参也可以通过名称（关键字）指定传入的形参。此时，实参的顺序可以与定义时的形参不同，这就是关键字参数，也称为命名参数。使用关键字参数有很多优点，如参数按名称意义明确，且传递的参数与顺序无关，如果有多个可选参数，则可以选择指定某个参数值。

改写实例 5-6 中的调用语句：

```
print(equation(a=1, b=-2, c=1))
print(equation(b=11, c=-6, a=2))
```

可以得到如下运行结果：

```
(1.0, 1.0)
(0.5, -6.0)
```

5.3.3 默认值参数

在定义函数时，我们可以设置某些形参的默认值，那么在调用该函数时，就可以省略相应的实参，函数会选择这些形参的默认值来替代实参的值。当然，如果在调用函数时，提供了实参，则会按照实际的实参值进行传递。

改写实例 5-6 中的代码，设置形参 c 的默认值为 1，将函数定义 def 关键字所在行修改为：

```
def equation(a, b, c = 1):
```

调用语句修改为：

```
print(equation(1, -2, 3))
print(equation(1, -2))
```

可以得到如下运行结果：

```
No solution.
(1.0, 1.0)
```

注意：

（1）在形参设计时，有的参数有默认值，有的参数没有默认值，我们必须把默认值参数放在形参列表的最后。

（2）如果多个形参都有默认值，那么在函数调用时，实参可以使用关键字参数，这样可以任意选择想省略的实参。

改写实例 5-6 中的代码，将函数定义 def 关键字所在行修改为：

```
def equation(a=1, b=-2, c=1):
```

调用语句修改为：

```
print(equation())
print(equation(b = 2.5))
print(equation(c = 6))
```

可以得到如下运行结果：

```
(1.0, 1.0)
(-0.5, -2.0)
No solution.
```

（3）在函数定义时，参数的默认值就需要指定。如果调用时省略实参，则每次调用都是使用相同的默认值。所以，若默认值是可变类型，则在使用时需要特别小心。例如，默认值为列表类型，形参变量的默认值实际上是列表的引用，若引用没有发生变化，则多次调用时，使用的是同一个列表。前面调用函数对默认值列表的修改，会影响到后面函数的调用。

【实例 5-7】设计一个分组函数，并从指定列表中随机提取元素进行分组，组数和每组个数也由用户指定。

程序代码如下：

```
#example5-7.py
import random
def group(g, n, lst = list(range(10))):
    for i in range(g):
        print(f"Group {i+1}: ",end=' ')
        for j in range(n):
            t = lst.pop(random.randint(0, len(lst)-1))
            print(t, end=' ')
        print()
group(2, 4)                       #用默认值列表，分2组，每组4个元素
group(1, 5, [1, 2, 3, 4, 5, 6])   #用实参中的列表，分1组，每组5个元素
group(3, 3)                       #用默认值列表，分3组，每组3个元素
```

当程序运行到第 3 次调用 group()函数时，产生错误：

```
Group 1: 7 8 4 5
Group 2: 0 9 6 1
Group 1: 1 3 5 6 2
Group 1: 2 3 Traceback (most recent call last):
… …
ValueError: empty range for randrange() (0,0, 0)
```

第 1 次调用 group()函数时，lst 参数使用默认值。使用列表的 pop()方法提取了 2×4 个元素，并将这 8 个元素（这里分别为 7 8 4 5 和 0 9 6 1 两组）从列表中删除。如图 5-3 所示，lst 参数的值没有发生变化，还是原默认值列表的引用。但是，列表本身的内容发生了变化；第 2 次调用 group()函数时，lst 参数没有使用默认值，使用的是实参的值[1,2,3,4,5,6]；

第 3 次调用 group()函数时，lst 参数再次使用同一个默认值，试图从默认值对应的列表中提取 3×3 个元素，并将它们删除。此时，该列表中只剩 2 个元素，无法满足要求，程序出错。

图 5-3　默认值参数对应列表的变化

5.3.4　可变数量参数

当函数的参数个数不确定时，函数定义中可以设计可变数量参数，通过在形参前面加星号（*）实现。

【实例 5-8】设计一个计算选修课平均分的函数。选修课程的数量因人而异，至少选修一门课程。函数获取姓名和若干个选修课分数，并返回字符串，包括姓名和平均分。

程序代码如下：

```
#example5-8.py
def ave(name, m,*n):
    for i in n:
        m += i
    m /= (len(n) + 1)
    return  f'{name:>4}:{m}'
print('选修课平均分: ')
print(ave('张三', 23, 55, 60))
print(ave('李四', 95, 78, 97, 84, 65))
```

运行结果如下：

```
选修课平均分:
  张三: 46.0
  李四: 83.8
```

注意：

（1）函数定义时，前面带星号（*）的形参是可变参数，它的数量只有一个。

（2）可变参数必须出现在所有形参的最后。

（3）函数调用时，所有多余的实参被作为一个整体，以元组类型的形式传递到可变形参中。

如图 5-4 所示，实例 5-8 中两次调用 ave()函数，分别将剩下的实参打包为一个元组传递给可变参数 n。

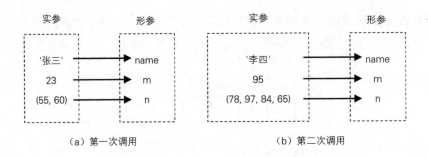

（a）第一次调用　　　　　　　　　　（b）第二次调用

图 5-4　两次调用 ave()函数中的参数传递

5.4　变量的作用域

变量的作用域就是变量起作用的代码范围。也就是说，在哪个范围内可以使用该变量。不同作用域内同名变量之间互不影响。

Python 中没有专门定义变量的语句，它规定赋值即定义。也就是说，第一次对变量赋值，就是对变量的定义，所有变量还是需要先定义（先赋值）再使用。若设计了自定义函数程序，则代码分为函数内部代码和函数外部代码（程序主体）。根据变量定义位置的不同，可以分为局部变量和全局变量两类。

1. 局部变量

局部变量是定义在函数内的变量（形参也属于局部变量），其作用域是该函数的内部。在使用局部变量时，需要注意以下几点。

（1）局部变量只在本函数内部有效，属于定义它的函数，函数外的代码或其他函数内部的代码都不能使用该函数的局部变量。

（2）在函数内部，第一次给变量赋值时，局部变量定义完成，函数就可以使用该变量了。当函数调用结束，局部变量就会被释放，变量也将不存在。多次调用同一函数时每次调用都有各自的局部变量。

（3）允许不同函数拥有同名的局部变量，每个函数都有各自独立的命名空间，各自的局部变量互不影响。

试图在函数外使用局部变量示例：

```
>>> import math
>>> def f(a, b):
        s = math.sqrt(a ** 2 + b ** 2)        #第一次赋值，定义了局部变量 s
        return s
>>> print(f(3, 4))
5.0
>>> print(s)                                  #在函数外使用局部变量 s，出错
Traceback (most recent call last):
  File "<pyshell>", line 1, in <module>
NameError: name 's' is not defined
```

函数外不允许使用局部变量，并且在 f() 函数调用结束后，局部变量 s 被释放，已经不存在了。

2．全局变量

全局变量是定义在函数外的变量，其作用域是整个程序。在使用全局变量时，需要注意以下几点。

（1）在程序主体中，第一次给变量赋值，全局变量定义完成，且在整个程序中有效。

（2）若函数中定义的局部变量和全局变量同名，则在函数内部使用的是局部变量。

（3）若函数中没有定义同名的局部变量，则函数内部可以直接使用全局变量，只要不对全局变量重新赋值即可。一旦在函数内部开始使用全局变量，就不能再定义同名的局部变量。

（4）若要在函数内部对全局变量进行赋值，则必须使用 global 关键字对全局变量进行说明。

【实例 5-9】设计一个修改记录颜色变量的函数，并打印当前颜色值。

程序代码如下：

```
#example5-9.py
def change(s):
    color = s              #定义局部变量 color，和全局变量同名
    print(f'In the function, the current color is {color}.')
color = 'red'
print(f'The current color is {color}.')
change('blue')
print(f'The current color is {color}.')
```

运行结果如下：

```
The current color is red.
In the function, the current color is blue.
The current color is red.
```

在函数内部使用局部变量 color，函数调用结束后全局变量 color 没有发生改变。如果想要在函数内部使用全局变量 color，则可以将实例 5-9 中 change() 函数的定义修改为如下代码：

```
def change(s):
    global color           #说明全局变量 color
    color = s              #使用全局变量 color
    print(f'In the function, the current color is {color}.')
```

则运行结果变为：

```
The current color is red.
In the function, the current color is blue.
The current color is blue.
```

函数调用结束后，当前颜色发生了变化。

正确地定义和使用全局变量与局部变量，能够提高程序设计的效率。

5.5 函数的递归

5.5.1 函数的嵌套调用

在前面的章节中，我们学习了函数的调用方式，也知道了被调用函数的函数体中也可以有函数调用的语句，用于调用其他函数。如实例 5-1 中的 area()函数内部调用了sqrt()函数，我们称之为函数的嵌套调用。

【实例 5-10】编写一个小学口算题生成程序，由用户指定题数，随机产生 100 以内的加减法口算题，并根据用户的选择决定是否给出参考答案。

分析：设计一个 cal()函数用于生成一道口算题，并返回该题的答案。根据用户输入的题数，通过 exam()函数调用 cal()函数生成一批口算题，并返回这些题的所有答案。主体程序主要完成用户的输入和 exam()函数的调用，并根据情况打印答案。

程序代码如下：

```
#example5-10.py
import random
def cal():
    a = random.randint(0, 99)        #产生随机数
    b = random.randint(0, 99)
    if a < b:
        a, b = b, a
    r = a - b
    c = random.randint(0, 1)         #根据随机数 c 的值产生加法或减法
    if c == 0:
        a, r = r, a                  #如果是加法运算，则将 a 和 r 交换
        print(f'{a}+{b}=')
    else:
        print(f'{a}-{b}=')
    return r
def exam(n):
    ans = [ ]
    for i in range(n):
        x = cal( )                   #调用 cal()函数
        ans.append(x)
    return ans
n = int(input('请输入题数: '))
s = exam(n)
a = input('是否需要参考答案（是或否）: ')
if a == '是':
    print(s)
```

运行结果如下：

```
请输入题数: 5
47-44=
66+29=
```

```
65-63=
72-3=
89-55=
是否需要参考答案（是或否）：是
[3, 95, 2, 69, 34]
```

这个例子中涉及两个函数，即 cal()函数和 exam()函数。其中，cal()函数在 exam()函数中被嵌套调用，若用户输入 1，则程序执行的过程如图 5-5 所示；若用户输入的数大于 1，则会多次嵌套调用 cal()函数，图中的第④⑤⑥步也会执行多次。

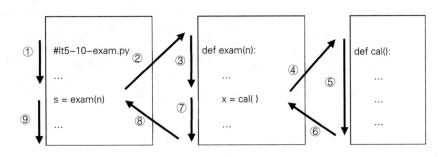

图 5-5　函数嵌套调用过程

5.5.2　递归的定义

我们前面介绍了函数可以调用其他函数。实际上，函数也可以调用自己。函数作为一种代码封装，可以被其他代码调用。当然，也可以被函数自身的内部代码调用，这种函数定义中调用函数自身的方式称为递归。自己调用自己，自己再调用自己，一直调用下去，直到某个条件满足时调用结束，然后一层一层地返回，直到该函数的第一次调用。

数学上有一个经典的使用递归的案例，就是计算阶乘。n 的阶乘可以表示为：

$$n! = n \times (n-1) \times (n-2) \times L \times 1$$

而 $n-1$ 的阶乘可以表示为：

$$(n-1)! = (n-1) \times (n-2) \times L \times 1$$

可以得到另一种表示 n 的阶乘的方式：

$$n! = \begin{cases} 1 & (n=0,1) \\ n \times (n-1)! & (n>1) \end{cases}$$

如果 n 为 0 或 1，则 n 的阶乘为 1；如果 n 大于 1，则 n 的阶乘等于 n 乘以 $n-1$ 的阶乘。阶乘的定义用阶乘来描述。

递归作为一种算法在程序设计过程中被广泛应用。它通常是把一个复杂问题逐步（逐层）转换为一个与原问题相似，并且规模相对较小的问题来求解。如图 5-6 所示，求 4!问题。4!=4 × 3!，所以只要求解出 3!就可以求解出 4!，原问题转换为相对简单的新问题。而

3!=3 × 2!，问题进一步简化，转换为求解 2!，以此类推，当问题转换为求解 1!时，就可以直接得到答案 1。求 1!问题得到解决后，回归到求解 2!问题上，该问题也可以得到解决。以此类推，进行问题的回归，最终求 4!问题得到解决。递归的过程分为递推过程和回归过程。

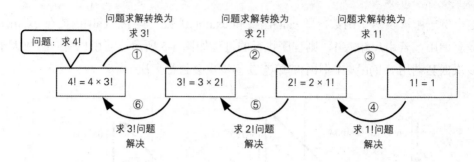

其中：①②③为递推过程，④⑤⑥为回归过程

图 5-6　递推过程和回归过程

由此可见，要想使用递归来解决问题，必须符合 3 个条件。

（1）问题的求解可以使用自身的结构来描述自身，从而实现问题的递推过程。

（2）递推过程具有结束的条件，即终止递推的条件，以及递推结束时的结果。

（3）问题的递推向着递推结束的条件发展。

5.5.3　函数的递归调用

在设计递归函数时，只需少量的代码就可以描述解题过程中所需的多次重复运算，大大减少了程序的代码量。由于递推结束条件的存在，因此递归函数的设计一般都需要一个选择结构来完成。以阶乘的计算为例，设计一个递归函数，并调用它。

【实例 5-11】阶乘的计算。

程序代码如下：

```
#example5-11.py
def fact(n):                                   #定义 fact()函数
    if n in (0, 1):
        return 1
    else:
        return n * fact(n - 1)                 #调用 fact()函数自身
x = int(input('输入一个整数 x（x>=0）: '))
y = fact(x)
print(f'{x}的阶乘是{y}')
```

在程序运行时输入 3，结果为：

```
输入一个整数 x（x>=0）: 3
3 的阶乘是 6
```

fact()函数在其定义的内部调用了自己，是一个递归函数。

　　类似函数嵌套调用的方法，在函数内部调用函数，每次调用都会有新的函数执行开始，表示它们都有各自的形参和本地的局部变量。在递推过程中，函数的调用逐层展开，当递推遇到结束条件时，开始进入逐层的回归过程。每次结束当前层函数的调用，就会返回上一层函数，并返回结果。在递归过程中，各个函数运算都有各自的参数和局部变量，虽然它们都同名，但是相互没有影响。在实例 5-11 中，当输入 3 时，函数的递归调用过程如图 5-7 所示。

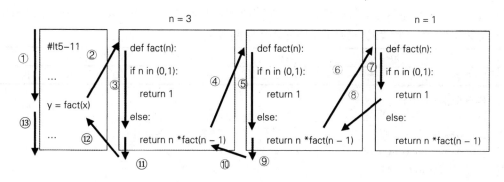

图 5-7　函数的递归调用过程

　　虽然递归可以使程序结构更加"优美"，但其执行效率并不高。首先，每次进行函数调用需要花费一定的时间。其次，每调用一次函数就会定义一批局部变量，这些局部变量直到本次函数调用结束后才会释放所占用的内存空间，因此需要占用大量的内存资源。所以，只有当常规方法难以解决问题时，才考虑使用递归方法。对于能够使用循环解决的问题，则推荐使用循环结构。例如，最好使用以下函数计算阶乘：

```
def fact(n):
    s = 1
    for i in range(2, n + 1):
        s *= i
    return s
```

5.6　函数应用实例

　　【实例 5-12】编写函数，接收参数 a 和 n，计算并返回如 a+aa+aaa+aaaa+····+aaa···aaa 表达式前 n 项的值。其中，a 为小于 10 的自然数。

　　程序代码如下：

```
#example5-12.py
def sum(n,a):
    s=0
    tmp=0
    for i in range(1,n+1):
        tmp=tmp*10+a                #tmp 的值每次变化为 a、aa、aaa……
```

```
    s=s+tmp
  return s
print(sum(3,1))                        #调用函数，输出结果
```

程序运行后输出 1+11+111 的结果如下：

```
123
```

【实例 5-13】编写程序，输入 5 个考试分数，输出对应的等级和平均分，分级规则如下。在程序中编写 2 个函数：average(g1,g2,g3,g4,g5)和 grade(g)。其中，average()函数中的参数 g1、g2、g3、g4、g5 表示接收 5 门课的成绩，并返回分数的平均值；grade()函数中的参数 g 表示接收一个考试分数作为参数，并返回成绩等级。

分数范围	90～100	80～89	70～79	60～69	<60
成绩等级	A	B	C	D	F

程序代码如下：

```
#example5-13.py
def grade(n):                          #定义判断等级的 grade()函数
    if n>=90 and n<=100:
        return 'A'
    elif n>=80 and n<90:
        return 'B'
    elif n>=70 and n<80:
        return 'C'
    elif n>=60 and n<70:
        return 'D'
    else:
        return 'F'
def average(a,b,c,d,e):                #求平均分
    return (a+b+c+d+e)/5
n0,n1,n2,n3,n4=map(eval,input().split())  #输入 5 个分数
print(average(n0,n1,n2,n3,n4))
for i in range(5):
    n=eval('n'+str(i))
    print(grade(n))
```

在程序运行时输入 5 个分数，分别为 90、80、70、60、50，输出的平均分和等级结果如下：

```
70.0
A
B
C
D
F
```

【实例 5-14】编写函数，接收两个参数，一个参数是其中所有的元素值都不相等的整数列表 m，另一个参数是一个整数 n。要求以值 n 为分界点，将列表 m 中所有值小于 n 的元素放到 n 的前面，所有值大于 n 的元素放到 n 的后面。

程序代码如下：

```
#example5-14.py
def sep(m,n):
    tmp1=[ ]
    tmp2=[ ]
    for i in m:
        if i<n:
            tmp1.append(i)                    #tmp1 列表为小于 n 的元素值
        elif i>n:
            tmp2.append(i)                    #tmp2 列表为大于 n 的元素值
    return tmp1+[n]+tmp2
print(sep([3,5,0,56,1,23,18,9,2],10))        #调用函数，输出结果
```

运行结果如下：

```
[3, 5, 0, 1, 9, 2, 10, 56, 23, 18]
```

【实例 5-15】编写函数，找出 500 以内的全部亲密数对。如果整数 A 的全部因数（包括 1，不包括 A 本身）之和等于整数 B，且整数 B 的全部因数（包括 1，不包括 B 本身）之和等于整数 A，则将整数 A 和整数 B 称为亲密数对。例如，220 和 284 就是一对亲密数，计算过程如下：

```
220=1+2+4+5+10+11+20+22+44+55+110=284
284=1+2+4+71+142=220
```

程序代码如下：

```
#example5-15.py
def yz(n):                                #定义函数求 n 的因数和
    s=0
    for k in range(1,n):
        if n%k==0:
            s=s+k
    return s
def display(n):                           #定义函数 display()显示 n 的因素加法式
    print(n, "=1",end="")
    for k in range(2,n):
        if n%k==0 :
            print("+",k,end="")
for a in range(1,500):                    #查找 500 以内的亲密数对
    for b in range(a+1,500):
        if yz(a)==b and yz(b)==a:
            display(a)
            print("=",b)
            display(b)
            print("=",a)
            print("亲密数: ",a,b)
            break
```

运行结果如下：

```
220 =1+ 2+ 4+ 5+ 10+ 11+ 20+ 22+ 44+ 55+ 110= 284
284 =1+ 2+ 4+ 71+ 142= 220
亲密数: 220 284
```

5.7 模块

在前面的章节中，我们已经介绍和使用过 math、turtle 等标准库中的函数。在使用这些标准库函数之前，先要使用 import 语句导入指定的模块。这是因为 Python 默认安装仅包含基本或核心的模块，需要用户在有必要使用时再显式地导入和加载标准库与第三方扩展库。这种方式不仅可以减小程序运行的压力，而且有很强的扩展性。

模块是计算思维的重要概念，也是组织程序的一种高级形式，用于实现对程序和相关数据的封装，也为用户调用模块中的函数和常量提供了便利。从整体来理解，数据类型相当于单词、程序语句相当于句子、函数相当于段落、模块相当于章节，一个完整的 Python 代码的文件就是一个模块。

5.7.1 导入模块

Python 规定需要在调用模块前先导入模块，最常用的模块导入方法是 import 语句。import 语句的一般格式如下：

```
import <模块名>
```

或

```
import <模块名> as <模块别名>
```

用 import 语句导入模块后，在调用函数和常量时，前面都必须加模块名或别名（如果模块名字很长的话，可以为导入的模块设置一个别名，便于书写），即：

```
模块名.函数名
```

或

```
模块名.变量名
```

例如：

```
import math              #导入标准库 math
print(math.sin(3))       #使用 math 库中的 sin()函数求 sin(3)的值
```

5.7.2 导入模块成员

若不想导入模块中的所有函数，则可以仅导入某个指定的函数，并且可以为导入的函数确定一个别名。这种导入方式可以减少查询次数、提高访问效率，而且在使用模块内的函数时不需要使用模块名作为前缀，格式如下：

```
from <模块名> import <函数名>
```

或

```
from <模块名> import <函数名> as <别名>
```

例如：

```
from math import sin as f    #导入 math 库中的 sin 函数，并取别名为 f
print(f(3))
```

运行结果为计算 sin(3)，输出结果：

```
0.1411200080598672
```

还有一种导入方式，可以一次性导入模块中的所有函数，格式如下：

```
from <模块名> import *
```

这种导入方式写起来很简单，可以直接使用模块中的所有函数而不需要在前面添加模块名作为前缀。但是，我们一般不推荐这种方式，一方面是因为有时在书写程序时会很难区分自定义函数和从模块中导入的函数，降低了代码的可读性；另一方面是因为这种导入函数的方式会导致命名空间的混乱，如果多个模块中有同名的对象，那么只有最后一个导入的模块中的对象是有效的，而之前导入的模块中的同名对象都将无法访问，不利于代码的理解和维护。

5.7.3　自定义模块

前面我们使用过的 math、random、time 和 calendar 等都是标准库中的内置模块，Python 也提供了自定义模块的方法，允许在一个文件（模块）中进行函数定义和常量声明，然后导入模块，这样就可以从模块中调用函数和常量。

模块设计的一般原则包括以下几点。

（1）先设计 API，也就是描述模块中提供的函数的功能和调用方法。

（2）控制模块的规模，只提供需要的函数，包含大量函数的模块会导致模块的复杂性。

（3）使用私有函数实现不被外部客户端调用的模块函数。

（4）在模块中编写测试代码。

（5）通过文档提供模块帮助信息。

【实例 5-16】通过调用自定义模块的函数，计算正方形和矩形的面积。

首先我们将自定义模块定义为 deftest.py，然后在自定义模块文件中输入代码，其中包括测试代码。

```
def square(a):                          #定义计算正方形面积的函数
    return a*a
def squareness(a,b):                    #定义计算矩形面积的函数
    return a*b
if __name__=="__main__":                #测试代码
    a=10
    b=20
    print("正方形面积: ",square(a))
    print("矩形面积: ",squareness(a,b))
```

将主程序命名为 example5-16.py，导入自定义模块，计算正方形和矩形的面积。

```
#example5-16.py
import deftest                          #导入自定义模块 deftest
a=int(input("a="))
b=int(input("b="))
print("正方形面积: ",deftest.square(a))         #调用模块中的函数计算面积
print("矩形面积: ",deftest.squareness(a,b))     #调用模块中的函数计算面积
```

输入边长 a 为 7，b 为 8，输出结果：

```
a=7
b=8
正方形面积：49
矩形面积：56
```

拓展阅读：模块化程序设计与开源精神

在设计较为复杂的程序时，一般采用自顶向下的方法，将所求解的问题划分为若干个部分，每个部分再进一步细化，直到分解为较好解决的问题为止，然后分别编程实现，这就是模块化程序设计思想。函数是实现模块化程序设计，体现团队分工合作的一种重要形式。

当我们在编程中需要实现特定的功能时，通常会先查阅相关的技术文档，寻找符合使用需求的库，再根据该库的使用说明，选择合适的函数，提供必要的参数，以实现特定的操作或得到特定的结果。我们也可以将自己设计的库发布在开源代码平台上供他人下载使用，发扬开源精神。

在《中华人民共和国国民经济和社会发展第十四个五年规划和 2035 年远景目标纲要》中，国家明确提出"支持数字技术开源社区等创新联合体发展，完善开源知识产权和法律体系，鼓励企业开放软件源代码、硬件设计和应用服务。"这需要大家共同努力才能实现。

本章小结

面对一个复杂的问题，最好的处理方法就是先将其分解为若干个小的功能模块，然后编写函数去实现每一个模块的功能，最终通过调用这些函数来实现总体目标。本章主要为读者介绍了用户自定义函数的定义与使用方法。

在使用函数时，需要注意调用者与被调用者之间的数据传递，通过参数传递和函数的返回值实现。实参将对象的引用传递给形参，如果在函数内部对形参进行了重新赋值，则不会对实参的值造成影响。根据函数的功能决定是否需要返回值。

递归是一种用于解决复杂问题的编程技术，只需少量的代码就可以描述解题过程中所需的多次重复运算，大大减少了程序的代码量，但往往需要占用更多时间和内存。

模块对应 Python 源代码文件，在 Python 模块中可以定义变量、函数和类。多个功能相似的模块（源文件）也可以组成一个包（文件夹）。用户通过导入其他模块，可以使用该模块中定义的变量、函数和类，从而重复使用其功能。

习　题

一、判断题

1. 函数定义时，可以有多个 return 语句，使用多个 return 语句就可以返回多个结果。

2. 函数定义时，必须有 return 语句。

3．函数定义时，若函数中没有 return 语句，则默认返回空值 None。

4．形参设计时，有的参数有默认值，有的参数没有默认值，我们必须把默认值参数放在形参列表的最后。

5．函数定义时，前面带星号（*）的形参是可变参数，函数可以定义多个可变参数。

6．若函数中没有定义同名的局部变量，而函数内部想要读取全局变量的值，则必须使用 global 关键字。

二、选择题

1．在一个函数中，若局部变量和全局变量同名，则（　　　）。

A．函数内部使用的是局部变量

B．函数内部使用的是全局变量

C．在函数内部，全局变量和局部变量都不可用

D．程序出错

2．关于函数的定义，下列说法正确的是（　　　）。

A．必须设置形参，但可以没有 return 语句

B．必须有 return 语句，但可以不设置形参

C．可以设置形参，也可以没有形参；可以有 return 语句，也可以没有 return 语句

D．必须设置形参，也必须有 return 语句

3．有变量 a 和函数 f()，若执行下列语句后，两次打印 a 的结果不同，则 a 可能是（　　　）类型。

```
print(a)
f(a)
print(a)
```

A．整型　　　　　　　　　　　　　　　B．字符串

C．列表　　　　　　　　　　　　　　　D．元组

4．若有语句 f = lambda x,y:(x + y) / 2，则下列函数调用正确的是（　　　）。

A．s = f(3, 5)　　　　　　　　　　　　B．s = f(3 + 5)

C．s = f( )　　　　　　　　　　　　　　D．s = f((x + y) / 2)

三、编程题

1．编写一个用于判断指定年份是否为闰年的函数（闰年的条件：年号能被 4 整除，但不能被 100 整除，或者能被 400 整除）。输入起止年份，调用该函数判断闰年，打印该年份范围内所有的闰年。

2．输入学生人数 n，随机生成一个长度为 n 的列表。列表的元素值为学生的分数（0～100），调用函数计算高于平均分的人数，并将列表作为参数，计算结果作为函数的返回值，最后打印结果。

3．验证哥德巴赫猜想，输入一个大于或等于 6 的偶数，编程证明它可以是两个素数之和，并打印结果。将判断素数的程序设计为一个函数。

4．编写递归函数计算斐波那契数列，递归公式如下。

$$f(x) = \begin{cases} 0 & x = 0 \\ 1 & x = 1 \\ f(x-2) + f(x-1) & x > 1 \end{cases}$$

5．编写函数，接收一个整数 t 作为参数，打印杨辉三角形的前 t 行。下面是一个 5 行的杨辉三角形。

```
1
1    1
1    2    1
1    3    3    1
1    4    6    4    1
```

第6章

面向对象编程

- ☑ 了解面向对象编程的基本特点
- ☑ 掌握类的定义方法
- ☑ 理解类属性、实例属性和内置属性的基本使用方法
- ☑ 理解内置方法、实例方法、类方法和静态方法的基本使用方法
- ☑ 了解对象的生存期
- ☑ 了解私有属性和私有方法的用法
- ☑ 掌握类的继承方法
- ☑ 理解类的多态性
- ☑ 掌握运算符重载的方法

6.1 概述

面向过程编程的特点是采用自顶向下、逐步细化的方法来解决问题，更加关注算法细节。通过函数实现模块化程序设计，每个函数的功能相对独立，函数间的关系尽可能简单，而函数内部则是由顺序、选择、循环这 3 种基本结构组成，也就是结构化程序设计。结构化程序设计会把数据和处理数据的函数分离，这样当数据结构发生变化时，所有处理该数据的函数都需要进行修改。此外，随着图形用户界面的应用，开发者不可能事先规定好用户按照什么步骤使用软件。在这种情况下，继续使用面向过程的方法进行开发将十分困难。对功能相对简单或整个执行过程有清晰明确需求的，比较适合使用面向过程程序设计方法。

在传统的程序设计中，通常使用数据类型对变量进行简单分类。也就是说，不同数据类型的变量具有不同的属性，这种方式很难完整地描述事物。例如，我们要描述一个人，除了要说明这个人的基本属性，如姓名、性别、年龄，还需要说明这个人能进行的操作，或者他能完成的动作，如跑、跳、说话等。如果能将人的属性和他能进行的操作结合起来描述，就可以完整地描述一个人。面向对象的编程方法则把数据和处理数据的方法包装在一起，构成一个整体。客观事物被抽象成类（class），相当于建模，当需要处理具体事物时，由类创建对象（object），也称创建了类的一个实例（instance），再通过对象来调用方法实现相应的功能。

面向对象程序设计的基本特点包括抽象（abstraction）、封装（encapsulation）、继承（inheritance）和多态（polymorphism）。

抽象是对具体问题（对象）进行概括，抽出这一类对象的公共性质并加以描述的过程。以时钟为例，虽然形态各异，但它们都具有同样的特征（时、分、秒）和相同的功能（显示时间、设置时间）。我们把这些共性的东西提取出来描述这一类对象，这就是抽象。抽象分为用于描述特征的数据抽象（属性，property）和用于描述功能的行为抽象（方法，method）。

封装是将抽象得到的数据和行为（功能）相结合，形成一个有机的整体，功能是通过函数实现的，函数在实现功能时会根据需要处理相关数据或调用其他函数。不是所有的数据和函数都可以被直接访问，通常为了保护数据，我们不允许直接访问它们，而是通过开放的函数来间接访问，这些函数被称为接口（interface）。

继承是支持层次分类的一种机制，允许程序员在保持原有类特性的基础上进行更具体的说明。例如，时钟类没有日期属性，如果我们需要使用带日期的时钟，就可以在时钟类的基础上派生一个子类，这个子类具备时钟类的所有属性和方法，并根据用户需要增加了日期属性。

多态性是指一段程序能够处理多种类型对象的能力。比如，同学喊你："走，打球去！"那么到底是打篮球、排球、乒乓球还是羽毛球呢？你看一眼他手上拿的是什么球就能够知道。我们调用函数"打球"，通过传递不同类型的参数"球"，可以进行不同的运动。

下面我们简单讨论一下软件设计的理念。大家应该都听说过唐代诗人贾岛的"反复推敲"典故，那句"僧推月下门"最终被改为"僧敲月下门"。从印刷制版的角度来看，设计者只需修改要改的那个字，其他地方保持不变，而无须推倒重来，这就是所谓的软件要可维护。这些字不仅是用在这句诗的印刷中，还能够在其他印刷作品中重复使用，这就是所谓的软件要可复用。如果想要再加上一句"鸟宿池边树"，则只需要增加一些刻字，这就是所谓的软件要可扩展。还有可能要求排版方式由横排调整为竖排，这只需要调整字的位置即可实现，也就是所谓的软件灵活性好。

面向过程编程存在不易修改、不易扩展、程序可重用性差等问题，面对越来越复杂的程序，人们更多地使用面向对象编程方法。Python 完全采用了面向对象程序设计的思想，完全支持面向对象的基本功能，如封装、继承、多态及对基类的覆盖和重写，而且 Python 中对象的概念很广泛，Python 中的一切内容都可以称为对象。

6.2　类和对象

6.2.1　类

面向对象编程描述的是如何通过调用对象的方法修改对象的属性以解决实际问题，而对象是根据类创建的，可以把类理解为创建对象的模具，根据需要事先设计好包含哪些属性和方法，而这些属性和方法是通过对相似事物的共同特征进行抽象得到的，称为类的成员（member）。我们可以直接使用标准库或第三方库中定义好的类来创建对象，也可以根据需要自定义类。下面主要介绍在 Python 中如何自定义类。

Python 使用 class 关键字定义类，class 关键字之后是类名，类名后面跟一个冒号，然后换行缩进给出类的内部定义，即类体。类体用于声明类的成员，通常由变量定义和函数定义构成，分别表示类的属性和方法。类定义的一般格式如下：

```
class 类名：
变量名=初始值
……
def 函数名(self,形参,……)：
    函数体
……
```

【实例 6-1】定义一个候选人类。

程序代码如下：

```
#example6-1.py
class Candidate:                               #候选人类 Candidate
    number=0                                   #类属性 number
    def __init__(self,id,name):                #方法 __init__()
        self.id=id
        self.name=name
        self.votes=0
        Candidate.number+=1
    def info(self):                            #方法 info()
        print(self.id,self.name,self.votes)
    def vote(self):                            #方法 vote()
        self.votes+=1
```

上述代码定义了一个候选人类 Candidate，类名的命名规则与变量相同，习惯上使用首字母大写的标识符。类体中定义的变量 number 是类 Candidate 的一个属性，被初始化为 0。属性分为类属性和实例属性两种，相关内容将在 6.2.2 节详细介绍。类体中定义的 3 个函数 __init__()、info()、vote()是类 Candidate 的 3 个方法，它们的形参与之前定义的函数不太一样，相关内容将在后面进行介绍。

6.2.2　属性

类是由成员构成的，成员分为属性（数据成员，data member）和方法（函数成员，function

member），定义类就是定义这些成员。那么如何确定一个类应该包含哪些成员呢？也就是当我们把相似事物抽象成类时，应该提取哪些共同特征和行为作为类的属性和方法？本节先讨论属性的设计。

以实例 6-1 中的候选人类 Candidate 为例，该类应用于投票选举的场景，每位候选人的信息包括姓名、性别、年龄、学历、党派、民族、单位、身高、体重、籍贯、住址、电话、邮箱等，但并不需要把所有的信息都抽象为属性，因为身高、体重等信息与选举可能没有直接关系。在设计属性时，只需提取那些与要解决的问题相关的信息进行抽象，如果今后需要增加信息时，可以通过继承与派生的方式扩充当前类的功能。

为了简化，类 Candidate 中只包含了候选人总数 number、候选人编号 id、候选人姓名 name、候选人得票数 votes 这 4 个属性。大家可能有疑问了，在前面程序的类体中只定义了一个变量 number，并没有定义其他 3 个属性，请大家注意__init__()函数体中的 3 条语句：

```
self.id=id
self.name=name
self.votes=0
```

赋值运算符左侧的 id、name、votes 就是类 Candidate 的另外 3 个属性定义的位置。关于 self 参数的用法，会在 6.2.3 节详细介绍。

Python 中的属性分为类属性（类变量）、实例属性（实例变量）和内置属性 3 种。

1. 类属性

类属性也称为类变量（Class Variables），是在类体中方法外定义的变量，它表示该类创建的各个对象（实例）所共享的数据，即所有对象都可以通过该属性获取相同的值。number 就是类 Candidate 的一个类属性，表示该类已经创建对象的数量，即候选人总数。

类属性可以在类内或类外被访问，语法形式为：类名.类属性。例如，实例 6-1 程序__init__()方法中的 Candidate.number+=1 语句表示 number 属性值加 1，即候选人数量加 1。__init__()方法在创建对象时会被自动调用，作用是对所创建对象进行初始化。创建对象的形式为：类名(实参)，如 Candidate(1,'张三')，实参是传递给__init__()方法的，具体内容会在 6.2.5 节详细介绍。

在实例 6-1 的程序中，类 Candidate 定义之后增加下列语句：

```
print(Candidate.number)        #未创建任何对象时 number 属性值
c=Candidate(1,'张三')          #创建对象
print(Candidate.number)        #创建 1 个对象后 number 属性值
```

运行结果如下：

```
0
1
```

在类外，也可以通过"对象名.类属性"的形式访问类属性，如 c.number，但如果类内定义了与类属性同名的实例属性，那么就只能通过"类名.类属性"的形式访问类属性了。

2. 实例属性

实例属性也称为实例变量（Instance Variables），是在类体中方法内定义的变量，用于描

述不同对象的个体特征，语法形式为：self.变量名。例如，实例 6-1 程序＿＿init＿＿()方法中的 self.id、self.name、self.votes 即定义的类 Candidate 的 3 个实例属性。

不同对象的实例属性是相互独立的，即不同对象各自存放自己的实例属性。实例属性可以在类的任何实例方法中定义，建议在类的＿＿init＿＿()方法中完成实例属性的初始化。

实例属性可以在类内或类外被访问，类内访问实例属性的语法形式为：self.实例属性。既可以在定义该实例属性的方法中访问该属性，也可以在类内其他方法中访问该属性。例如，实例 6-1 程序的＿＿init＿＿()方法、info()方法和 vote()方法都是通过 self.votes 形式访问了实例属性 votes。

类外访问实例属性的语法形式为：对象名.实例属性。事实上，实例属性还可以进一步细分为公有属性和私有属性，上述访问形式是针对公有属性的，对于私有属性的访问方式将在 6.2.6 节详细介绍。

在方法中可以定义与实例属性同名的局部变量。例如，实例 6-1 程序＿＿init＿＿()方法中的 self.id=id 语句有两个 id，左侧有 self 前缀的 id 是实例属性，可以在函数体中被访问；右侧无 self 前缀的 id 是普通的局部变量，只能在函数中使用。

【实例 6-2】实例属性与类属性同名。修改实例 6-1 程序中的＿＿init＿＿()方法，将 number 定义为实例属性。

程序代码如下：

```
#example6-2.py
class Candidate:                              #候选人类 Candidate
    number=0                                  #定义类属性 number
    def __init__(self,id,name):              #定义方法 __init__()
        self.id=id                            #定义实例属性 id
        self.name=name                        #定义实例属性 name
        self.votes=0                          #定义实例属性 votes
        self.number+=1                        #定义实例属性 number
    def info(self):                           #定义方法 info()
        #类内访问实例属性 id、name、votes
        print(self.id,self.name,self.votes)
    def vote(self):                           #定义方法 vote()
        self.votes+=1                         #类内访问实例属性 votes

print(Candidate.number)                       #类外访问类属性 number
c=Candidate(1,'张三')                          #创建对象
print(Candidate.number)                       #类外访问类属性 number
```

运行结果如下：

```
0
0
```

这表明在创建对象 c 时自动调用＿＿init＿＿()方法所修改的 number 并非类属性 number。如果将最后一条语句改为 print(c.number)，则程序的运行结果变为：

```
0
1
```

这表明当类中存在同名的类属性和实例属性时，在类内和类外通过 Candidate.number 访问的是类属性，在类内通过 self.number 访问的是实例属性，在类外通过 c.number 访问的也是实例属性。

3. 内置属性

除了自定义的类属性和实例属性，所有 Python 类都具有一些内置属性，其名称以双下画线开始和结束，并具有特定含义。例如，__dict__（以字典形式返回类的全部属性和方法）、__doc__（类的描述信息）、__module__（定义类的模块名）等。

【实例 6-3】内置属性。修改实例 6-1 的程序，显示类 Candidate 及其对象的全部属性和方法。

程序代码如下：

```python
#example6-3.py
class Candidate:                                    #候选人类 Candidate
    number=0                                        #类属性 number
    def __init__(self,id,name):                     #方法 __init__()
        self.id=id                                  #实例属性 id
        self.name=name                              #实例属性 name
        self.votes=0                                #实例属性 votes
        Candidate.number+=1
    def info(self):                                 #方法 info()
        print(self.id,self.name,self.votes)
    def vote(self):                                 #方法 vote()
        self.votes+=1

print(Candidate.__dict__)                           #内置属性 __dict__
c=Candidate(1,'张三')                                #创建对象
print(c.__dict__)                                   #内置属性 __dict__
```

运行结果如下：

```
{'__module__': '__main__', 'number': 0, '__init__': <function Candi-
date.__init__ at 0x000001535729F130>, 'info': <function Candidate.info at
0x000001535729F1C0>, 'vote': <function Candidate.vote at 0x000001535729F250>,
'__dict__': <attribute '__dict__' of 'Candidate' objects>, '__weakref__':
<attribute '__weakref__' of 'Candidate' objects>, '__doc__': None}
{'id': 1, 'name': '张三', 'votes': 0}
```

第一对{}中显示的是类 Candidate 中的属性（不含实例属性）和方法，'__module__': '__main__'表示该类所在模块为__main__，即当前程序。'number': 0 表示类属性 number 值为 0，'__init__': <function Candidate.__init__ at 0x000001535729F130>表示方法 __init__ 所在内存空间地址为0x000001535729F130,方法 info 和 vote 含义类似。'__dict__': <attribute '__dict__' of 'Candidate' objects>表示__dict__ 是类 Candidate 的属性，与内置属性 __weakref__ 含义类似（描述弱引用，有兴趣的读者可以查阅相关资料）。

第二对{}中显示的是类 Candidate 所创建对象 c 中的全部实例属性。

6.2.3 方法

在进行类的方法设计时，需要考虑该类的应用场景中会对具体事物（对象）进行哪些操作，为每个操作设计一个函数来实现相应的功能。方法就是一种特殊的函数，其特殊性一方面体现在调用形式上，另一方面体现在形参上。

1. 内置方法

实例 6-1 程序的候选人类 Candidate 中定义了__init__()方法、info()方法和 votc()方法，分别实现初始化对象、显示候选人信息和投票功能。函数名均符合标识符的命名规则，但显然__init__()方法的名字更为特殊，开头和结尾都是双下画线。类中以这种方式命名的方法被称为类的内置方法，用于实现特定的功能。Python 类中常见的内置方法如表 6-1 所示。在 6.2.5 节会介绍其中两个内置方法，其余方法书中将不再详细介绍，有需要的读者可以查阅相关技术资料。

表 6-1 Python 类中常见的内置方法

内 置 方 法	功 能 描 述
__init__(self,…)	构造方法，初始化对象，在创建新对象时调用
__del__(self)	析构方法，释放对象，在对象被删除前调用
__new__(cls,*args,**kwd)	初始化实例
__str__(self)	返回一个字符串，在使用 print()函数输出对象时被调用
__getitem__(self,key)	获取序列的索引 key 对应的值 self[key]
__len__(self)	在使用 len()函数显示对象的长度时被调用
__cmp__(src,dst)	比较两个对象 src 和 dst
__getattr__(self,name)	获取 name 属性值
__setattr__(self,name,value)	设置 name 属性值为 value
__delattr__(self,name)	删除 name 属性
__call__(self,*args)	把对象作为函数调用，对象名后面加括号时被调用
__gt__(self,other)	判断 self 对象是否大于 other 对象
__lt__(self,other)	判断 self 对象是否小于 other 对象
__ge__(self,other)	判断 self 对象是否大于或等于 other 对象
__le__(self,other)	判断 self 对象是否小于或等于 other 对象
__eq__(self,other)	判断 self 对象是否等于 other 对象

2. 实例方法

info()、vote()这样的方法被称为实例方法。实例方法是类中定义的未加@classmethod 或 @staticmethod 标记的一般方法，通常第一个形参为 self。

self 是类中特殊的参数，代表调用该方法的对象本身。在实例方法内部，访问实例属性和方法时需要加上 self 前缀，表示访问的是调用该实例方法的对象的相关属性和方法。在类外通过对象名调用实例方法或在类内通过 self 参数调用实例方法时，该方法的第一个 self 参数被系统默认为对象本身，无须另外传递实参。

【实例 6-4】调用实例方法。修改实例 6-1 程序中的 vote()方法，投票后输出候选人信息，并在类外创建对象调用该方法。

程序代码如下：

```
#example6-4.py
class Candidate:                                    #候选人类 Candidate
    number=0                                        #定义类属性 number
    def __init__(self,id,name):                     #定义内置方法 __init__()
        self.id=id                                  #定义实例属性 id
        self.name=name                              #定义实例属性 name
        self.votes=0                                #定义实例属性 votes
        Candidate.number+=1                         #类内访问类属性 number
    def info(self):                                 #定义实例方法 info()
        #类内访问实例属性 id、name、votes
        print(self.id,self.name,self.votes)
    def vote(self):                                 #定义实例方法 vote()
        self.votes+=1                               #类内访问实例属性 votes
        self.info()                                 #类内调用实例方法 info()

c=Candidate(1,'张三')                               #创建对象
c.info()                                            #类外调用实例方法 info()
c.vote()                                            #类外调用实例方法 vote()
```

运行结果如下：

```
1 张三 0
1 张三 1
```

在实例方法 vote()中增加了 self.info()语句，表示 self 参数所代表的当前对象调用实例方法 info()，显示该对象的实例属性 id、name、votes 的值。实例方法 info()有一个形参 self，但在调用时并不需要为其提供实参。这里提到两个 self，调用时的前缀 self 即实例方法 vote()中的形参 self，被调用的 info()方法的形参 self 默认为调用该方法的当前对象，即实例方法 vote()中的形参 self 所代表的当前对象。

在类外对象 c 调用实例方法 info()时，也不需要提供实参，被调用的 info()方法的形参 self 默认为调用该方法的当前对象。在类外对象 c 调用实例方法 vote()时，参数传递过程如图 6-1 所示。运行结果的第 1 行是 c.info()语句输出的对象 c 当前信息，第 2 行是 c.vote()语句执行时间接调用实例方法 info()输出的对象 c 改变后的信息。

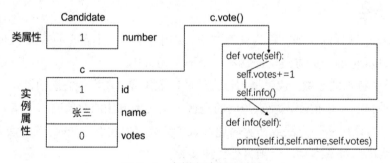

图 6-1　实例方法调用过程

实例方法中至少有一个形参，形参名可以不是 self，系统不会给第一个形参传递实参，而是将其默认为当前对象。因此，如果实例方法是无参函数，那么对象将无法调用该方法。

我们增加一个编辑候选人信息的实例方法：

```
def edit(x,id,name):
    x.id=id
    x.name=name
```

类外执行下列语句：

```
c=Candidate(1,'张三')
c.edit(2,'李四')
c.info()
```

运行结果如下：

```
2 李四 0
```

当 c.edit(2,'李四')语句调用实例方法 edit()时，只传递了两个实参给形参 id 和形参 name，第一个形参 x 默认为调用者 c。

也可以通过类名调用实例方法。此时，需要把当前对象作为实参传递给第一个形参。例如：

```
Candidate.edit(c,2,'李四')
Candidate.info(c)
```

但是并不推荐大家这样定义和使用实例方法，建议还是将实例方法的第一个形参定义为 self，通过对象调用实例方法，并且不对 self 参数进行显式传递，用当前对象作为其默认值。

3. 类方法

在定义时加上@classmethod 标记的方法被称为类方法，只能对类属性进行访问。在定义类方法时，至少有一个形参，第一个形参通常命名为 cls，可以通过类名或对象名调用类方法，无须为 cls 参数传递实参，其默认调用该方法的类本身，可以通过 cls 参数访问类属性。

【实例 6-5】修改实例 6-4 的程序，定义类方法获取候选人数量。

程序代码如下：

```
#example6-5.py
class Candidate:                        #候选人类 Candidate
    number=0                            #定义类属性 number
    def __init__(self,id,name):        #定义内置方法__init__()
        self.id=id                      #定义实例属性 id
        self.name=name                  #定义实例属性 name
        self.votes=0                    #定义实例属性 votes
        Candidate.number+=1             #类内访问类属性 number
    def info(self):                     #定义实例方法 info()
        #类内访问实例属性 id、name、votes
        print(self.id,self.name,self.votes)
```

```
    def vote(self):                              #定义实例方法 vote()
        self.votes+=1                            #类内访问实例属性 votes
        self.info()                              #类内调用实例方法 info()
    @classmethod
    def getNumber(cls):                          #定义类方法 getNumber()
        return cls.number                        #访问类属性 number

print(Candidate.getNumber())                     #调用类方法 getNumber()
c=Candidate(1,'张三')                            #创建对象
print(Candidate.getNumber())                     #调用类方法 getNumber()
```

运行结果如下：

```
0
1
```

在第 1 次调用类方法 getNumber()时，还未创建任何 Candidate 类的对象，因此输出结果为 0。在创建 Candidate 类的对象 c 时，类属性 number 的值在内置方法 __ init __()中加1，这样在第 2 次调用类方法 getNumber()时，输出结果为 1。

程序中是通过类名访问类方法的，在创建对象后，也可以通过对象名进行访问。最后一行语句可以改为 print(c.getNumber())，运行结果保持不变。

类方法的第一个形参名可以不是 cls，可以将类方法 getNumber()改为以下形式：

```
    @classmethod
    def getNumber(x):                            #定义类方法 getNumber()
        return x.number                          #访问类属性 number
```

但我们无法将类方法定义为无参函数，如果将类方法 getNumber()修改为以下形式：

```
    @classmethod
    def getNumber():
        return Candidate.number
```

则运行时会提示以下错误信息：

```
TypeError: Candidate.getNumber() takes 0 positional arguments but 1 was given
```

这表明一旦一个方法被声明为类方法，在调用该方法时，一定会将类本身作为参数传递给它，这就与无参函数的声明矛盾了。

定义类方法的主要目的是对类属性进行访问，要求在未创建任何对象的情况下，依然能够通过类方法对类属性进行访问。因此，不要试图在类方法中对具体对象的实例属性进行操作。虽然可以通过对象名访问类方法，也可以将类方法的第一个形参命名为其他形式，但还是建议大家按照通常的形式定义和使用类方法，即将第一个形参定义为 cls，通过类名访问类方法。

4．静态方法

还有一种在定义时加上@staticmethod 标记的方法被称为静态方法，该方法通常没有任何参数，能够通过类名或对象名进行访问。设计静态方法的目的主要是把逻辑上相关的一些函数放在一个类中，方便组织代码，通常不在静态方法中访问实例属性和实例方法。

【实例 6-6】修改实例 6-5 的程序，为候选人类设计一个帮助函数。

第 6 章 面向对象编程

程序代码如下：

```
#example6-6.py
class Candidate:                                    #候选人类 Candidate
    number=0                                        #定义类属性 number
    def __init__(self,id,name):                     #定义内置方法 __init__()
        self.id=id                                  #定义实例属性 id
        self.name=name                              #定义实例属性 name
        self.votes=0                                #定义实例属性 votes
        Candidate.number+=1                         #类内访问类属性 number
    def info(self):                                 #定义实例方法 info()
        #类内访问实例属性 id、name、votes
        print(self.id,self.name,self.votes)
    def vote(self):                                 #定义实例方法 vote()
        self.votes+=1                               #类内访问实例属性 votes
        self.info()                                 #类内调用实例方法 info()
    @classmethod
    def getNumber(cls):                             #定义类方法 getNumber()
        return cls.number                           #访问类属性 number
    @staticmethod
    def help():                                     #定义静态方法 help()
        print('这是一个候选人类')

Candidate.help()                                    #调用静态方法 help()
c=Candidate(1,'张三')                               #创建对象
c.help()                                            #调用静态方法 help()
```

运行结果如下：

```
这是一个候选人类
这是一个候选人类
```

可以通过类 Candidate 和对象名 c 访问静态方法，每次调用都会输出提示信息"这是一个候选人类"。

6.2.4 对象

类是具有相同特征（属性）和行为（方法）的一组对象的集合，只是一个抽象的概念，可以理解为一个"模具"。在面向对象编程时，需要通过类这个"模具"创建出具体的对象，拥有具体的属性值，可以调用事先在类中设计好的方法对属性值进行修改，以实现相应的功能，来解决具体的问题。根据类创建对象的过程称为类的实例化，对象就是类的实例。

【实例 6-7】修改实例 6-6 的程序，比较类和对象的各种方法所对应的内存空间地址。

程序代码如下：

```
#example6-7.py
class Candidate:                                    #候选人类 Candidate
    number=0                                        #定义类属性 number
    def __init__(self,id,name):                     #定义内置方法 __init__()
        self.id=id                                  #定义实例属性 id
```

```
            self.name=name                              #定义实例属性 name
            self.votes=0                                #定义实例属性 votes
            Candidate.number+=1                         #类内访问类属性 number
        def info(self):                                 #定义实例方法 info()
            #类内访问实例属性 id、name、votes
            print(self.id,self.name,self.votes)
        def vote(self):                                 #定义实例方法 vote()
            self.votes+=1                               #类内访问实例属性 votes
            self.info()                                 #类内调用实例方法 info()
        @classmethod
        def getNumber(cls):                             #定义类方法 getNumber()
            return cls.number                           #访问类属性 number
        @staticmethod
        def help():                                     #定义静态方法 help()
            print('这是一个候选人类')

c1=Candidate(1,'张三')                                   #创建对象 c1
c2=Candidate(2,'李四')                                   #创建对象 c2
print('类的内置方法: ',Candidate.__init__)
print('对象 c1 的内置方法: ',c1.__init__)
print('对象 c2 的内置方法: ',c2.__init__)
print('类的实例方法: ',Candidate.info)
print('对象 c1 的实例方法: ',c1.info)
print('对象 c2 的实例方法: ',c2.info)
print('类的类方法: ',Candidate.getNumber)
print('对象 c1 的类方法: ',c1.getNumber)
print('对象 c2 的类方法: ',c2.getNumber)
print('类的静态方法: ',Candidate.help)
print('对象 c1 的静态方法: ',c1.help)
print('对象 c2 的静态方法: ',c2.help)
```

运行结果如下：

```
类的内置方法: <function Candidate.__init__ at 0x0000022BF08EF130>
对象 c1 的内置方法: <bound method Candidate.__init__ of <__main__.Candidate
object at 0x0000022BF08CF670>>
对象 c2 的内置方法: <bound method Candidate.__init__ of <__main__.Candidate
object at 0x0000022BF08CF610>>
类的实例方法: <function Candidate.info at 0x0000022BF08EF1C0>
对象 c1 的实例方法: <bound method Candidate.info of <__main__.Candidate object
at 0x0000022BF08CF670>>
对象 c2 的实例方法: <bound method Candidate.info of <__main__.Candidate object
at 0x0000022BF08CF610>>
类的类方法: <bound method Candidate.getNumber of <class '__main__.Candidate'>>
对象 c1 的类方法: <bound method Candidate.getNumber of <class '__main__.Candi-
date'>>
对象 c2 的类方法: <bound method Candidate.getNumber of <class '__main__.Candi-
date'>>
类的静态方法: <function Candidate.help at 0x0000022BF08EF400>
```

```
对象 c1 的静态方法: <function Candidate.help at 0x0000022BF08EF400>
对象 c2 的静态方法: <function Candidate.help at 0x0000022BF08EF400>
```

可以看到，通过类名 Candidate 访问的内置方法 __init__()、实例方法 info()、静态方法 help() 分别存放在内存空间中的 0x0000022BF08EF130、0x0000022BF08EF1C0、0x0000022BF08EF400 地址下。通过类名 Candidate 或对象名 c1 访问类方法 getNumber() 时都是对该类方法的绑定（bound）；通过对象名 c1 访问内置方法 __init__() 或实例方法 info() 时，都是对该内置方法或实例方法的绑定且地址均为 0x0000022BF08CF670。不同对象名 c1、c2 访问同一个内置方法 __init__() 或实例方法 info() 所对应的地址不同；分别通过类名 Candidate 和对象名 c1 访问的相同内置方法 __init__() 或实例方法 info() 所对应的地址不同；通过类名 Candidate 和对象名 c1 访问的静态方法 help() 所对应的地址相同。

如图 6-2 所示，类属性和类的方法只在内存中存放一份，对象的内存空间中存放实例属性和指向类的指针（图中阴影部分）。在对象访问内置方法和实例方法时，先通过该指针找到类，再访问相应的方法。

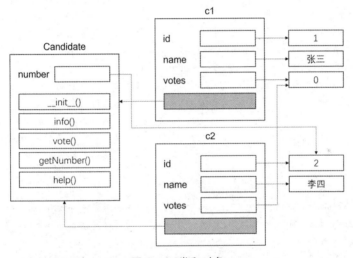

图 6-2　类和对象

6.2.5　构造与析构

在程序中，每个对象从创建到消失都会经历"出生""存活""消亡"这 3 个阶段，这就是对象的生存期。

出生阶段，即类的实例化阶段，通过"对象名=类名(参数)"的形式创建对象。在实例化过程中，系统自动调用 __new__() 方法创建原始对象，再自动调用 __init__() 方法初始化该对象。__new__() 方法在类中不用显式声明，__init__() 方法通常在类中显式声明。__init__() 方法称为类的构造方法，其作用是声明并初始化类的实例属性。如果未进行显式声明，那么很可能会影响对象实例属性的访问。

在程序运行过程中，通过对象访问类中定义的属性和方法就是对象的存活阶段。

Python 通过垃圾回收机制清理不再使用的对象，即释放对象所占用的内存空间，对象消亡。系统自动调用内置方法__del__()完成对象的销毁工作，__del__()方法称为类的析构方法，可以不在类中显式声明，但如果对象在被销毁前，除了释放内存空间还要完成一些其他操作的话，就需要在类中显式声明__del__()方法了。

【实例 6-8】修改实例 6-6 的程序，在对象删除时，候选人数量自动减 1，体会类的实例化过程。

程序代码如下：

```
#example6-8.py
class Candidate:                              #候选人类 Candidate
    number=0                                  #定义类属性 number
    def __init__(self,id,name):               #定义内置构造方法__init__()
        self.id=id                            #定义实例属性 id
        self.name=name                        #定义实例属性 name
        self.votes=0                          #定义实例属性 votes
        Candidate.number+=1                   #类内访问类属性 number
        print('hi')
    def info(self):                           #定义实例方法 info()
        #类内访问实例属性 id、name、votes
        print(self.id,self.name,self.votes)
    def vote(self):                           #定义实例方法 vote()
        self.votes+=1                         #类内访问实例属性 votes
        self.info()                           #类内调用实例方法 info()
    def __del__(self):                        #定义内置析构方法__del__()
        Candidate.number-=1                   #类内访问类属性 number
        print('bye')
    @classmethod
    def getNumber(cls):                       #定义类方法 getNumber()
        return cls.number                     #访问类属性 number
    @staticmethod
    def help():                               #定义静态方法 help()
        print('这是一个候选人类')

c=Candidate(1,'张三')                          #创建对象
del c                                         #删除对象
```

运行结果如下：

```
hi
bye
```

程序中并没有直接调用__init__()方法和__del__()方法，但输出结果表明在创建对象和删除对象时，这两个方法分别被自动调用了。

6.2.6　封装

所谓封装是将抽象得到的特征和行为相结合，也就是将数据和操作数据的函数（方法）

进行有机结合，组成一个整体（类）。封装的一个重要目的是保护数据，使数据只能在类内部直接访问或者在类的外部通过指定的方法按照事先规定的方式进行操作，防止数据被有意或无意的篡改。

Python 并没有十分严格的数据访问保护机制。在前面的实例中，我们只要知道类中属性的名字，就可以在类的内部通过"self.实例属性"或"类名.类属性"的形式进行访问，在类的外部可以通过"对象名.实例属性"或"类名.类属性"的形式进行访问。

在为属性命名时，若我们以连续两个下画线开头，则该属性为私有的（private），在类外无法通过"对象名.实例属性"或"类名.类属性"的形式进行访问，虽然可以通过"对象名._类名__私有属性名"的特殊形式进行访问，但不推荐这样做。

【实例 6-9】私有属性的访问。修改实例 6-8 的程序，将 votes 属性更名为__votes，使其成为私有属性，并观察其访问方式。

程序代码如下：

```
#example6-9.py
class Candidate:                          #候选人类 Candidate
    number=0                              #定义类属性 number
    def __init__(self,id,name):           #定义内置构造方法 __init__()
        self.id=id                        #定义实例属性 id
        self.name=name                    #定义实例属性 name
        self.__votes=0                    #定义私有的实例属性 __votes
        Candidate.number+=1               #类内访问类属性 number
    def info(self):                       #定义实例方法 info()
        #类内访问实例属性 id、name、__votes
        print(self.id,self.name,self.__votes)
    def vote(self):                       #定义实例方法 vote()
        self.__votes+=1                   #类内访问私有的实例属性 __votes
        self.info()                       #类内调用实例方法 info()
    def __del__(self):                    #定义内置析构方法 __del__()
        Candidate.number-=1               #类内访问类属性 number
    @classmethod
    def getNumber(cls):                   #定义类方法 getNumber()
        return cls.number                 #访问类属性 number
    @staticmethod
    def help():                           #定义静态方法 help()
        print('这是一个候选人类')

c=Candidate(1,'张三')                     #创建对象
c.__votes=10
c.info()
c.vote()
```

运行结果如下：

```
1 张三 0
1 张三 1
```

在__init__()方法中定义了私有属性__votes，在类内部的 info()方法和 vote()方法中可

以通过 self.__ votes 形式直接访问该属性，但在类外通过 c.__ votes=10 语句试图直接修改
__ votes 属性值时，虽然系统并未提示出错，但 c.info()语句的输出结果，即第 1 行输出结
果表明__ votes 属性值并未被修改，仍然为 0。执行 c.vote()语句后的输出结果，即第 2 行
输出结果表明__ votes 属性值被修改为 1。如果将 c.__ votes=10 语句修改为 c._Candidate__
votes=10，则运行结果将变为：

```
1 张三 10
1 张三 11
```

这表明__ votes 属性值在类外被修改了。

6.3 继承

在进行面向对象程序设计时，首先要有类，然后创建对象，最后通过访问对象的属性
和方法来解决实际问题。类可以是全新设计的，也可以是对已有类进行改造后得到的。通
过对一个已有的、设计良好的类进行二次开发，无疑会大大减少开发工作量。这种在无须
修改已有类的情况下，对现有功能进行扩展的机制就是继承。通过继承创建的新类被称为
子类或派生类，被继承的类被称为父类或基类。继承允许在父类的基础上，增加新的方法
和属性，或者重写父类的某些方法，以适应子类的要求，并且子类可以访问父类的属性和
方法，从而实现了代码重用。继承关系体现了现实世界中类和类之间一般与特殊的关系。
例如，候选人分为教师代表候选人和学生代表候选人，两者都继承候选人类，但各自有特
有的属性和方法，教师有职称，学生有班级等。

子类只继承一个父类的情况称为单继承，继承两个或多个父类的情况称为多继承。

单继承的语法格式如下：

```
class 子类名(父类名)：
    子类体声明
```

多继承的语法格式如下：

```
class 子类名(父类名1,父类名2…)：
    子类体声明
```

多继承与单继承对父类属性的初始化方式及父类方法的访问形式是相同的，接下来将
结合实例重点介绍单继承的使用方法。

【实例 6-10】修改实例 6-9 的程序，设计一个学生代表候选人类。

程序代码如下：

```
#example6-10.py
class Candidate:                          #候选人类 Candidate
    number=0                              #定义类属性 number
    def __init__(self,id,name):          #定义内置构造方法 __init__()
        self.id=id                        #定义实例属性 id
        self.name=name                    #定义实例属性 name
        self.__votes=0                    #定义私有的实例属性 __votes
        Candidate.number+=1               #类内访问类属性 number
```

```
    def info(self):                           #定义实例方法 info()
        #类内访问实例属性 id、name、__votes
        print(self.id,self.name,self.__votes)
    def vote(self):                           #定义实例方法 vote()
        self.__votes+=1                       #类内访问私有的实例属性__votes
        self.info()                           #类内调用实例方法 info()
    def __del__(self):                        #定义内置析构方法__del__()
        Candidate.number-=1                   #类内访问类属性 number
    @classmethod
    def getNumber(cls):                       #定义类方法 getNumber()
        return cls.number                     #访问类属性 number
    @staticmethod
    def help():                               #定义静态方法 help()
        print('这是一个候选人类')


class StudentCandidate(Candidate):            #定义子类 StudentCandidate
    def __init__(self,id,name,className):     #子类构造方法
        Candidate.__init__(self,id,name)      #调用父类构造方法
        self.className=className               #子类新增实例属性 className
    def info(self):                           #子类重写父类方法 info()
        super().info()                        #调用父类方法 info()
        print(self.className)                 #访问子类新增实例属性 className


s=StudentCandidate(1,'王五','计算机 221')      #创建子类对象 s
s.info()                                      #调用子类重写方法 info()
s.vote()                                      #调用子类继承方法 vote()
print(s.getNumber())                          #调用子类继承方法 getNumber()
```

运行结果如下：

```
1 王五 0
计算机 221
1 王五 1
计算机 221
1
```

在设计子类的构造方法__init__()时，除了要完成子类新增实例属性的初始化，还需要对从父类继承的实例属性进行初始化。在子类 StudentCandidate 中新增了一个实例属性 className，从父类 Candidate 中继承了 id、name、votes 这 3 个实例属性。对继承来的属性是通过调用父类的构造方法__init__()进行初始化的，而在调用父类 Candidate 的构造方法时，需要提供两个参数（self 参数除外）分别用于初始化 id 和 name 这两个实例属性，实例属性 votes 直接初始化为 0，无须提供参数。因此，子类 StudentCandidate 的构造方法__init__()一共设计了 3 个参数（self 参数除外），分别用于初始化父类实例属性 id、name，以及子类实例属性 className。

在类中可以通过以下两种形式访问父类方法。

父类名.方法(参数)

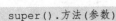

```
super().方法(参数)
```

如果使用第 1 种形式,那么第 1 个参数必须为 self,如 Candidate.＿＿ init＿＿(self,id,name)。如果使用第 2 种形式，就不要再使用 self 参数了，如 super().info()。

在类外访问父类方法的形式为：对象名.方法(参数)，如 s.vote()和 s.getNumber()，与访问普通的实例属性相同。

再看子类 StudentCandidate 中的 info()方法，它与父类 Candidate 中的 info()方法同名，这是对父类方法的覆盖重写。在子类中，通过 self.info()调用的是重写后的 info()方法，在子类中还可以通过 Candidate.info(self)或 super().info()的方式调用父类 info()方法，但在子类外只能通过 s.info()调用重写后的 info()方法。

6.4   多态

在实例 6-10 中，子类 StudentCandidate 中定义了与父类 Candidate 中 info()方法同名的方法，当子类 StudentCandidate 创建的对象调用 info()方法时，执行的是子类中重写的 info()方法，这就是多态，即同样的消息被不同类型的对象接收时导致不同的行为。也就是说，将同一个函数名传递给不同类型的对象时会调用不同的函数。

Python 中的多态实现方式主要有以下两种。

（1）通过继承机制，子类覆盖父类的同名方法。

（2）不同类具有相同的方法。

运算符重载也是一种多态。在 Python 中，运算符也是通过相应的函数来实现的，运算符对应的其实就是类中的一些内置方法。例如，加、减、乘、除对应的就是＿＿ add＿＿()、＿＿ sub＿＿()、＿＿ mul＿＿()、＿＿ div＿＿()，可以在自定义类中重载这些方法以实现一些特殊的运算。

【实例 6-11】修改实例 6-9 的程序，支持候选人对象加法运算。

程序代码如下：

```
#example6-11.py
class Candidate:                          #候选人类 Candidate
    number=0                              #定义类属性 number
    def __init__(self,id,name):           #定义内置构造方法＿＿ init＿＿()
        self.id=id                        #定义实例属性 id
        self.name=name                    #定义实例属性 name
        self.__votes=0                    #定义私有的实例属性＿＿ votes
        Candidate.number+=1               #类内访问类属性 number
    def info(self):                       #定义实例方法 info()
        #类内访问实例属性 id、name、＿＿ votes
        print(self.id,self.name,self.__votes)
    def vote(self):                       #定义实例方法 vote()
        self.__votes+=1                   #类内访问私有的实例属性＿＿ votes
        self.info()                       #类内调用实例方法 info()
```

```
    def __add__(self,x):              #重载加法运算符
        self.__votes+=x               #类内访问私有的实例属性__votes
        return self.__votes
    def __del__(self):                #定义内置析构方法__del__()
        Candidate.number-=1           #类内访问类属性number
    @classmethod
    def getNumber(cls):               #定义类方法getNumber()
        return cls.number             #访问类属性number
    @staticmethod
    def help():                       #定义静态方法help()
        print('这是一个候选人类')

c=Candidate(1,'张三')                  #创建对象
print(c+10)                           #自动调用__add__()方法
c.info()
```

运行结果如下：
```
10
1 张三 10
```

实例化对象后，当对象 c 后面跟了"+"时，就会自动调用__add__()方法。c+10 的返回值就是__votes 属性值加 10 后的结果。

6.5　应用实例

【实例 6-12】班级迎新晚会节目报名，一共有 3 个总名额，让学生自发报名，可以单个人报名，也可以几个人组合同时报名，但报名总人数不能超过总名额，报满后不接受新的学生报名。要求如下：

（1）显示空余名额和已报名的成员名单。

（2）学生报名人数及名单：第 1 次，"小王"报名；第 2 次，"小李、小张"组合报名；第 3 次，"小应"报名。

（3）如果人数小于或等于空余人数时，则添加报名人数和名单到节目组中；如果超过空余人数，则提示错误。

程序代码如下：
```
#example6-12.py
class classes:                        #定义类
    def __init__(self, Num):
        self.Num=Num                  #学生表演剩余名额
        self.containsItem=[]
    def __str__(self):
        msg = "当前节目表演空余人数为:" + str(self.Num)
        if len(self.containsItem)>0:
            msg = msg +" 包括的学生有: "
            for temp in self.containsItem:
```

```
                msg = msg + temp.getName() + ", "
                msg=msg.strip(",")
            return msg
        def stuNum(self,item):                  #包含学生
            needNum = item.getUsedNum()
            #如果学生节目表演空余名额大于学生人数
            if self.Num >= needNum:
                self.containsItem.append(item)
                self.Num -= needNum
                print("参加成功")
            else:
                print("错误:空余名额:%d,但是要参加的学生人数为%d"%(self.Num, needNum))


class Stu:                                      #定义报名学生类
    def __init__(self,Num,name = '小王'):
        self.name = name
        self.Num = Num
    def __str__(self):
        msg = '学生报名人数:' + str(self.Num)
        return msg
    def getUsedNum(self):                       #获取报名学生人数
        return self.Num
    def getName(self):                          #获取报名学生姓名
        return self.name
```

输入下列语句，目的是创建一个新对象，名额为 3 人：

```
>>> newclasses = classes(3)
>>> print(newclasses)
```

显示结果如下：

```
当前节目表演空余人数为:3
```

输入：

```
>>> newStu=Stu(1)
>>> print(newStu)
```

显示结果如下：

```
学生报名人数:1
>>> newclasses.stuNum(newStu)            #显示结果，报名成功
参加成功
>>> print(newclasses)                    #打印显示包含的学生姓名和空余人数
当前节目表演空余人数为:2 包括的学生有: 小王,
>>> newStu2 = Stu(2,'小李,小张')          #小李、小张报名
>>> print(newStu2)
学生报名人数:2
>>> newclasses.stuNum(newStu2)
参加成功
>>> print(newclasses)                    #输出已报名名单和空余人数
当前节目表演空余人数为:0 包括的学生有:小王,小李,小张,
>>> newStu2 = Stu(1,'小应')
```

```
>>> print(newStu2)
学生报名人数:1
>>> newclasses.stuNum(newStu2)
错误:空余名额:0,但是要参加的学生人数为1
>>> print(newclasses)
当前节目表演空余人数为:0 包括的学生有：小王,小李,小张,
```

本章小结

　　本章学习了面向对象程序设计的基本概念、Python 中类和对象的使用方法，包括创建类、类的实例化、定义类的属性和类的方法、类的继承和多态等内容。类是创建实例的模板，而实例是一个个具体的对象，每个实例拥有的数据都互相独立、互不影响。通过在实例上调用方法，就能直接操作对象内部的数据，而无须知道方法内部的实现细节。

习题

一、判断题

　　1．Python 中的一切内容都可以称为对象。

　　2．父类从子类继承方法。

　　3．在类定义中隐藏对象的细节被称为实例化。

　　4．Python 方法定义的第一个参数是 this。

　　5．Python 类中定义的函数会有一个名为 self 的参数，在调用函数时，不传实参给 self。所以，调用函数的实参个数比函数的形参个数少 1。

　　6．在 Python 中，子类中的同名方法将自动覆盖父类的同名方法。

　　7．在 Python 中，运算符是可以重载的。

　　8．一个类的每个对象都具有相同的值。

　　9．当创建一个新对象时，必须显式调用__init__()方法。

　　10．在 Python 中，通过 class 关键字定义类。

二、选择题

　　1．实例方法中用于引用对象自身的变量通常是（　　　）。

　　　　A．this　　　　　　B．me　　　　　　C．self　　　　　D．与类同名

　　2．构造方法是类的一个特殊方法，在 Python 中，构造方法的名称是（　　　）。

　　　　A．与类同名　　　　B．init　　　　　C．_init_　　　　D．__init__

　　3．构造方法的作用是（　　　）。

　　　　A．一般的实例方法　　　　　　　　　B．初始化类

　　　　C．初始化对象　　　　　　　　　　　D．创建对象

4. 下列说法中错误的是（　　　）。

　　A．子类拥有父类所有的属性　　　　　B．子类拥有父类所有的方法

　　C．子类与父类通过同名属性共享数据　　D．子类可定义与父类同名的方法

5. 在子类中可以通过（　　　）引用父类。

　　A．父类名　　　　　　B．parent　　　　C．self　　　　D．cls

6. 下列关于类属性的说法错误的是（　　　）。

　　A．可以在定义时用赋值语句创建类属性　　B．类属性可由类的所有实例共享

　　C．可在实例方法中创建类属性　　　　　　D．可在实例方法中访问类属性

7. 下列关于类方法的说法错误的是（　　　）。

　　A．类方法只能通过类名调用　　　　　B．类方法的第一个参数通常为 cls

　　C．可在类方法中访问实例属性　　　　D．可在类方法中访问类属性

8. 下列关于静态方法的说法错误的是（　　　）。

　　A．静态方法必须用@staticmethod 标记

　　B．通常不在静态方法中访问实例属性和实例方法

　　C．可以通过类名或对象名调用静态方法

　　D．静态方法可以没有参数，但必须有返回值

9. 下列属于内置方法名的是（　　　）。

　　A．del　　　　　　　B．_del　　　　　C．__del　　　　D．__del__

10. 下列属于私有属性名的是（　　　）。

　　A．score　　　　　　B．_score　　　　C．__score　　　D．__score__

三、程序阅读题

1. 写出下面程序的运行结果。

```
class A:
    def __init__(self,a=10):
        self.a=a


class B(A):
    def __init__(self,b=20):
        super().__init__()
        self.b=b

x=B()
print(x.a,x.b)
```

2. 写出下面程序的运行结果。

```
class A:
    def __init__(self,a=10):
        self.a=1
    def new(self):
        self.a=10
```

```
class B(A):
    def new(self):
        self.a+=1
        return self.a

x=B()
print(x.new())
```

四、编程题

1．设计一个矩形类，具有长度和宽度两个属性，其默认值分别为 3 和 4，且允许改变其值。该类还能实现计算周长和面积的功能。

2．设计一个银行账户类，能够提供开户、存款、取款、转账、查询等操作。

3．设计一个企业员工类，具有员工姓名、工作年限、薪资和总人数等属性。部门负责人类是企业员工类的子类，具有部门名称属性。创建对象时，总人数加 1；对象销毁时，总人数减 1。

4．设计一个形状类，通过类的继承生成形状类的 3 个子类：三角形类、正方形类和圆形类。在 3 个子类中分别计算三角形、正方形、圆形的面积。要求：通过在子类中重载父类中的计算面积方法，计算不同形状的面积。

5．首先设计一个论坛帖子类，并包含标题、发帖人、发表时间、内容等，以及相关方法。然后定义一个话题类，继承论坛帖子类，增加话题名称等属性及相关方法。最后定义一个回帖类，继承论坛帖子类，增加回复人、回复时间、回复内容等属性及相关方法。

第 7 章

文件操作

- ☑ 了解文件和文件系统
- ☑ 掌握使用 Python 对文件进行打开、读/写和关闭操作
- ☑ 掌握一维数据和二维数据的表示与存储，以及能采用 CSV 格式对一维数据文件、二维数据文件进行读/写
- ☑ 能编写与文件有关的简单程序

内存中的数据是临时的，在断电后数据就会丢失，如何将数据永久地保存到计算机的磁盘内？这就需要对文件进行操作，本章将介绍如何使用 Python 对文件进行操作。

7.1 文件的打开与关闭

计算机中的文件是指存储在磁盘、光盘、磁带等设备上的一段数据流，相比内存中的数据，它可以长期保存。计算机中的文件可以分为文本文件和二进制文件。文本文件由一系列字符组成，这些字符采用特定的编码形式，如 ASCII 或 UTF-8。二进制文件是按照二进制的编码方式来存放数据的，数据在磁盘上的存储形式和其在内存中的存储形式相同。二进制文件中的一个字符并不对应一个字符，虽然可以在屏幕上显示，但其内容无法读懂。

Python 中内置了文件对象，文件处理步骤一般可以分为 3 步：先用 open()方法打开一个文件对象，然后对其进行读/写，最后通过 close()方法关闭该文件。

7.1.1 使用 open()方法打开文件

想要对文件进行操作，首先要打开文件，可以使用 Python 内置的 open()方法来打开一个指定的文件，并创建文件对象，语法如下：

```
<变量名> = open(file,mode,encoding)
```
例如：
```
f=open('a.txt','r')
```

（1）file 参数用于指定要打开的文件名，可以使用绝对路径，如'c:\\py\\a.txt'或'c:\py\a.txt'；也可以使用相对路径，如'./py/b.txt'，表示当前打开文件所在路径的相对路径。如果需要打开的文件和当前的 Python 源文件在同一个目录下，那么直接写名字即可。

（2）mode 参数用于指定文件的打开模式，默认'r'（只读）模式。除了只读模式，还有其他打开模式，如表 7-1 所示。

表 7-1　文件的打开模式

打 开 模 式	含 义
'r'	只读模式（默认，若文件不存在则出错）
'w'	覆盖写模式（若文件不存在则新创建，存在则重写新内容）
'a'	追加写模式（若文件不存在则新创建，存在则只追加内容）
'x'	创建写模式（若文件不存在则新创建，存在则出错）
'+'	与以上模式一起使用，增加读/写功能，如'w+'
't'	与以上模式一起使用，表示文本文件（默认）
'b'	与以上模式一起使用，表示二进制文件

（3）encoding 参数是可选参数，指定当打开包含非西文文本文件时，采用何种字符编码处理数据，推荐使用 UTF-8 编码解决跨平台问题。该参数只适用于文本文件，可以使用 Python 支持的任何格式，如 GBK、UTF-8、CP936 等。encoding 参数默认在同一平台下读/写同一文件一般没有问题，但是在跨平台时可能会出错。

使用 open()方法打开文件时，将返回一个文件对象，如果打开的是文本文件，则返回一个可遍历的文件对象。此时，可以用循环来访问文件对象中的数据，每次获得文件对象中的一行数据，而每行数据都是字符串形式，行末会有一个换行符'\n'。

【实例 7-1】存在一个"7-1 劝学诗.txt"文本文件，里面存放着《劝学诗/偶成》，要求以只读方式将其打开并显示在屏幕上。

程序代码如下：
```
#example7-1.py
#以只读模式打开编码为utf-8的文件
f = open('7-1 劝学诗.txt', 'r', encoding ='utf-8')
for line in f:                    #对文件对象进行逐行遍历
    print(line.strip())          #line.strip()函数用于去掉行末的换行符，消除空行
f.close()                        #关闭文件对象
```
运行结果如下：
```
劝学诗
朱熹 〔宋代〕
少年易老学难成，一寸光阴不可轻。
未觉池塘春草梦，阶前梧叶已秋声。
```

7.1.2　文件关闭

在打开文件完成读/写等操作后，需要及时关闭文件，以免在后续操作中对文件造成破坏，也能避免内存资源的浪费。关闭文件可以用 close()方法来实现，语法如下：

```
file.close()
```

其中，file 为通过 open()方法打开的文件对象。在实例 7-1 程序的最后通过 f.close()将文件关闭。

7.2　文件的读/写操作

7.2.1　读文件

本节将介绍如何从文件中读取数据，可以分为按照指定字符数进行读取、按行读取和全部行读取。文件读取方法如表 7-2 所示。

表 7-2　文件读取方法

方　　法	描　　述
read([size])	从文本文件中读取 size 个字符的内容并作为结果返回，或从二进制文件中读取指定数量的字节并返回。如果省略 size，则表示读取所有内容
readline()	从文本文件中读取一行内容并作为结果返回
readlines()	把文本文件中的每行文本作为一个字符串存入列表中，并返回该列表
seek(offset,whence)	改变当前文件操作指针的位置，offset 为指针偏移量，whence 为代表参照物（有 3 个取值：0 表示文件开始，1 表示当前位置，2 表示文件结尾）
tell()	返回文件指针当前的位置

1．读取若干个字符

使用 read()方法可以读取若干个字符，语法如下：

```
file.read(n)
```

其中，file 为通过 open()方法打开的文件对象。n 为可选参数，表示需要读取的字符个数，如果默认，则表示读取所有内容，功能上与全部行读取相同。该方法要求打开模式为只读'r'或'r+'，否则会出现异常。

【实例 7-2】D 盘中有一个"zust.txt"文本文件，存放的是浙江科技学院的简介，要求以只读方式将其打开，读取其中的前 6 个字符，并在屏幕上显示其内容。

程序代码如下：

```
#example7-2.py
file=open("D:\\zust.txt","r",encoding='utf-8')
filestr=file.read(6);
print(filestr)
file.close()
```

运行结果如下：

```
浙江科技学院
```

在使用 read()方法读取数据时，默认从文件的第一个字符开始读取。如果想从文件中的某个位置开始读取，则可以先通过 seek()方法将文件指针定位到指定位置，再使用 read()方法读取若干个字符。seek()方法语法如下：

```
file.seek(offset, whence)
```

其中，offset 表示需要移动的字符个数，whence 表示移动的参考位置（0 表示从文件头部开始计算；1 表示从当前位置开始计算；2 表示从文件尾部开始计算，默认值为 0）。

【实例 7-3】D 盘中有一个"test.txt"文本文件，里面存放着一个字符串"Zhejiang university of science and technology"，从该字符串中读取"university"。

程序代码如下：

```
#example7-3.py
file=open("D:\\test.txt","r")
file.seek(9);
filestr=file.read(10);
print(filestr)
file.close()
```

2．整行读取

Python 提供的 readline()方法用于每次读取一行数据，语法如下：

```
file.readline()
```

其中，file 是文件对象，readline()方法要求打开模式是'r'或'r+'。

【实例 7-4】使用 readline()方法将实例 7-2 中的内容按行依次输出。

程序代码如下：

```
#example7-4.py
file=open("D:\\zust.txt","r",encoding='UTF-8')
while True:
    tmp=file.readline()
    if tmp=='':
        break
    print(tmp)
file.close()
```

程序在 while 循环中通过 readline()方法依次读取每一行，并在读取时判断是否已经达到文件末尾，如果是，则通过 break 语句跳出循环。

3．全部行读取

在使用 read()方法读取数据时，如果不指定读取字符的大小，则读取全部内容，它返回的是一个字符串。如果使用 readlines()方法读取数据，则返回的是一个字符串列表，这个列表中的每个元素对应文件中的某一行。readlines()方法语法如下：

```
file.readlines()
```

【实例 7-5】使用 readlines()方法改写实例 7-2。

程序代码如下：

```
#example7-5.py
```

```
file=open("D:\\zust.txt","r",encoding='utf-8')
filestr=file.readlines();
print(filestr)
file.close()
```

运行结果如下：

['浙江科技学院的前身为成立于 1980 年的浙江大学附属杭州工业专科学校，先后经历了浙江大学附属杭州高等专科学校、杭州应用工程技术学院等发展阶段，2001 年 8 月更名为浙江科技学院。2003 年 10 月，浙江省轻工业学校成建制并入。经过近 40 年的建设，学校已发展成为一所具有硕士、学士学位授予权和外国留学生、港澳台学生招生权的特色鲜明的应用型省属本科高校，是教育部首批"卓越工程师教育培养计划"试点高校、教育部首批"新工科研究与实践项目"入选高校、"浙江省国际化特色高校"建设单位。']

在使用 readlines()方法读取数据时，如果读取的文件比较大，对整个字符串列表进行操作的效率比较低，则可以将字符串列表中的每个元素作为字符串进行操作，如在实例 7-4 中可以使用 readlines()方法读取数据，并通过循环逐行打印。

```
file=open("D:\\zust.txt","r",encoding='UTF-8')
mystrings=file.readlines()
for tmp in mystrings:
    print(tmp)
file.close()
```

7.2.2 写数据

文件写入方法如表 7-3 所示。

表 7-3 文件写入方法

方　　法	描　　述
write(s)	向文件中写入一个字符串或字节流
writelines(lines)	将一个元素为字符串的列表写入文件

Python 提供了 write()方法用于向文件对象中写入一个字符串，语法如下：

```
file.write("需要写入的字符串")
```

【实例 7-6】D 盘中有一个"test.txt"文本文件，里面存放着一个字符串"Zhejiang university of science and technology"，在原内容后追加"欢迎来到浙江科技学院"。

程序代码如下：

```
#example7-6.py
file=open("D:\\test.txt","a",encoding='UTF-8')
file.write("欢迎来到浙江科技学院")
file.close()
```

用 write()方法可以写入一个字符串，如果是一个字符串列表，则需要使用 writelines()方法来实现。

【实例 7-7】将"清华大学""北京大学""浙江大学""浙江科技学院"这 4 个字符串按行依次写入 D 盘的"zust.txt"文本文件。

程序代码如下：

```
#example7-7.py
```

```
file=open("D:\\zust.txt","w",encoding='UTF-8')
mystrings=["清华大学\n","北京大学\n","浙江大学\n","浙江科技学院\n"]
file.writelines(mystrings)
file.close()
```

需要注意的是，在使用 writelines()方法将内容写入文件时，不会在每个字符串列表的后面自动加上换行符，所以实例 7-7 中字符串列表的每个元素都包含'\n'。

7.3 一维数据和二维数据

7.3.1 一维数据、二维数据的存储和读/写

为了更好地管理和处理数据，计算机可以将数据组织起来，形成一维数据、二维数据和高维数据。

一维数据采用线性方式组织，由一些有序的或无序的数据组成，它们是对等关系，即不是包含和从属的关系。如果数据间是有序的，则可以使用列表来表示，如一维列表 ls = [2,4,6,8]；如果数据是无序的，则可以使用集合类型来表示，如一维集合 st ={杭州,宁波,绍兴,温州}。

二维数据可以看作是由多条一维数据组成的数据，类似表格的形式，对应数学中的矩阵。因此，二维数据通常可以用二维列表来表示。此时，列表中的每个元素对应表格中的某一行，而该行本身也是列表类型，其内部各元素对应这行中的各值。例如，某小组的单元测试成绩。

姓　　名	语　　文	数　　学	英　　语
张三	85	78	92
李四	86	93	96
王五	72	85	69

高维数据比一维数据和二维数据更加复杂，一般由一些键-值对类型的数据构成，并且可以多层嵌套。高维数据在 Web 系统中较为常用，是当今 Internet 组织内容的主要方式，HTML、XML 和 JSON 等具体数据组织均可以看作高维数据。比如，对浙江科技学院的简介可以用以下高维数据来组织。

```
"浙江科技学院" : [
"批次" : "本科",
"地址" : "杭州留和路 318 号",
"校区" : "小和山和安吉校区",
]
```

7.3.2 采用 CSV 格式对一维数据文件的读/写

一维数据是一种较为简单的数据组织形式，由于是线性结构，因此在 Python 中主要采用列表形式表示。例如，可以用列表表示某位学生的期末成绩：[84,78,96,92]。

在存储时，常用特殊符号（空格、逗号、换行及其他字符）分隔。其中，以逗号分隔的存储格式称为 CSV（Comma-Separated Values）格式，即逗号分隔值。它是一种通用的、相对简单的文件格式，在商业和科学领域中被广泛应用，大部分编辑器都支持直接读入或保存文件为 CSV 格式。其后缀名为.csv，可以通过记事本或 Excel 打开。

CSV 文件有以下特点。

（1）内容是由特定字符编码组成的文本。

（2）以行为单位，头行不是空行，且行与行之间没有空行。

（3）每行都是一个一维数据，那么多行 CSV 数据可以看作二维数据。

（4）每行中的数据以英文逗号分隔，即使内容为空也不能省略空格。

一维数据保存为 CSV 格式后，各个元素之间用逗号分隔，形成一行。从 Python 表示到数据存储，需要将列表对象输出为 CSV 格式，以及将 CSV 格式读入成列表对象。

【实例 7-8】"test.csv"文件中存放着"杭州,宁波,绍兴,温州"，可以通过以下程序将其打印到屏幕上。

```
#example7-8.py
f=open("test.csv","r")
mystr = f.read()
ls=mystr.strip('\n').split(",")
print(ls);
f.close()
```

显示结果如下：

```
['杭州', '宁波', '绍兴', '温州']
```

如果文件中的数据本身包含分隔符,，则无法判断它到底是分隔符还是一个标点符号，这时会产生一个空字符串。在上述实例中，假设文件中包含多个','。例如，有文本内容"杭州,宁波,,,绍兴,温州"，则显示结果为['杭州','宁波','','','绍兴','温州']。

【实例 7-9】我们也可以将一维数据写入文件，并在中间用特殊符号分隔。比如，将一维列表 ls=['杭州', '宁波', '绍兴', '温州']写入"test.csv"文件。

程序代码如下：

```
#example7-9.py
ls=['杭州', '宁波', '绍兴', '温州']
f=open("test.csv","w")
mystr = ",".join(ls)
f.write(mystr)
f.close()
```

7.3.3　采用 CSV 格式对二维数据文件的读/写

CSV 文件中的每一行都是一个一维数据，可以用列表来表示。如果 CSV 文件中存在多行，那么此时整个 CSV 文件就是一个二维数据，可以用二维列表来表示。例如，可以用以下二维列表来表示某小组的单元测试成绩。

```
ls = [
```

```
['姓名','语文','数学','英语'],
['张三',85,78,92],
['李四',86,93,96],
['王五',72,85,69],
]
```

【实例 7-10】将以上数据先录入 Excel，然后通过以下程序转换为列表。

```
#example7-10.py
f = open("grade.csv", "r")
ls = []
for line in f:
    ls.append(line.strip('\n').split(","))
f.close()
print(ls)
```

从 CSV 文件中读取数据时，由于每行是以'\n'结尾的，因此如果要将该行内容放入列表时，可以通过字符串方法 strip()将其去除。

【实例 7-11】我们也可以对 CSV 文件中的二维数据进行处理，并写入 CSV 文件。例如，在实例 7-10 中求出每位学生的总成绩，然后将其写入 CSV 文件。

程序代码如下：

```
#example7-11.py
fin = open("grade.csv", "r")
fout=open("gradenew.csv","w")
ls = []
for line in fin:
    ls.append(line.strip('\n').split(","))
ls[0].append("总分")
for i in range(1,len(ls)):
    sum=0
    for j in range(1,len(ls[i])):
        sum=sum+int(ls[i][j])
    ls[i].append(str(sum))
    print(ls[i])
for line in ls:
    fout.write(",".join(line)+'\n')
fin.close()
fout.close()
```

对二维数据的处理等同于对二维列表的操作，与一维列表不同，二维列表一般需要借助循环遍历实现对每个数据的处理，基本代码格式如下：

```
for row in ls:
    for item in row:
        <对第 row 行第 item 列元素进行处理>
```

【实例 7-12】对上面处理后的"gradenew.csv"文件中的二维数据进行格式化输出，并打印成表格形状。

程序代码如下：

```
#example7-12.py
f=open("gradenew.csv","r")
ls = []
for line in f:
    ls.append(line.strip('\n').split(","))
for row in ls:
    line = ""
    for item in row:
        line += "{:10}\t".format(item)
    print(line)
f.close()
```

显示结果如下:

姓名	语文	数学	英语	总分
张三	85	78	92	255
李四	86	93	96	275
王五	72	85	69	226

7.4 文件应用实例

【实例 7-13】将所有水仙花数写入一个文本文件。

水仙花数是一个 3 位数,它的每一位立方和等于它本身。例如,153 是水仙花数,因为 1×1×1+5×5×5+3×3×3 刚好等于 153。

程序代码如下:

```
#example7-13.py
fo = open("D:\\output.txt","w+")
strls=''
for n in range(100,1000):
    a=n%10
    b=n//10%10
    c=n//100
    if(a**3+b**3+c**3==n):
        print(n)
        strls+=str(n)+' '
fo.writelines(strls);
fo.close()
```

在上述例子中,由于水仙花数是一个 3 位数,范围为 100~999,因此将该范围内的数字依次求出个位、十位、百位并赋值给 a、b、c,然后判断是否为水仙花数,如果是就追加到字符串 strls 后面,最后通过 writelines()方法将字符串 strls 写入文件。需要注意的是,由于 writelines()只能写入一个字符串,因此在该例中需要将水仙花数通过 str()方法转换为字符串。

【实例 7-14】统计文本文件中每个英文字母出现的次数,不区分大小写。

程序代码如下:

```
#example7-14.py
fo = open("D:\\test.txt","r")
strings=fo.readlines()
word_dict=dict()
newstr=str(strings).strip().lower()
for k in newstr:
    if 'z'>=k>='a':
        if k not in word_dict:
            word_dict[k]=1
        else:
            word_dict[k]=word_dict[k]+1
for k,i in word_dict.items():
    print("{0}出现了{1}次".format(k,i))
fo.close()
```

上述例子先通过 readlines() 方法读取文本文件中的所有内容，并去掉空格，同时将大写字母转换为小写字母，形成一个新的字符串，然后依次遍历该字符串，将每个英文字母出现的次数放入一个字典。

【实例 7-15】编写程序将两个 CSV 格式的文件合并，其中一个 "infor1.csv" 文件包含学号和姓名，另一个 "grade1.csv" 文件包含学号和成绩，合并后的 "student.csv" 文件包含学号、姓名和成绩。如果没有成绩，则显示"无成绩"；如果没有姓名，则显示"无姓名"。

程序代码如下：

```
#example7-15.py
file1=open("infor1.csv","r")
file2=open("grade1.csv","r")
file1.readline()
file2.readline()
lines1=file1.readlines()
lines2=file2.readlines()
list1_num=[]
list1_name=[]
list2_num=[]
list2_grade=[]
for line in lines1:
    ele=line.strip('\n').split(",")
    list1_num.append(ele[0])
    list1_name.append(ele[1])
for line in lines2:
    ele=line.strip('\n').split(",")
    list2_num.append(ele[0])
    list2_grade.append(ele[1])
tmp=['学号','姓名','成绩'];
lines=[]
lines.append(",".join(tmp)+'\n')
for i in range(len(list1_num)):
    s=''
```

```
    if list1_num[i] in list2_num:
        j=list2_num.index(list1_num[i])
        s=','.join([list1_num[i],list1_name[i],list2_grade[j]]) +'\n'
    else:
        s=','.join([list1_num[i],list1_name[i],'无成绩'])+'\n'
    lines.append(s)
for i in range(len(list2_num)):
    s=''
    if list2_num[i] not in list1_num:
        print(list2_num[i])
        s=','.join([list2_num[i],"无姓名",list2_grade[i]])+'\n'
    lines.append(s)
print(lines)
file3=open("student.csv","w")
file3.writelines(lines)
file3.close()
file2.close()
file1.close()
```

文件内容如图 7-1 所示。在上述例子中，由于 file1 和 file2 有表头，因此在通过 readline()方法读取第 1 行后，文件指针指向第 2 行，并通过 readlines()方法读取剩下的所有行。其次，通过 for...in 循环形成 4 个列表，分别用于存放第 1 个文件中的学号和姓名、第 2 个文件中的学号和成绩。然后，针对第 1 个文件中的每一条记录找出其在第 2 个文件中的成绩，如果没有，则用"无成绩"来表示，同时针对第 2 个文件中的记录，如果没有出现在第 1 个文件中，则姓名用"无姓名"来表示，并形成新的字符串，最后将该字符串写入第 3 个文件。

图 7-1　文件内容

拓展阅读：数据库技术

数据除了能够长期保存，如何有效地进行管理，也是我们需要考虑的问题。将数据组织成独立的数据文件，按文件名进行访问、按记录进行存取的方式进行数据管理，能够实现一定程序的数据共享，但由于文件的逻辑结构是针对特定应用程序进行设计的，因此文件是面向应用程序的，且缺乏独立性。所以，通过文件系统管理数据，存在数据共享度差、冗余度高的问题。

随着数据库技术的出现，不仅实现了整体数据结构化，还具备了数据共享程度高、易扩充、数据独立性强的优势，便于统一管理和控制。应用最为广泛的是关系型数据库。其中，比较热门的是美国甲骨文公司的研发的数据库产品 Oracle。但在国际形势日益变化的背景下，从数据安全层面来说，数据库国产化的重要性日益突显。

OceanBase 数据库是国产数据库中的佼佼者，它是由阿里巴巴旗下的蚂蚁集团完全自主研发的，支撑了历年"双 11"的交易峰值，是全球唯一在 TPC-C 和 TPC-H 测试上都刷新了世界纪录的国产原生分布式数据库。

本章小结

我们可以通过文件的形式在计算机的外存中长期存储数据。根据数据的编码形式，可以将文件分为文本文件和二进制文件，前者存放的是以 ASCII 或 UTF-8 编码的字符，后者存放的数据与其在内存中的存储形式相同。Python 通过内置的文件对象进行文件操作，主要包括 3 个基本步骤：打开文件、读/写文件、关闭文件。

为了更加有效地管理数据，我们往往通过线性、二维表或更为复杂的形式将逻辑相关的数据组织起来，从而形成一维数据、二维数据或高维数据，并且可以采用 CSV 格式的文件进行存储。

习　题

1．D 盘中有一个 source.txt 文件，编写一个程序将其大写字母转换为小写字母，小写字母转换为大写字母，其他字符保持不变，把处理后的结果保存到 destination.txt 文件中。

2．已知 D 盘中有一个 source.txt 文件，用键盘输入一个整数 x，要求将 source.txt 文件中能被 x 整除的整数写入 destination.txt 文件。

3．在 D 盘根目录下存放着 data.csv 文件，其中包含一些整数，用键盘输入一个整数，统计并打印该整数在文件中出现的次数。

4．D 盘中有一个 grade.csv 文件，包含以下信息：

文件(F) 编辑(E) 格式(O) 查看(V) 帮助(H)

学号	英语	计算机	数学
10001	95	87	90
10002	86	93	76
10003	68	77	62
10005	76	50	82

编程计算每位学生的总分数，根据总分数进行降序排序，并将排序后的结果打印到屏幕上。

第 8 章

图形用户界面设计

- ☑ 了解图形用户界面设计
- ☑ 掌握 tkinter 的编程方法
- ☑ 了解几何布局管理器
- ☑ 了解事件处理
- ☑ 学会常用组件的使用

8.1 图形用户界面概述

相对字符界面的控制台应用程序，基于图形化用户界面（Graphical User Interface，GUI）的应用程序可以提供丰富的用户交互界面，实现各种复杂功能的应用程序。GUI 是用户与应用程序之间进行交互控制的图形界面，可以接收用户的输入并展示程序运行的结果，更友好地实现了用户和程序之间的交互，提高了使用效率。

开发图形用户界面应用程序是 Python 的重要应用之一。Python 提供的标准 GUI 库 tkinter（Tk interface，tk 接口）支持跨平台的图形用户界面应用程序开发。除此之外，还可以使用功能强大的 wxPython、Jython、PyQT 等其他扩展库。例如，Jython 是 Python 的 Java 实现，可以访问 Java 类库，使用 Java 的 Swing 技术构建图形用户界面程序。wxPython 模块是 wxWidgets 图形用户界面工具包标准的 Python 接口，它的功能要强于 tkinter，设计的框架类似于 MFC（Microsoft Foundation Classes，微软基础类）。

tkinter 的特点是简单、实用，Python 自带的 IDLE 就是用它开发的。因此，使用 tkinter 开发的图形界面，显示风格是本地化的。本章以 tkinter 模块为例，学习创建一些简单的 GUI 程序。

GUI 由基本控件、容器控件、系统菜单、快捷菜单、工具栏、对话框和窗口等组成。我们在进行 GUI 编程时需要掌握组件和容器两个基本概念。

（1）组件是指标签、按钮、列表框等对象，需要将其放在容器中显示。

（2）容器是指可放置其他组件或容器的对象。例如，窗口、框架（Frame）。

GUI 的基本设计方式就是在窗口中放置系统菜单、快捷菜单、工具栏和容器控件，在容器控件中放置标签、按钮和文本框等基本控件。

8.2　tkinter 编程概述

tkinter 模块在 Python 的基本安装包中。使用 tkinter 模块编写的 GUI 程序是跨平台的，可以在 Windows、UNIX、macOS 等多种操作系统中运行。

8.2.1　第一个 tkinter GUI 程序

下面是一个 tkinter GUI 程序实例，通过这个实例可以了解 tkinter GUI 程序的基本结构。

【实例 8-1】使用 tkinter 创建一个 Windows 窗口的 GUI 程序。

程序代码如下：

```python
#example8-1.py
import tkinter                                    #导入 tkinter 模块
import tkinter.messagebox                         #导入消息对话框模块
win = tkinter.Tk()                                #创建 Windows 窗口对象
label1 = tkinter.Label(win,text="我的第一个 GUI 程序")   #创建标签对象
btn1 = tkinter.Button(win,text="click")           #创建按钮对象
label1.pack()                                     #打包标签对象，使其显示在其父容器中
btn1.pack()                                       #打包按钮对象，使其显示在其父容器中

def hello(e):                                     #定义事件处理函数
    #弹出消息框
    tkinter.messagebox.showinfo("Message","Hello, Python!")

btn1.bind("<Button-1>",hello)                     #绑定事件处理程序，鼠标左键
win.mainloop()                                    #启动事件循环
```

运行结果如图 8-1 所示，单击（a）中的"click"按钮后，弹出（b）窗口。

（a）

（b）

图 8-1　实例 8-1 的运行结果

通过上面的例子可以看出，tkinter GUI 编程的步骤大致包括以下几个部分。

（1）导入 tkinter 模块。使用 import tkinter 或 from tkinter import *导入 tkinter 模块。在本例中使用消息对话框 messagebox 前需要先导入 messagebox 模块，由于该模块是挂在 tkinter 下面的，因此需要先导入 tkinter，再使用 import tkinter.messagebox 导入 messagebox。

（2）创建主窗口对象。win = tkinter.Tk()语句就创建了一个主窗口对象 win。如果未创建主窗口对象，则 tkinter 将以默认的顶层窗口作为主窗口。

（3）添加组件。如标签、按钮、输入文本框等组件对象。实例 8-1 中添加了一个标签组件 label1 和一个按钮组件 btn1。各类组件的使用方法将在 8.4 节中详细介绍。

（4）事件处理。设置需要发生的事件及其处理方法。实例 8-1 中定义了一个弹出消息框的 hello()函数，将它赋值给按钮组件 btn1 的 command 属性，就可以实现事件触发和响应的功能。在 hello()函数中，可以通过调用 tkinter.messagebox.showinfo()方法显示图 8-1（b）中的消息框，还可以通过调用 showwarning()、showerror()、askquestion()、askokcancel()、askyesno()、askretrycancel()、askyesnocancel()等其他方法，显示其他类型的消息对话框，书中不再逐一介绍，感兴趣的读者可以自行查阅相关资料。有关事件处理的具体方法将在 8.2.3 节中详细介绍。

（5）打包组件。实例 8-1 中使用 pack()方法将 label1 组件和 btn1 组件显示在其父容器（主窗口对象 win）中。我们将在 8.3 节中详细介绍 tkinter GUI 的布局管理。

（6）启动事件循环。win.mainloop()语句用于启动 GUI 窗口，等待响应用户操作。

8.2.2　设置窗口和组件的属性

在 GUI 程序设计中，可以设置窗口标题和窗口大小，也可以设置组件的属性。常用的方法有 title()方法、geometry()方法和 config()方法。

1. title()方法和 geometry()方法

在创建主窗口对象后，可以使用 title()方法设置窗口的标题，使用 geometry()方法设置窗口的大小，格式如下：

```
窗口对象.title(标题)
```

```
窗口对象.geometry(size)
```

其中，size 参数格式为"宽度 x 高度"，注意其中的"x"不是乘号，而是字母 x。

【实例 8-2】设置窗口标题和窗口大小。

程序代码如下：

```
#example8-2.py
import tkinter  as tt                              #导入 tkinter 模块
win=tt.Tk()                                        #创建名为 win 的 Windows 窗口对象
win.title("欢迎使用 GUI 程序")                       #title()方法设置窗口标题
win.geometry('300x200')                            #geometry()方法设置窗口大小
label1 = tt.Label(win,text="我的第二个 GUI 程序")    #创建标签对象
btn1 = tt.Button(win,text="click",width=10)        #创建按钮对象
```

```
label1.pack()                          #打包标签对象，使其显示在主窗口
btn1.pack()                            #打包按钮对象，使其显示在主窗口
win.mainloop()                         #启动事件循环
```

运行结果如图 8-2 所示。

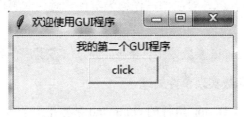

图 8-2　实例 8-2 的运行结果

2. config()方法

config()方法用于设置组件文本、对齐方式、前景色、背景色、字体等属性。

【实例 8-3】使用 config()方法设置组件属性。

程序代码如下：

```
#example8-3.py
from tkinter import *                         #导入 tkinter 模块的所有内容
from tkinter import messagebox                #导入消息对话框模块

def hello():                                  #定义事件处理程序
    messagebox.showinfo("Message","Hello, Python!")   #弹出消息框

win=Tk()                                      #创建主窗口对象
win.title("配置组件属性")                      #设置窗口标题
win.geometry("600x400")                       #设置窗口大小
label = Label()                               #创建标签对象
label.config(text="我的第三个 GUI 程序")       #配置标签文本属性
label.config(fg="white",bg="blue")            #配置标签前景色和背景色属性
label.pack()                                  #打包标签对象
btn1= Button()                                #创建按钮对象
btn1['text']="click"                          #配置文本属性的另一种方法
btn1['command'] = hello       #设置命令属性，绑定事件处理函数
btn1.pack()                   #调用组件的 pack()方法，调整其显示位置和大小
win.mainloop()                #启动事件循环
```

运行结果如图 8-3 所示。

图 8-3　实例 8-3 的运行结果

8.2.3 tkinter 的事件处理

图形用户界面经常需要用户对鼠标、键盘等操作做出反应，这就是事件处理。产生事件的鼠标、键盘等称作事件源，对应的操作称为事件。对这些事件做出响应的函数称为事件处理程序。

通常使用组件的 command 参数或组件的 bind()方法实现事件处理。

1. 使用 command 参数实现事件处理

在单击按钮时，会触发 Button 组件的 command 参数指定的函数。实际上是主窗口负责监听发生的事件，在单击按钮时将触发事件，然后调用指定的函数。由 command 参数指定的函数也叫作回调函数。各种组件，如 Radiobutton、Checkbutton 和 Spinbox 等，都支持使用 command 参数进行事件处理。

【实例 8-4】使用 command 参数进行事件处理。

程序代码如下：

```
#example8-4.py
import tkinter  as tt                              #导入 tkinter 模块并命名为 tt

def popwin():                                       #定义事件处理函数
    tp=tt.Toplevel()                               #创建顶级窗口组件 Toplevel
    tp.title("Information")                         #设置顶层窗口标题
    tp.geometry("200x150+500+150")                 #设置顶层窗口大小
    label2 = tt.Label(tp,text="欢迎使用")           #创建标签对象
    label2.place(x=80, y=50)                       #设置标签位置

win=tt.Tk()                                         #创建主窗口对象
win.title("欢迎使用 GUI 程序")                       #设置主窗口标题
win.geometry('200x150+260+150')                    #设置主窗口大小
label1 = tt.Label(win,text="我的第四个 GUI 程序")    #创建标签对象
#创建按钮对象
btn1 = tt.Button(win,text='进入',width=10,command=popwin)
btn1.place(x=60, y=60, width=50, height=20)        #设置按钮位置大小
label1.pack()                                      #打包标签对象
btn1.pack()                                         #打包按钮对象
win.mainloop()                                      #启动事件循环
```

通过 btn1 = tt.Button(win,text='进入',width=10,command=popwin)语句创建 btn1 按钮时，指定 command 参数为 popwin，即调用自定义函数 popwin()处理 btn1 按钮的单击事件。运行结果如图 8-4 所示，单击（a）中的"进入"按钮后，弹出（b）窗口。

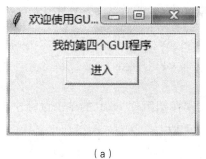

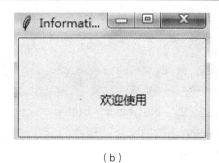

(a) (b)

图 8-4 实例 8-4 的运行结果

2. 使用组件的 bind()方法实现事件处理

在事件处理时，经常使用 bind()方法为组件的事件绑定处理函数，语法格式如下：

```
widget.bind(event, handler)
```

其中，widget 是事件源，可以理解为产生事件的组件、控件或部件；event 是事件或事件名称；handler 是事件处理程序。

常见事件名称如表 8-1 所示。

表 8-1 常见事件名称

事　　件	事 件 属 性
单击鼠标左键	1/Button-1/ButtonPress-1
松开鼠标左键	ButtonRelease-1
单击鼠标右键	3/Button-3
双击鼠标左键	Double-1/Double-Button-1
双击鼠标右键	Double-3
拖动鼠标移动	B1-Motion
鼠标移动到区域	Enter

【实例 8-5】使用 bind()方法进行事件处理。

程序代码如下：

```
#example8-5.py
from tkinter import *                          #导入 tkinter 模块的所有内容
from tkinter import messagebox                 #导入消息对话框模块


def popwin(e):                                  #定义事件处理程序
    tp=Toplevel()                               #创建顶级窗口
    tp.title("Information")                     #设置顶级窗口标题
    tp.geometry("200x150+500+150")              #设置顶级窗口大小
    label2 =Label(tp,text="欢迎使用")            #创建标签对象
    label2.place(x=80, y=50)                    #设置标签位置


win=Tk()                                        #创建主窗口对象
win.title("欢迎使用 GUI 程序")                    #设置主窗口标题
win.geometry("300x200")                         #设置主窗口大小
label1 =Label(win,text="我的第五个 GUI 程序")      #创建标签对象
btn1 = Button(win,text=" 进入")                   #创建按钮对象
```

```
btn1.place(x=60, y=60, width=50, height=20)    #设置按钮位置大小
label1.pack()                                  #打包标签对象
btn1.pack()                                     #打包按钮对象
btn1.bind("<Button-1>",popwin)                 #绑定事件处理函数，鼠标左键
win.mainloop()                                 #启动事件循环
```

这里通过 btn1.bind("<Button-1>",popwin)语句实现按钮组件 btn1 的单击鼠标左键事件与 popwin()函数的绑定，程序的运行结果与实例 8-4 类似。

8.3   tkinter GUI 的布局管理

布局是指一个容器中组件的位置安排。在设计 GUI 程序时，不仅需要设计组件的布局、组件的大小，还要设计和其他组件的相对位置。tkinter 布局管理器用于组织和管理组件的布局。

tkinter 可以使用 3 种方法来实现布局：pack()方法、grid()方法、place()方法。Frame 作为中间层的容器组件，可以分组管理组件，从而实现复杂的布局。

8.3.1   pack()方法

虽然被称为 pack()方法，但其实在 tkinter 内这是一个类别，它是最常使用的控件配置管理方法，使用相对位置的概念处理 widget 控件配置。在使用 pack()方法布局时，可以向一个容器（区域）中添加组件，第一个在最上方，然后依次向下添加。pack()方法的一般格式如下：

```
pack(option=value, ……)
```

pack()方法的常用参数如表 8-2 所示。

表 8-2   pack()方法的常用参数

参 数 选 项	意 义	取值范围及说明
side	表示组件在容器中的位置	top（默认）、bottom、left、right
anchor	表示组件在窗口中的位置，对应东南西北及 4 个角	n、s、e、w、nw、sw、ne、ne、center（默认）
fill	填充空间	x、y、both、none
expand	表示组件可拉伸	0 或 1
ipadx、ipady	组件内部在 x/y 方向上填充的空间大小	单位为 c（厘米）、m（毫米）、i（英寸）、p（打印机的点）
padx、pady	组件外部在 x/y 方向上填充的空间大小	单位为 c（厘米）、m（毫米）、i（英寸）、p（打印机的点）

【实例 8-6】使用 pack()方法几何布局示例。

程序代码如下：

```
#example8-6.py
from tkinter import *
win=Tk()
win.title("pack 布局管理窗口")
win.geometry("200x150")
```

```
label = Label(win,text="pack 布局管理窗口\n",fg="white",bg="blue")
label.pack()
btn1=Button(win,text="按钮-1")
btn1.pack(side=TOP)
btn2=Button(win,text="按钮-2")
btn2.pack(side=LEFT)
btn3=Button(win,text="按钮-3")
btn3.pack(side=RIGHT)
btn4=Button(win,text="按钮-4")
btn4.pack(side=BOTTOM)
win.mainloop()
```

运行结果如图 8-5 所示。

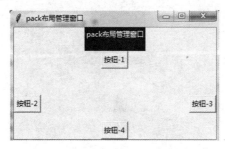

图 8-5　实例 8-6 的运行结果

8.3.2　grid()方法

使用 grid()方法的布局被称为网格布局，它按照二维表格的形式，将容器划分为若干条行和列，组件的位置由行/列所在的位置确定。grid()方法的常用参数如表 8-3 所示。

注意：在同一容器中，只能使用 pack()方法或 grid()方法中的一种布局方式。

表 8-3　grid()方法的常用参数

参 数 选 项	意　义	取值范围及说明
row、column	组件所在行和列的位置	整数
rowspan、columnspan	行跨度、列跨度	整数
sticky	组件紧贴所在单元格的某一边角，对应东南西北及 4 个角	n、s、e、w、nw、sw、ne、ne、center（默认）
ipadx、ipady	组件内部在 x/y 方向上填充的空间大小	单位为 c（厘米）、m（毫米）、i（英寸）、p（打印机的点）
padx、pady	组件外部在 x/y 方向上填充的空间大小	单位为 c（厘米）、m（毫米）、i（英寸）、p（打印机的点）

【实例 8-7】使用 grid()方法设置组件布局。

程序代码如下：

```
#example8-7.py
from tkinter import *          #导入 tkinter 模块的所有内容
root = Tk()                    #创建主窗口对象
root.title("登录")             #设置主窗口标题
```

```
#用户名标签放置第 0 行第 0 列
Label(root, text="用户名").grid(row=0, column=0)
#用户名文本框放置第 0 行第 1 列，跨 2 列
Entry(root).grid(row=0, column=1, columnspan=2)
#密码标签放置第 1 行第 0 列
Label(root, text="密  码").grid(row=1, column=0)
#密码文本框放置第 1 行第 1 列，跨 2 列
Entry(root, show="*").grid(row=1, column=1, columnspan=2)
#登录按钮右侧贴紧
Button(root, text="登录").grid(row=3, column=1, sticky=E)
#取消按钮左侧贴紧
Button(root, text="取消").grid(row=3, column=2, sticky=W)
root.mainloop()                      #启动事件循环
```

运行结果如图 8-6 所示。

图 8-6 实例 8-7 的运行结果

8.3.3 place()方法

使用 place()方法的布局可以更精确地指定组件的大小和位置，不足之处是在改变窗口大小时，子组件不能随之灵活地改变。place()方法的常用参数如表 8-4 所示。

表 8-4 place()方法的常用参数

参 数 选 项	意 义	取值范围及说明
x、y	用绝对坐标指定组件的位置	从 0 开始的整数
height、width	指定组件的高度和宽度	像素
relx、rely	按容器高度和宽度的比例来指定组件的位置	0~1.0
relheight、relwidth	按容器高度和宽度的比例来指定组件的高度和宽度	0~1.0
anchor	对齐方式，对应东南西北及 4 个角	n、s、e、w、nw、sw、ne、ne、center（默认）

【实例 8-8】使用 place()方法布局示例。

程序代码如下：

```
#example8-8.py
import tkinter
import tkinter.messagebox
#创建应用程序窗口
win = tkinter.Tk()
win.title("登录")
win.geometry("200x120")
#定义存放用户名和密码的变量
```

```
varName = tkinter.StringVar(value='')
varPwd = tkinter.StringVar(value='')
#创建用户名标签
labelName = tkinter.Label(win,text='用户名',justify= tkinter.RIGHT,width=80)
#将标签放到窗口上, 绝对坐标(10,5)
labelName.place(x=10, y=5, width=80, height=20)
#创建用户名文本框, 同时设置关联的变量 varName
entryName = tkinter.Entry(win, width=80,textvariable=varName)
entryName.place(x=100, y=5, width=80, height=20)    #绝对坐标(100,5)
#创建密码标签
labelPwd = tkinter.Label(win, text='密码 ', justify=tkinter.RIGHT, width=80)
labelPwd.place(x=10, y=30, width=80, height=20)     #绝对坐标(10,30)
#创建密码文本框, 同时设置关联的变量 varPwd
entryPwd = tkinter.Entry(win, show='*',width=80, textvariable=varPwd)
entryPwd.place(x=100, y=30, width=80, height=20)    #绝对坐标(100,30)

def login():                                        #登录按钮事件处理函数
    name = entryName.get()                          #获取用户名
    pwd = entryPwd.get()                            #获取密码
    if name=='admin' and pwd=='123456':             #判断用户名和密码
        #显示信息消息框
        tkinter.messagebox.showinfo(title='Python tkinter', message='OK')
    else:
        #显示出错消息框
        tkinter.messagebox.showerror('Python tkinter', message='Error')

def cancel():                                       #取消按钮的事件处理函数
    varName.set('')                                 #清空用户输入的用户名
    varPwd.set('')                                  #清空用户输入的密码

#创建按钮组件, 同时设置按钮事件处理函数
buttonOk = tkinter.Button(win, text='登录', command=login)
buttonOk.place(x=30, y=70, width=50, height=20)     #绝对坐标(30,70)
buttonCancel = tkinter.Button(win, text='取消', command=cancel)
buttonCancel.place(x=90,y=70,width=50,height=20)    #绝对坐标(90,70)
win.mainloop()                                      #启动消息循环
```

程序运行后, 输入正确的或错误的用户名和密码, 单击 "登录" 按钮, 结果如图 8-7 所示。

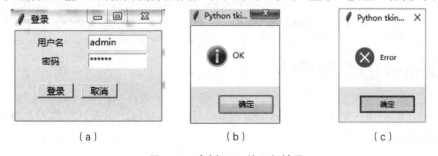

<table>
<tr><td>（a）</td><td>（b）</td><td>（c）</td></tr>
</table>

图 8-7　实例 8-8 的运行结果

8.3.4　使用框架的复杂布局

框架（Frame）是 tkinter 的组件之一，表示屏幕上一块矩形区域。它是一个容器组件，主要用于为其他组件分组，从而在功能上进一步分割一个窗体，实现复杂的布局。

Frame 组件的常用属性如表 8-5 所示。

表 8-5　Frame 组件的常用属性

参 数 选 项	意　　义	取值范围及说明
bd	指定边框宽度	TOP（默认）、BOTTOM、LEFT、RIGHT
relief	指定边框样式	取值为 FLAT（扁平，默认）、RAISED（凸起）、 SUNKEN（凹陷）、RIDGE（脊状）、GROOVE（凹槽）和 SOLID（实线）
width、height	设置宽度或高度	如果忽略，则容器通常会根据内容组件的大小调整 Frame 大小

【实例 8-9】使用 Frame 组件实现复杂布局。

程序代码如下：

```
#example8-9.py
from tkinter import *
win = Tk();
win.title("登录")
#界面分为上下 3 个 Frame
f1 = Frame(win); f1.pack()              #f1 放置第 1 行标签和文本框
f2 = Frame(win); f2.pack()              #f2 放置第 2 行标签和文本框
f3 = Frame(win); f3.pack()              #f3 放置第 3 行 2 个按钮
Label(f1, text="用户名").pack(side=LEFT)    #标签放置在 f1 中，左停靠
Entry(f1).pack(side=LEFT)               #单行文本框放置在 f1 中，左停靠
Label(f2, text="密 码").pack(side=LEFT)    #标签放置在 f2 中，左停靠
Entry(f2, show="*").pack(side=LEFT)     #单行文本框放置在 f2 中，左停靠
Button(f3, text="取消").pack(side=RIGHT)   #按钮放置在 f3 中，右停靠
Button(f3, text="登录").pack(side=RIGHT)   #按钮放置在 f3 中，右停靠
win.mainloop()
```

运行结果如图 8-8 所示。

图 8-8　实例 8-9 的运行结果

8.4　tkinter 的常用组件

在 Python 编程中，通常先导入 tkinter 模块，并创建窗口，再设计组件及其操作模式，定义事件处理函数和普通函数。

8.4.1　tkinter 组件概述

tkinter 提供各种组件（控件），如按钮、标签和文本框等，方便用户在编写 GUI 程序时进行调用。常用的 Tkinter 控件如表 8-6 所示。

表 8-6　常用的 Tkinter 控件

控　件		描　述
Button	按钮	在程序中显示按钮，执行用户的单击操作
Canvas	画布	显示图形元素，如线条或文本
CheckButton	复选框	用于标识是否选定某个选项
Entry	输入框	用于显示和输入简单的单行文本
Frame	框架	在屏幕上显示一个矩形区域，多用来作为容器
Label	标签	用于在窗口中显示文本或位图
ListBox	列表框	允许用户一次选择一个或多个列表项
MenuButton	菜单按钮	用于显示菜单项
Menu	菜单	显示菜单栏、下拉菜单和弹出菜单
Message	消息框	显示多行文本信息，与 Label 类似
RadioButton	单选按钮	选择同一组单选按钮中的一个
Scale	刻度控件	显示一个数值刻度，为输出限定范围的数字区间
ScrollBar	滚动条	当内容超过可视化区域时使用，如列表框
Text	文本框	可以显示单行或多行文本
TopLevel	容器	用于提供一个单独的对话框，与 Frame 类似
SpinBox	滑动杆	与 Entry 类似，但是可以指定输入范围值
PanedWindow	面板窗口	用于窗口布局管理的插件，可以包含一个或多个子控件
LabelFrame	标签框架	一个简单的容器控件，常用于复杂的窗口布局
MessageBox	消息框	用于显示应用程序的提示信息

8.4.2　标准属性

每个控件都有很多属性供用户定制。其中，有一些属性是所有控件都具有的，如大小、字体和颜色等，称为标准属性。Tkinter 控件常用的组件标准属性如表 8-7 所示。

表 8-7　Tkinter 控件常用的组件标准属性

属　性	描　述
Dimension	控件大小
Color	控件颜色
Font	控件字体
Anchor	锚点（内容停靠位置），对应东南西北及 4 个角，有 9 个不同的值：E、S、W、N、NW、WS、SE、EN 和 CENTER，分别表示东、南、西、北、西北、西南、东南、东北和中央
Relief	控件样式
Bitmap	位图
Cursor	光标
Text	显示文本内容
State	设置组件状态：正常（normal）、激活（active）、禁用（disabled）

可以通过下列方式设置组件属性。

```
botton1 = Button(win, text="确定")      #组件对象的构造函数
botton1 .config(text="确定")            #组件对象的config()方法的命名参数
botton1 ["text"] ="确定"                #组件对象属性赋值
```

8.4.3　Label 标签

Label 组件主要用于在窗口中显示文本或位图。

【实例 8-10】Label 组件示例。

程序代码如下：

```
#example8-10.py
from tkinter import *
win = Tk();
win.title("Label 示例")
#创建 Label 组件对象，显示文本为"姓名"
label1 = Label(win, text="姓名:")
#设置宽度、背景色、前景色
label1.config(width=20, bg='black', fg='white')
#设置字体
label1.config(font=('宋体',25) )
#设置停靠方式为左对齐
label1['anchor'] = W
label1.pack()
win.mainloop()
```

运行结果如图 8-9 所示。

图 8-9　实例 8-10 的运行结果

8.4.4　Button 按钮

Button 组件用于创建命令按钮，经常用它来接收用户的操作信息，激发某些事件，实现一个命令的启动、中断和结束等操作。Button 组件的 command 属性用于指定响应函数。

【实例 8-11】Button 组件示例，单击按钮后计算 1～100 的累加值并显示在屏幕上。

程序代码如下：

```
#example8-11.py
from tkinter import *
win=Tk()
win.title("Button Test")
win.geometry("300x200")
label1=Label(win,text='此处显示计算结果 ')
label1.config(font=('宋体',12))
```

```
label1.place(x=60,y=100)

def computing():                          #按钮的事件处理函数
    sum = 0
    for i in range(100+1):
        sum+=i
    result="累加结果是: "+ str(sum)
    label1.config(text=result)            #设置标签显示内容

str1='计算1-100累加值'
mybutton=Button(win,text=str1)            #设置按钮显示内容
mybutton.config(justify=CENTER)           #设置按钮文本居中
mybutton.config(width=20,height=3)        #设置按钮的宽和高
mybutton.config(bd=3,relief=RAISED)       #设置边框宽度和样式
mybutton.config(anchor=CENTER)            #设置内容在按钮内部居中
mybutton.config(font=('隶书',12,'underline')) #设置字体、字号、下画线
mybutton.config(command=computing)        #绑定事件处理函数
mybutton.config(activebackground='yellow') #设置激活状态背景色
mybutton.config(activeforeground='red')   #设置激活状态前景色
mybutton.pack()
win.mainloop()
```

运行结果如图 8-10 所示。

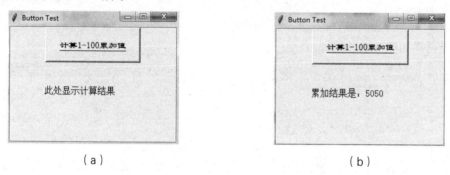

（a）　　　　　　　　　　　　　　　　　（b）

图 8-10　实例 8-11 的运行结果

8.4.5　Entry 输入框

Entry 组件用于显示和输入简单的单行文本。输入框的外观类似于普通文本框，但与普通文本框不同的是，它可以从程序变量中获取用户输入的值。

【实例 8-12】输入一个年份，判断其是否为闰年。

程序代码如下：

```
#example8-12.py
from tkinter import *
win=Tk()
win.title("Entry Test")
win.geometry("400x200")
```

```
def judge():                                      #按钮事件处理函数
    year= int(entry1.get())                       #获取文本框内容
    if (year % 4 == 0 and year % 100 != 0 ) or year % 400 == 0:
        label2.config(text="闰年")
    else:
        label2.config(text="平年")

#创建标签用于显示提示信息
label1=Label(win,text='请输入年份：  ',width=10)
label1.pack()
year = StringVar()
#创建文本框，并设置关联的变量 year
entry1 = Entry(win,width=16,textvariable = year)
entry1.pack()
year.set("年份")
#创建按钮，并绑定事件处理函数
button1=Button(win,text="判断",command=judge)
button1.pack()
#创建标签用于显示结果
label2=Label(win,text=" " )
label2.config(width=14,height=3)
label2.pack()
win.mainloop()
```

运行结果如图 8-11 所示。

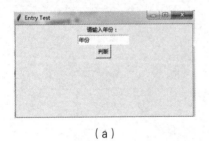

（a）

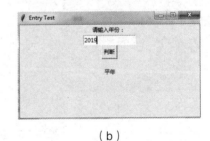

（b）

图 8-11 实例 8-12 的运行结果

8.4.6 Text 多行文本框

Text 组件用于显示和编辑多行文本。

【实例 8-13】Text 组件示例。

程序代码如下：

```
#example8-13.py
from tkinter import *

def copy():                                       #按钮事件处理函数
    ct=text1.get('1.0',END)                       #获取上方文本框内容
```

```
        text2.insert(INSERT,ct)                          #插入下方文本框

#创建主窗口
win=Tk()
win.title('text 组件测试')
win.geometry("360x260")
#创建文本框并插入内容
text1=Text(win)
text1.insert('1.0',"Hi! \n")
text1.insert(END,"How are you! \n")
text1.place(x=10,y=10)
#创建按钮，并绑定事件处理函数
btn=Button(win,text='复制',command=copy)
btn.place(x=50,y=110)
#创建文本框
text2=Text(win)
text2.place(x=10,y=150)
win.mainloop()
```

运行结果如图 8-12 所示。

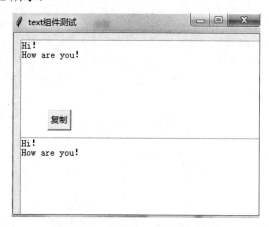

图 8-12 实例 8-13 的运行结果

8.4.7 Listbox 列表框

Listbox 组件用于显示项目列表，用户可以从中选择一个或多个项目。

【实例 8-14】实现列表选择功能。

程序代码如下：

```
#example8-14.py
from  tkinter import *          #导入 tkinter 库
win = Tk()                      #创建窗口对象 win
win.title('列表框')             #设置窗口标题

#定义事件处理程序：在右侧列表框中显示左侧列表框选中的内容
def funcToRight():
```

```
        for item in listb1.curselection():          #选中的内容
            listb2.insert(END, listb1.get(item))     #插入右侧列表框
        for item in listb1.curselection():
            listb1.delete(item)                      #从左侧列表框中一一删除选中的内容

    #定义事件处理程序：在左侧列表框中显示右侧列表框选中的内容
    def funcToLeft():
        for item in listb2.curselection():          #选中的内容
            listb1.insert(END, listb2.get(item))     #插入左侧列表框
        for item in listb2.curselection():
            listb2.delete(item)                      #从右侧列表框中一一删除选中的内容

    #创建两个列表框
    listb1 = Listbox(win, width=10, height=6)        #创建 Listbox 组件
    listb1.insert(0, '北京', '天津', '上海', '重庆')    #插入列表数据
    listb1.grid(row=0, column=0, rowspan=5)          #置于 0 行 0 列跨 5 行
    listb2 = Listbox(win, width=10, height=6)#创建 Listbox 组件
    listb2.grid(row=0, column=2, rowspan=5)          #置于 0 行 2 列跨 5 行
    #创建两个按钮，并分别绑定事件处理函数 funcToRight 和 funcToLeft
    btn1 = Button(win, text=' > ', command=funcToRight)
    btn1.grid(row=1, column=1)                       #置于 1 行 1 列
    btn2 = Button(win, text=' < ', command=funcToLeft)
    btn2.grid(row=3, column=1)                       #置于 3 行 1 列
    win.mainloop()                                   #调用组件的 mainloop()方法，进入事件循环
```

运行结果如图 8-13 所示。

图 8-13 实例 8-14 的运行结果

8.4.8 Radiobutton 单选按钮

Radiobutton 组件用于创建单选按钮组，可以选择同一组单选按钮中的一个。同一容器中的单选按钮提供的选项是相互排斥的，只要选中某个选项，其余选项就会自动取消选中状态。

【实例 8-15】Radiobutton 组件示例。

程序代码如下：

```
#example8-15.py
from tkinter import *
win = Tk()
win.title("Radiobutton")
#创建 StringVar 对象，并设置初始值
```

```
var = StringVar()
var.set('M')
#创建两个单选按钮对象，并设置关联变量为 var
radio1 = Radiobutton(win, text="男", value='M', variable=var)
radio2 = Radiobutton(win, text="女", value='F', variable=var)
radio1.pack(side=LEFT)
radio2.pack(side=LEFT)
#选择"女"后，获取其值：'F'；选择"男"后，获取其值：'M'
var.get()
win.mainloop()
print(var.get())
```

运行结果如图 8-14 所示。

图 8-14　实例 8-15 的运行结果

8.4.9　Checkbutton 复选框

Checkbutton 组件用于创建复选框，可以在界面上提供多个选项让用户勾选。一组复选框可以提供多个选项，它们彼此独立工作，互不排斥。所以，用户可以同时选择任意多个选项。

【实例 8-16】Checkbutton 组件示例。

程序代码如下：

```
#example8-16.py
from tkinter import *
win = Tk();
win.title("Checkbutton")
var1 = StringVar()                      #创建 StringVar 对象
var1.set('yes')                         #设置默认值为'yes'，对应选择状态
var2 = StringVar()
var2.set('no')
#创建两个复选框，并分别设置其关联变量为 var1 和 var2
check1 = Checkbutton(win, text=" 体 育 ", variable=var1, onvalue='yes',
offvalue='no')
check2 = Checkbutton(win, text=" 音 乐 ", variable=var2, onvalue='yes',
offvalue='no')
check1.pack()
check2.pack()
#复选框处于勾选状态，获取其值为'yes'，否则获取其值为'no'
var1.get()
var2.get()
win.mainloop()
```

```
print(var1.get())
print(var2.get())
```

运行结果如图 8-15 所示。

图 8-15　实例 8-16 的运行结果

【实例 8-17】调查个人信息。

程序代码如下：

```
#example8-17.py
from tkinter import *
from tkinter import messagebox
win = Tk()
win.title('个人信息调查')

def funcOK():                                    #定义提交事件处理函数
    strSex = '男' if (vSex.get()=='M') else '女'
    strMusic = checkboxMusic['text'] if (vHobbyMusic.get()==1) else ''
    strSports = checkboxSports['text'] if (vHobbySports.get()==1) else ''
    strTravel = checkboxTravel['text'] if (vHobbyTravel.get()==1) else ''
    strMovie = checkboxMovie['text'] if (vHobbyMovie.get()==1) else ''
    str1 = entryName.get() + ' 您好: \n'
    str1 += "您的性别是: " + strSex + '\n'
    str1 += '您的爱好是:\n ' + strMusic + ' ' + strSports + ' ' + strTravel +
' ' + strMovie
    messagebox.showinfo("个人信息", str1)

#标签
lblTitle = Label(win, text='个人信息调查')    #个人信息调查标签
lblName = Label(win, text='姓名')            #姓名标签
lblSex = Label(win, text='性别')             #性别标签
lblHobby = Label(win, text='爱好')           #爱好标签
#个人信息调查标签置于 0 行 0 列跨 4 列
lblTitle.grid(row=0, column=0, columnspan=4)
lblName.grid(row=1, column=0)                #姓名标签置于 1 行 0 列
lblSex.grid(row=2, column=0)                 #性别标签置于 2 行 0 列
lblHobby.grid(row=3, column=0)               #爱好标签置于 3 行 0 列
#文本框
entryName = Entry(win)                        #姓名文本框
#姓名文本框置于 1 行 1 列
entryName.grid(row=1, column=1, columnspan=3)
#单选按钮
vSex = StringVar()                           #创建 StringVar 对象，性别
vSex.set('M')                                #设置初始值: 男性
```

```
#创建两个单选按钮，并设置其关联变量为 vSex
radioSexM = Radiobutton(win, text="男", value='M', variable=vSex)
radioSexF = Radiobutton(win, text="女", value='F', variable=vSex)
radioSexM.grid(row=2, column=1)          #男性单选按钮置于 2 行 1 列
radioSexF.grid(row=2, column=2)          #女性单选按钮置于 2 行 2 列
#复选框
vHobbyMusic = IntVar()                   #创建 IntVar 对象：爱好音乐
vHobbySports = IntVar()                  #创建 IntVar 对象：爱好运动
vHobbyTravel = IntVar()                  #创建 IntVar 对象：爱好旅游
vHobbyMovie = IntVar()                   #创建 IntVar 对象：爱好影视
#创建音乐复选框，并设置关联变量为 vHobbyMusic
checkboxMusic = Checkbutton(win, text="音乐", variable=vHobbyMusic)
#创建运动复选框，并设置关联变量为 vHobbySports
checkboxSports = Checkbutton(win, text="运动", variable=vHobbySports)
#创建旅游复选框，并设置关联变量为 vHobbyTravel
checkboxTravel = Checkbutton(win, text="旅游", variable=vHobbyTravel)
#创建影视复选框，并设置关联变量为 vHobbyMovie
checkboxMovie = Checkbutton(win, text="影视", variable=vHobbyMovie)
checkboxMusic.grid(row=3, column=1)      #音乐复选框置于 3 行 1 列
checkboxSports.grid(row=3, column=2)     #运动复选框置于 3 行 2 列
checkboxTravel.grid(row=3, column=3)     #旅游复选框置于 3 行 3 列
checkboxMovie.grid(row=3, column=4)      #影视复选框置于 3 行 4 列
#按钮
#创建提交按钮，并绑定事件处理函数 funcOK
btnOk = Button(win, text='提交', command=funcOK)
btnOk.grid(row=4, column=1, sticky=E)    #提交按钮置于 4 行 1 列
#创建取消按钮，并绑定事件处理函数 destroy，即关闭窗口
btnCancel = Button(win, text='取消', command=win.destroy)
btnCancel.grid(row=4, column=3, sticky=W) #取消按钮置于 4 行 3 列
win.mainloop()                  #调用组件的 mainloop()方法，进入事件循环
```

运行结果如图 8-16 所示。

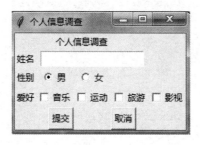

图 8-16　实例 8-17 的运行结果

8.4.10　ttk 模块控件

tkinter 模块推出了加强版的模块，称为 tkinter.ttk，简称子模块 ttk。ttk 包含了 tkinter 中没有的基本控件 Combobox、Progressbar、Notebook、Treeview 等 17 个 Widget，使 tkinter

更加实用。

下面介绍组合框 Combobox 的用法。组合框 Combobox 可以创建包含多个选项的组合列表，将文本框和列表框的功能组合起来，列表可以包含一个或多个选项。其创建方式如下：

```
列表对象=Combobox(父级对象, [属性列表])
```

【实例 8-18】创建标签和组合框，选择组合框的选项后，修改标签的属性。

程序代码如下：

```
#example8-18.py
import tkinter as tk                          #导入 tkinter 模块并命名为 tk
from tkinter import ttk                        #导入 ttk 模块

def select(*args):                            #组合框事件处理函数
    label1['text']='选择结果: '+combo.get()

def OK():                                      #按钮事件处理函数
    label2['text']='你的选择结果是: '+combo.get()

win=tk.Tk()
win.title('Combobox 测试')
win.geometry('300x300+200+100')
label1=tk.Label(win,text='请选择: ')
label1.place(x=30,y=10)
label2=tk.Label(win,text=' ')
label2.place(x=30,y=200)

var=tk.StringVar()
#创建组合框，并设置关联变量为 var
combo=ttk.Combobox(win, textvariable=var,width=30)
#设置组合框内容
combo['values']=('张三','李四','王五', '陈六', '洪七')
#设置组合框当前选项为"张三"
combo.current(0)
#绑定事件处理函数 select
combo.bind('<<ComboboxSelected>>', select)
#创建按钮，并绑定事件处理函数 OK
btn=tk.Button(win,text='确定',command=OK)
btn.place(x=50,y=150)
print(combo.get())
combo.place(x=30,y=30)
win.mainloop()
```

运行结果如图 8-17 所示。

图 8-17　实例 8-18 的运行结果

8.5　应用实例

【实例 8-19】设计一个计算机考试报名系统。

本程序设计一个包含 Label 组件、Entry 组件、Combobox 组件、Radiobutton 组件、Checkbutton 组件的 GUI 界面。

程序运行后，输入考生的姓名和学号，选择考生所在的学院和专业，然后单击"核对信息"按钮，将学生信息显示在文本框中。

程序代码如下：

```python
#example8-19.py
import tkinter
import tkinter.messagebox
import tkinter.ttk


#创建tkinter应用程序
win = tkinter.Tk()
#设置窗口标题
win.title('计算机考试报名系统')
#定义窗口大小
win.geometry("440x360")
#与姓名关联的变量
varName = tkinter.StringVar()
varName.set('')
#与学号关联的变量
varNum = tkinter.StringVar()
varNum.set('')
#创建标签，并放到窗口中
labelName=tkinter.Label(win, text='姓名:',justify=tkinter.LEFT, width=10)
labelName.grid(row=1,column=1)
#创建文本框，同时设置关联的变量
entryName = tkinter.Entry(win, width=14,textvariable=varName)
entryName.grid(row=1,column=2,pady=5)

labelNum=tkinter.Label(win, text='学号:',justify=tkinter.LEFT, width=10)
labelNum.grid(row=1,column=3)
```

```
entryNum = tkinter.Entry(win, width=14,textvariable=varNum)
entryNum.grid(row=1,column=4,pady=5)

labelGrade=tkinter.Label(win,text='学院: ',justify=tkinter.RIGHT, width=10)
labelGrade.grid(row=3,column=1)

#模拟考生所在班级，字典键为学院，字典值为专业
datas = {'电气学院':['电气', '自动化', '机器人', '建筑电气'],
         '机械学院':['机制', '材料','车辆'],
         '管理学院':['经济', '贸易', '管理']}
#考生学院组合框
comboCollege=tkinter.ttk.Combobox(win,width=11,values=tuple(datas.keys()))
comboCollege.grid(row=3,column=2)

#事件处理函数
def comboChange(event):
    grade = comboCollege.get()
    if grade:
        #动态改变组合框可选项
        comboMajor["values"] = datas.get(grade)
    else:
        comboMajor.set([])

#绑定组合框事件处理函数
comboCollege.bind('<<ComboboxSelected>>', comboChange)

labelClass=tkinter.Label(win,text='专业:',justify=tkinter.RIGHT, width=10)
labelClass.grid(row=3,column=3)
#考生地区组合框
comboMajor = tkinter.ttk.Combobox(win, width=11)
comboMajor.grid(row=3,column=4)

labelSex=tkinter.Label(win,text='请选择类别:',justify= tkinter.RIGHT,width=10)
labelSex.grid(row=5,column=1)

#与考生类别关联的变量，1: 一级；0: 二级，默认一级
stuType = tkinter.IntVar()
stuType.set(1)
radio1=tkinter.Radiobutton(win,variable=stuType,value=1,text='一级')
radio1.grid(row=5,column=2,pady=5)
radio2=tkinter.Radiobutton(win,variable=stuType,value=0,text='二级')
radio2.grid(row=5,column=3)

#添加按钮单击事件处理函数
def checkInformation():
    result= ' 姓名:' + entryName.get()
    result= result+'; 学号:' + entryNum.get()
```

```
    result= result+'; 学院:' + comboCollege.get()
    result= result+'; 专业:' + comboMajor.get()
    result= result+'; 类别:'+('一级' if stuType.get() else '二级')
    listboxStudent.insert(0, result)

  buttonCheck= tkinter.Button(win,text='核对信息',width=10, command= checkIn-
formation)
  buttonCheck.grid(row=7,column=1)

  def submitOK():     #定义提交事件处理程序
    result= ' 姓名:' + entryName.get() +'\n'
    result += ' 学号:' + entryNum.get() +'\n'
    result += ' 学院:' + comboCollege.get() +'\n'
    result += ' 专业:' + comboMajor.get() +'\n'
    result += ' 类别:'+('一级' if stuType.get() else '二级')
    f = open("test.txt",mode='a')
    f.write("报名信息.\n")
    f.write(result)
    f.close()

buttonSubmit= tkinter.Button(win, text='提交',width=10, command=submitOK)
buttonSubmit.grid(row=7,column=2)

buttonCancel = tkinter.Button(win, text='取消', command= win.destroy) #创建取消
按钮组件
  buttonCancel.grid(row=7, column=3, sticky=tkinter.W)

#创建列表框组件
listboxStudent = tkinter.Listbox(win, width=60)
listboxStudent.grid(row=8,column=1,columnspan=4,padx=5)
#启动消息循环
win.mainloop()
```

运行结果如图 8-18 所示。

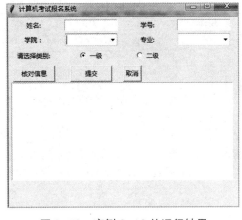

图 8-18　实例 8-19 的运行结果

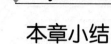

本章小结

本章学习了 tkinter 模块创建 Python 的 GUI 应用程序的基本方法，介绍了组件和容器的概念，以及 tkinter GUI 程序的基本结构。我们可以通过 tkinter 提供的 pack()方法、grid()方法和 place()方法来实现布局功能，还可以通过 title()方法、geometry()方法和 config()方法设置窗口和组件的属性。使用 tkinter 的各种组件可以构造窗口中的对象，常用的组件包括 Label 组件、Button 组件、Entry 组件、Listbox 组件、Radiobutton 组件、Checkbutton 组件等。图形用户界面经常需要用户对鼠标、键盘等操作做出事件处理，本章还介绍了事件处理常用的组件 command 参数的使用方法和组件的 bind()方法。

习　题

一、填空题

1．事件处理通常使用组件的（　　）参数或组件的（　　）来实现。

2．tkinter 提供了 3 种不同的几何布局管理类，即（　　）、（　　）和（　　），用于组织和管理父组件中子配件的布局方式。

二、选择题

1．在 tkinter 的布局管理器中，可以精确定义组件位置的方法是（　　）。

A．place()   B．grid()

C．frame()   D．pack()

2．可以接收单行文本输入的组件是（　　）。

A．Text   B．Label

C．Entry   D．Listbox

三、编程题

1．如图 8-19 所示，在 Entry 组件内输入数学表达式，并列出计算结果。

图 8-19　题 1 的运行结果

2．使用 RadioButton 组件编写程序，运行结果如图 8-20 所示。

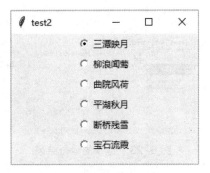

图 8-20　题 2 的运行结果

3．使用 Listbox 组件编程实现如图 8-21 所示的程序，在单击"排序"按钮时默认从小到大排序，若是先勾选复选框再单击"排序"按钮，则从大到小排序。

图 8-21　题 3 的运行结果

4．使用 Frame 组件和 LabelFrame 组件编程实现如图 8-22 所示的程序。其中，"宋体"按钮的颜色为红色，"楷体"按钮的颜色为绿色，"黑体"按钮的颜色为蓝色，标签框架 1 中"斜体"按钮的颜色为棕色，标签框架 2 中"下画线"按钮的颜色为黑色。

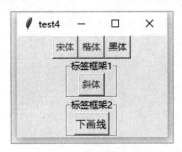

图 8-22　题 4 的运行结果

5．使用 Text 组件编程实现如图 8-23 所示的程序，在窗体上方有 3 个可供选择的字体，分别为 Arial、Times、Courier。其中，Arial 为默认字体，normal 选项和 bold 选项用于控制字体的粗细。用户在 Text 文本区域输入文字，然后选择不同的字体和粗细，可以看到所输入的文字因选择不同而发生不同的变化。

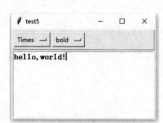 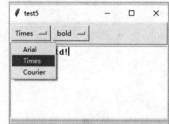 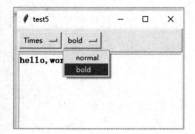

图 8-23　题 5 的运行结果

第 9 章

Python 科学计算与数据分析基础

- ☑ 了解科学计算和数据分析等概念
- ☑ 掌握使用 Numpy 对数组（矩阵）进行操作
- ☑ 掌握使用 Pandas 对数据进行读取和统计分析
- ☑ 掌握使用 Matplotlib 对数据进行可视化

工欲善其事，必先利其器。熟练掌握一个科学计算和数据分析工具可以让操作者事半功倍，提高学习和工作效率。Python 作为目前最受欢迎的程序设计语言之一，有着众多专用的科学计算扩展库，可以为数据科学、机器学习和学术/工业界通用软件开发提供很多接口，为实际的工程实践或科研人员提供快速的数组处理、数值计算，以及图表绘制功能。本章介绍了使用 Python 进行科学计算与数据分析的方法，主要介绍常用的 3 个扩展库：Numpy、Pandas 和 Matplotlib，并简要讲解它们的一些基本操作。

9.1 科学计算和数据分析

人们最初设计计算机是为了科学计算。在第二次世界大战前后，各国之间在军事上的竞争都需要通过计算机进行大量的计算。为了高效地进行科学计算，Fortran 语言在美国国家航空航天局（NASA）得到了广泛应用，并形成了 Fortran 数值计算库。随后，面向矩阵运算的 MATLAB 软件问世，它以 M 语言为基础进行数值计算和可视化，在科学研究过程中起到了非常重要的作用。

数据分析是运用适当的统计、分析方法对收集来的大量数据进行分析，并将它们加以汇总和理解消化，以求最大化地开发数据的功能，发挥数据的作用。数据分析是为了提取有用信息和形成结论而对数据加以详细研究和概括总结的过程。它的目的是把隐藏在一大批看起来杂乱无章的数据中的信息集中和提炼出来，从而找出所研究对象的内在规律。在实际应用中，数据分析可以帮助人们做出判断，以便采取适当行动。数据分析是有组织、有目的地收集数据、分析数据，并使之成为信息的过程。

随着 Python 的普及，以及 Numpy、Pandas 和 Matplotlib 等第三方库的发布，研究人员发现大部分科学计算和数据分析等工作都可以在 Python 环境下完成。比如，目前非常流行的人工智能和深度学习的很多功能都被封装在 TensorFlow 模块中，开发者可以很方便地调用其中的函数并对数据进行分析、回归和预测。

9.2 Numpy 及简单应用

Numpy 是 Python 的一个用于科学计算的工具包，这种工具包可以用来存储和处理大型矩阵，为科学计算提供了基础数据结构。它支持高维数组与矩阵运算，也为数组运算提供大量的数学函数库，其功能主要包括：

（1）创建一个 *N* 维的数据对象 Array。

（2）成熟的函数计算库。

（3）用于整合 C/C++和 Fortran 代码的工具包。

（4）实用的线性代数、傅里叶变换和随机数生成函数等。

虽然 Python 的列表（list）数据类型可以通过嵌套列表形成多维数组，但是因为 Python 是一种动态语言，所以这种做法的效率太低。同时，Python 中的名字绑定机制使得在用嵌套列表时，除了要存放真正的数据，还需要保存对象的引用/指针（名字与对象的关系），这样会造成空间上的浪费。

9.2.1 一维数组和二维数组

我们可以通过 Numpy 中的 array()函数把一个序列转换为一个数组，也可以通过数组的属性查看数组的一些信息。

Numpy 数组的维数称为秩，所谓秩就是轴的数量，一维数组的秩为 1，二维数组的秩为 2，以此类推。在 Numpy 中，可以通过 ndarray.ndim 属性查看数组的维数。例如：

```
>>> import numpy as np
>>> a=np.array(range(5))
>>> print(a)
[0 1 2 3 4]
>>> print('数组 a 的维数为: ',a.ndim)
数组 a 的维数为: 1
>>> b = np.array([(1, 2), (3, 4), (5, 6)])
>>> print(b)
[[1 2]
 [3 4]
 [5 6]]
>>> print('数组 b 的维数为: ',b.ndim)
数组 b 的维数为: 2
```

array()函数可以把列表/元组等转换为一个数组。我们可以通过数组的 shape 属性查看数组的大小，通过 dtype 属性查看数组元素的类型。以二维数组为例，通过以下代码可以获得数组的行数和列数，以及元素的类型。

```
>>> c=np.array([[3,4,5],[6,7,8]])
>>> print('数组 c 的大小为: ',c.shape)
数组 c 的大小为:  (2, 3)
>>>print("元素类型为: ",c.dtype)
元素类型为:  int32
```

我们也可以使用 Numpy 的 ndarray.reshape 函数来调整当前数组的大小，但数组元素个数不会改变。例如：

```
>>> c=np.array([[3,4,5],[6,7,8]])
>>> print('当前数组为: \n',c)
当前数组为:
 [[3 4 5]
 [6 7 8]]
>>> d=c.reshape(3,2)
>>> print('调整后的数组为: \n',d)
调整后的数组为:
 [[3 4]
 [5 6]
 [7 8]]
```

数组 c 原来的大小为(2,3)，共 6 个元素。通过 c.reshape(3,2)语句，可以将其转换成大小为(3,2)的数组 d，数组 d 中仍然包含 6 个元素。

9.2.2　特殊数组的创建

Numpy 为用户提供了许多特殊数组的创建方法，除了可以使用底层 ndarray 构造器来创建，还可以通过以下方式来创建。

1. 空数组的创建

numpy.empty()方法可以根据给定的大小和数值类型返回一个新的数组，该方法只负责申请空间，而不对元素进行初始化，使用方法如下：

```
numpy.empty(shape, dtype = float, order = 'C')
```

empty()函数参数说明如表 9-1 所示。

表 9-1　empty()函数参数说明

参　　数	描　　述
shape	对创建数组的形状进行定义
dtype	对创建数组的数据类型进行定义，可选。默认为 float64 类型
order	包含 "C" 和 "F" 两个选项，分别表示行优先和列优先，表示在内存中的存储顺序，默认按行优先存放

下面创建一个 2 行 2 列的空数组。

```
>>> f=np.empty([2,2],dtype=float)
>>> print('创建的未初始化的数组为: \n',f)
创建的未初始化的数组为:
 [[3.66e-322 0.00e+000]
 [0.00e+000 0.00e+000]]
```

注意: 上述创建的数组处于未初始化状态, 数据元素均为随机值。

2. 零数组的创建

numpy.zeros()方法可以创建一个指定大小、数组元素全为 0 的数组, 使用方法如下:

```
numpy.zeros(shape, dtype = float, order = 'C')
```

zeros()函数参数说明如表 9-2 所示。

表 9-2　zeros()函数参数说明

参　　数	描　　述
shape	对创建数组的形状进行定义
dtype	对创建数组的数据类型进行定义, 可选。默认为 float64 类型
order	包含 "C" 和 "F" 两个选项, 分别表示行优先和列优先, 表示在内存中的存储顺序, 默认按行优先存放

下面分别创建一个一维和二维的零数组。

```
>>> x=np.zeros(6)
>>> print(x)
[0. 0. 0. 0. 0. 0.]
>>> y=np.zeros((2,3),dtype=int)
>>> print(y)
[[0 0 0]
 [0 0 0]]
```

3. 幺数组的创建

numpy.ones()方法可以创建一个指定形状, 数组元素全为 1 的数组, 使用方法如下:

```
numpy.ones(shape, dtype = None, order = 'C')
```

ones()函数参数说明如表 9-3 所示。

表 9-3　ones()函数参数说明

参　　数	描　　述
shape	对创建数组的形状进行定义
dtype	对创建数组的数据类型进行定义, 可选。默认为 float64 类型
order	包含 "C" 和 "F" 两个选项, 分别表示行优先和列优先, 表示在内存中的存储顺序, 默认按行优先存放

通过下面的代码, 我们可以创建一个 3 行 3 列且所有元素均为 1 的一个二维数组。

```
>>> w=np.ones((3,3),dtype=int)
>>> print(w)
[[1 1 1]
 [1 1 1]
 [1 1 1]]
```

4．单位方阵的创建

numpy.identity()方法可以创建一个行数和列数相同的二维数组，即一个方阵。除了主对角线（其值等于 1），所有元素均等于 0，使用方法如下：

```
numpy.identity(shape, dtype = None, order = 'C')
```

identity()函数参数说明如表 9-4 所示。

表 9-4　identity()函数参数说明

参　　数	描　　述
shape	对创建数组的形状进行定义
dtype	对创建数组的数据类型进行定义，可选。默认为 float64 类型
order	包含 "C" 和 "F" 两个选项，分别表示行优先和列优先，表示在内存中的存储顺序，默认按行优先存放

下面的代码可以产生一个 3 行 3 列的单位矩阵（主对角线元素全为 1，其余元素全为 0 的矩阵）。

```
>>> i=np.identity(3, dtype='int')
>>> print(i)
[[1 0 0]
 [0 1 0]
 [0 0 1]]
```

5．等差数列的创建

在 Numpy 中，我们可以使用 arange()函数创建在一定数值范围内的 ndarray 对象，并根据设定的数值范围和步长大小，得到不同差值的等差数列。arange()函数的语法格式如下：

```
numpy.arange(start, stop, step, dtype)
```

arange()函数参数说明如表 9-5 所示。

表 9-5　arange()函数参数说明

参　　数	描　　述
start	数值范围的起始值，默认为 0
stop	数值范围的终止值
step	步长，默认为 1
dtype	创建的 ndarray 对象的数据类型。在未指定时，使用输入数据的类型

通过下面的代码，可以得到一个初值为 0，差值为 2 的等差数列。

```
>>> arith_pro=np.arange(0,10,2)
>>> print(arith_pro)
[0 2 4 6 8]
```

使用 linspace()函数也可以产生一个等差数列，但它不指定步长，需要通过指定元素个数来确定步长。比如，np.linspace(0.1,1,10)的步长是 1/10，即 0.1，那么这个等差数列是[0.1 0.2 0.3 0.4 0.5 0.6 0.7 0.8 0.9 1.]。

9.2.3　数组的操作和运算

Numpy 有许多数组操作和运算，我们经常用到的有算术运算、某个维度上的求和、求平均值、最大值和最小值、排序，以及切片操作、数组的连接操作和分割操作、布尔运算等。

1. 算术运算

可以对数值和数组运算。例如：

```
import numpy as np
a=np.array(range(5))
b=a*2                          #a 中的每个元素都乘以 2。除法、加法和减法与乘法类似
print(b)
```

运行结果如下：

```
[0 2 4 6 8]
```

可以对二维数组（矩阵）进行乘法运算。例如：

```
import  numpy  as  np
a=np.array([[1,1],
       [0,1]])
b=np.arange(4).reshape((2,2))
c=a*b                          #两个同型矩阵对应元素的乘积
c_dot=np.dot(a,b)              #矩阵的乘法运算
c_dot_2=a.dot(b)              #矩阵 ab 的乘积
print(c)
print(c_dot)
print(c_dot_2)
```

运行结果如下：

```
[[0 1]
 [0 3]]
[[2 4]
 [2 3]]
[[2 4]
 [2 3]]
```

也可以对矩阵进行转置操作。例如：

```
import numpy as np
A=np.arange(1,10).reshape(3,3)
print(A)
print(np.transpose(A))        #对 A 做转置
print(A.T)                    #对 A 做转置
```

运行结果如下：

```
[[1 2 3]
 [4 5 6]
 [7 8 9]]
[[1 4 7]
 [2 5 8]
 [3 6 9]]
[[1 4 7]
 [2 5 8]
 [3 6 9]]
```

2．某个维度上求和、均值、最大值、排序及标准差和方差

```python
import numpy as np
A=np.arange(1,10).reshape(3,3)
print(A)
print('所有元素和:',np.sum(A))                    #所有元素求和
print('垂直方向和:',np.sum(A,axis=0))             #纵向求和
print('水平方向和:',np.sum(A,axis=1))             #横向求和
print('最大值:',np.max(A))                        #所有元素最大值
print('垂直方向最大值:',np.max(A,axis=0))         #纵向最大值
print('水平方向最大值:',np.max(A,axis=1))         #横向最大值
B=np.array([[1,3,5],[0,2,1],[2,4,6]])
print(B)
print('垂直方向排序:',np.sort(B,axis=0))
print('水平方向排序:',np.sort(B,axis=1))
print('B 标准差:',np.std(B))
print('B 方差:',np.var(B))
```

运行结果如下：

```
[[1 2 3]
 [4 5 6]
 [7 8 9]]
所有元素和: 45
垂直方向和: [12 15 18]
水平方向和: [ 6 15 24]
最大值: 9
垂直方向最大值: [7 8 9]
水平方向最大值: [3 6 9]
[[1 3 5]
 [0 2 1]
 [2 4 6]]
垂直方向排序: [[0 2 1]
 [1 3 5]
 [2 4 6]]
水平方向排序: [[1 3 5]
 [0 1 2]
 [2 4 6]]
B 标准差: 1.8856180831641267
B 方差: 3.5555555555555554
```

3．切片操作

针对 ndarray 对象，Numpy 提供了类似于 Python 中列表切片操作的功能。ndarray 数组能够通过下标进行索引，切片对象可以通过内置的 slice()函数从原数组中切割出一个新数组。我们只需要通过 ndarray[slice(start，stop，step)]方法就可以实现 ndarray 对象的切片操作。

示例代码如下：

```python
>>> a=np.arange(10)
>>> print('原数组: \n',a)
```

```
原数组:
 [0 1 2 3 4 5 6 7 8 9]
>>> print('切片获取的数组: \n',a[slice(2,7,2)])
切片获取的数组:
 [2 4 6]
```

除了上述切片方法,我们还可以通过冒号分隔切片参数 start:stop:step 来进行切片操作。例如:

```
>>> print('切片获取的数组: \n',a[0:8:1])
切片获取的数组:
 [0 1 2 3 4 5 6 7]
```

在冒号分割符中,如果只放置一个参数,则返回的结果是与该索引对应的单个元素。如果放置的为[start:],则表示获取从该索引开始后的所有项。如果放置了两个参数的话,则表示获取两个索引之间的所有项。

Numpy 中的数组切片与 Python 中的列表切片类似,但是对列表进行切片操作时,解释器会复制对应元素来创建新的列表。而通过数组切片得到的新数组是原数组的一个视图,即新数组和原数组在内存中使用同一片存储空间。例如:

```
>>> import numpy as np
>>> x=np.array([0,1,2,3,4,5])
>>> print(x)
[0 1 2 3 4 5]
>>> y=x[:4]
>>> print(y)
[0 1 2 3]
>>> y[2]=90
>>> print(y)
[ 0  1 90  3]
>>> print(x)
[ 0  1 90  3  4  5]
```

4. 数组的连接操作

在使用 Numpy 数组时,我们经常会遇到将两个数组合并为一个数组的情况,此时我们就可以使用 hstack()函数或 vstack()函数分别在水平或垂直方向上将两个数组进行连接。

使用 numpy.hstack()函数在水平方向上连接两个数组。

```
>>> a=np.array([[1,2],[3,4]])
>>> b=np.array([[5,6],[7,8]])
>>> c=np.hstack((a,b))
>>> print('第一个数组: \n',a)
第一个数组:
 [[1 2]
 [3 4]]
>>> print('第二个数组: \n',b)
第二个数组:
 [[5 6]
 [7 8]]
```

```
>>> print('连接二个数组: \n',c)
连接二个数组:
 [[1 2 5 6]
 [3 4 7 8]]
```

使用 numpy.vstack()函数在垂直方向上连接两个数组。

```
>>> c=np.vstack((a,b))
>>> print('连接二个数组: \n',c)
连接二个数组:
 [[1 2]
 [3 4]
 [5 6]
 [7 8]]
```

5．数组的分割操作

我们可以使用 numpy.split()函数将一个数组沿着特定的方向进行分割，使用方法如下：

```
numpy.split(array, indices_or_sections, axis)
```

split()函数参数说明如表 9-6 所示。

表 9-6　split()函数参数说明

参　　数	描　　述
array	被分割的数组
indices_or_sections	如果是一个整数，就用该数平均切分数组。如果是一个数组，则为沿轴切分的位置（左开右闭）
axis	表示数组的切分方向，默认为 0，横向切分。为 1 时，纵向切分

可以通过以下代码将一个数组在水平或垂直方向上进行分割。

```
>>> x=np.array([[1,2,3],[4,5,6],[7,8,9]])
>>> print('原数组: \n',x)
原数组:
 [[1 2 3]
 [4 5 6]
 [7 8 9]]
>>> print('沿水平方向分割数组: \n',np.split(x,3))
沿水平方向分割数组:
 [array([[1, 2, 3]]), array([[4, 5, 6]]), array([[7, 8, 9]])]
>>> print('沿垂直方向分割数组: \n',np.split(x,3,axis=1))
沿垂直方向分割数组:
 [array([[1],
       [4],
       [7]]), array([[2],
       [5],
       [8]]), array([[3],
       [6],
       [9]])]
```

6．布尔运算

两个数组也可以进行比较运算，即数组中对应元素被逐一比较，并返回一个布尔型数组。例如：

```
import numpy as np
A=np.array([60,50,76,82,92])
print(A>=60)                    #将 A 中的每个元素与 60 做比较，并返回一个布尔值
B=np.array([62,60,80,70,80])
print(A<B)
```

运行结果如下：

```
[ True False  True  True  True]
[ True  True  True False False]
```

9.3 Pandas 及简单应用

在上一节中，我们主要介绍了 Numpy 的一些常见使用方法。本节将对 Pandas 的数据结构及其常用的统计分析方法进行介绍。

Pandas 是一款开源的 Python 扩展库，为 Python 编程语言提供了高性能、易于使用的数据结构和数据分析工具。它最初是被用作金融数据分析工具的，提供了一套类似 Excel 的标准数据应用框架，包含了类似 Excel 表格的数据帧（DataFrame），带有快速处理数据的函数和方法。

9.3.1 数据结构

Pandas 是科学计算领域常用的三大软件库之一，其处理的数据结构类型包括系列（Series）、数据帧（DataFrame）和面板（Panel）。考虑这些数据结构的最好方法是：较高维数据结构是其较低维数据结构的容器。例如，数据帧是系列的容器，面板是数据帧的容器。Pandas 数据结构如表 9-7 所示。

表 9-7　Pandas 数据结构

数 据 结 构	维　　数	描　　　　述
系列	1	1D 标记均为数组类型，其大小不变
数据帧	2	一般为 2D 标记，表示大小可变的表结构与潜在的异质类型的列
面板	3	一般为 3D 标记，表示大小可变数组

系列一般是具有一维结构的数组，其尺寸大小不可被改变，而其中所包含的数据值是能够被改变的。数据帧一般表示为一个具有异构数据的二维数组，其尺寸大小和帧中所包含的数据均可改变。面板是具有异构数据的三维数据结构，所以在图形中很难表示面板，但是一个面板可以声明为数据帧的容器。此外，构建和处理两个或两个以上维数的数组是一项烦琐的任务，用户在编写函数时要考虑数据集的方向。

9.3.2 数据的读取

数据分析、数据挖掘和数据可视化是 Python 的强项，但它们都必须以数据作为基础。Pandas 提供了多种类型的数据读取功能，包括我们在数据分析中经常接触到的一些 CSV 文

件、Excel 文件、table 数据及数据库数据，大大简化了使用者对数据的处理过程。

1．CSV 数据文件读取

CSV 是一种逗号分隔的文件格式，因为其分隔符不一定是逗号，所以又被称为字符分隔文件。CSV 文件数据读取格式如下：

```
pandas.read_csv(数据文件名, seq=',', header='infer', names=None, index_col=None,
dtype=None, engine=None, nrows=None)
```

另外，对于 txt 文件，我们也可以使用 read_csv()方法进行数据读取，当然也使用相同的方法写入文件中。

2．Excel 数据文件读取

Excel 文件数据读取格式如下：

```
pandas.read_excel(path, sheet_name = ['表 1', '表 2'])
```

使用上面的方法，可以轻松地取出指定 Excel 文件中的多个数据表。

3．table 数据读取

table 文件数据读取格式如下：

```
pandas.read_table(文件名, sep=',', header=None, usecols=[1,2], names=['date',
'power'], nrows=10)
```

其中，sep 表示数据分隔符；header 默认为 None，表示没有表头；usecols 表示选取指定列，这里选定第 2、3 列；names 用于指定列名；nrows 代表取前几行，这里取前 10 行。

4．数据库读取

除了读取文件数据，Pandas 还提供了数据库的读取方法，下面我们以 MySQL 数据库为例，介绍其数据读取方法。

MySQL 数据库数据读取格式如下：

```
pandas.read_sql( sql, con, index_col = None, coerce_float = True, params = None,
parse_dates = None, columns = None, chunksize = None )
```

MySQL 数据库读取命令参数如表 9-8 所示。

表 9-8　MySQL 数据库读取命令参数

参　　数	描　　述
sql	执行的 SQL 语句或操作的表名
con	数据库连接的参数配置
index_col	可选的字符串或字符串列表，默认为 None
coerce_float	布尔值，默认为 True。尝试将非字符串或非数字对象的值转换为浮点型
params	要传递给执行方法的参数列表，默认为 None
parse_dates	要解析为日期的列表，默认为 None
columns	从 SQL 表中选择的列名列表，默认为 None
chunksize	包含在每个块中的行数，默认为 None

9.3.3 数据统计与分析

Pandas 对象拥有一组常用的数学和统计方法，大部分都可以简化和汇总统计，用于从 Series 中提取单个的值或者从 DataFrame 中的行或列中提取一个 Series。下面我们分别对 Series 和 DataFrame 中的数据进行简单演示。

1. Series 操作

Pandas Series 就像是表格中的一个列（column），类似于一维数组，可以保存任何数据类型。Series 由索引（index）和列组成，函数如下：

```
pandas.Series( data, index, dtype, name, copy)
```

Series 函数参数说明如表 9-9 所示。

表 9-9 Series 函数参数说明

参　　数	描　　述
data	一组数据（ndarray 类型）
index	数据索引标签，如果不指定，则默认从 0 开始
dtype	数据类型，默认会自己判断
name	设置名称
copy	复制数据，默认为 False

下面通过例子来简单说明 Series 的用法。

```
import pandas as pd
name=['北京','上海','杭州']
city=pd.Series(name)
print(city)
print(city[2])
```

输出结果：

```
0    北京
1    上海
2    杭州
dtype: object
杭州
```

从上面的运行结果可以看出，如果没有指定索引，那么索引值就从 0 开始。我们也可以指定索引值。

```
import pandas as pd
name=['北京','上海','杭州']
code=['010','021','0571']
city=pd.Series(name,index=code)
print(city)
print(city['021'])
```

输出结果：

```
010    北京
021    上海
0571    杭州
```

```
dtype: object
上海
```

我们也可以使用字典中的键-值对来初始化一个 Series。例如：

```
import pandas as pd
d = {'010': "北京", '021': "上海", '0571': "杭州"}
city = pd.Series(d)
print(city)
print(city['010'])
```

输出结果：

```
010      北京
021      上海
0571     杭州
dtype: object
北京
```

2. DataFrame

DataFrame 是一个表格型的数据结构，它包含一组有序的列，每一列可以是不同的值类型（数值、字符串、布尔型值）。DataFrame 既有行索引也有列索引，可以被看作是由 Series 组成的字典（共同用一个索引）。DataFrame 函数的使用方法如下：

```
pandas.DataFrame( data, index, columns, dtype, copy)
```

所创建的 Pandas DataFrame 是一个二维的数组结构，类似于二维数组，DataFrame 函数参数说明如表 9-10 所示。

表 9-10　DataFrame 函数参数说明

参　　数	描　　述
data	一组数据（ndarray、series、map、lists、dict 等类型）
index	索引值，或者可以称为行标签
columns	列标签，默认为 RangeIndex（0、1、2、…、n）
dtype	数据类型
copy	复制数据，默认为 False

下面通过列表来创建一个 DataFrame。

```
import pandas as pd
data = [["北京",'010'],["上海",'020'],["杭州",'0571']]
df = pd.DataFrame(data,columns=['city','code'],dtype=str)
print(df)
```

输出结果：

```
    city   code
0   北京     010
1   上海     020
2   杭州     0571
```

使用 ndarrays 创建以下实例，ndarray 的长度必须相同，如果传递了 index，则索引的长度应该等于数组的长度。如果没有传递索引，则在默认情况下，索引将是 range(n)。其中，n 是数组长度。Pandas 可以使用 loc 属性返回指定行的数据，如果没有设置索引，则第 1 行索引为 0，第 2 行索引为 1，以此类推。

```
import pandas as pd
data = {'city':['北京','上海','杭州'],'code':['010','021','0571']}
df = pd.DataFrame(data)
print(df)
print(df.loc[2])
```

输出结果：

```
   city code
0   北京   010
1   上海   021
2   杭州   0571
city        杭州
code      0571
Name: 2, dtype: object
```

Pandas 模块也为我们提供了非常多的描述性统计分析的指标函数，如总和、均值、最小值、最大值等，下面我们通过一个例子来说明。例如，当前目录下有一个保存成绩的文件 grade.csv，里面存放着如图 9-1 所示的数据。

	A	B	C	D
1	num	name	grade	
2	200101	lijun	86	
3	200102	wangwu	76	
4	200103	wangren	95	
5	200104	guming	65	
6	200105	zhanghua	70	
7	200106	lijing	82	
8	200107	zhouren	68	
9	200108	liuming	60	
10	200109	tanghao	84	
11				

图 9-1　学生成绩

首先，我们创建一个数据帧（DataFrame），读入这些数据，然后调用 status() 函数，把这些数据的统计信息打印出来。

```
def status(x):
    return pd.Series([x.min(), x.mean(), x.max(), x.std(), data.var()], in-
dex=['最小值', '均值', '最大值', '标准差', '方差'])

import pandas as pd
data = pd.read_csv('grade.csv')      #读取 CSV 文件
print(data.head(10))                 #打印前 10 行数据内容
print(" 统计信息如下: ")
print(status(data['grade']))
```

输出结果：

```
     num      name    grade
0  200101    lijun    86
1  200102    wangwu   76
```

```
2   200103    wangren    95
3   200104     guming    65
4   200105   zhanghua    70
5   200106     lijing    82
6   200107    zhouren    68
7   200108    liuming    60
8   200109    tanghao    84
统计信息如下:
最小值                        60
均值                         76.222222
最大值                        95
标准差                        11.388347
方差      num                7.500000
```

从上面的运行结果可以看出，Pandas 会根据数据帧的列标签分别对数据进行计算，而不需要我们对其进行一些特别的设置，大大降低了计算的复杂性。

9.4　Matplotlib 及简单应用

有时数据包含着丰富的信息，如果能够让这些数据清晰地、友好地、直观地展示出来，那么我们就有可能发现这些信息。比如，把股票的数据画成 K 线图可以看出股票的走势；把学生的期末成绩分布情况制作成一个柱形图，可以帮助教师更好地进行教学分析。

Matplotlib 是 Python 的 2D＆3D 开源绘图库，可以处理数学运算、绘制图表或者在图像上绘制点、直线和曲线。它通过 pyplot 模块提供了和 MATLAB 类似的绘图 API，将众多绘图对象所构成的复杂结构隐藏在这套 API 内部。它采用的是 Python 2D-绘图领域使用最广泛的套件，可以应用于 Python 脚本、Python 和 IPython shell、Jupyter 笔记本，甚至 Web 应用程序服务器。它能让使用者很轻松地将数据图形化，并且提供多样化的输出格式，只需几行代码即可生成各种常见的图形。

注意：在安装 Matplotlib 之前需要先安装 Numpy。

9.4.1　Matplotlib 绘图基本方法

在 Matplotlib 绘图结构中，通过 figure 面板创建窗口，subplot 创建子图，所有的绘画只能在子图中进行。下面我们在默认设置状态下绘制指数函数和多项式曲线。

【实例 9-1】绘制指数函数和多项式曲线。

程序代码如下：

```
#example9-1.py
import numpy as np
import matplotlib.pyplot as plt          #导入 Matplotlib 库
X = np.arange(-np.pi,np.pi,np.pi/180)    #设定横坐标变化范围[-pi, pi]
```

```
Y1,Y2 = 0.3**X, X**3+X+1              #生成指数函数曲线和多项式曲线
plt.plot(X,Y1)                       #绘制指数函数曲线
plt.plot(X,Y2)                       #绘制多项式曲线
plt.show()
```

绘制的图形如图 9-2 所示。

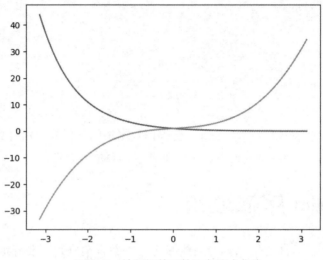

图 9-2　绘制指数函数和多项式曲线

plot()函数用于绘图，函数原型如下：

```
plot(x,y,format_string,**kwargs)
```

其中，x 为 x 轴数据，用列表或数组表示，可选；y 为 y 轴数据，用列表或数组表示；format_string 为控制曲线的格式字符串，可选；**kwargs 表示第二组或更多。

通过 plot()函数绘制的图形，可以由 show()函数显示出来。在默认的绘图配置下，我们只需给定图形的横、纵坐标范围，就可以通过 plt.plot()方法在同一个图中得到我们所需要的图形。我们也可以通过 subplot()方法在两个子图中分别绘制两种曲线。

【实例 9-2】在子图中绘制图形。

程序代码如下：

```
#example9-2.py
import numpy as np
import matplotlib.pyplot as plt        #导入 Matplotlib 库
X = np.arange(-np.pi,np.pi,np.pi/180)
Y1,Y2 = 0.3**X, X**3+X+1               #生成指数函数曲线和多项式曲线
plt.subplot(2,1,1)                     #设置第一张子图
plt.plot(X,Y1)                         #生成指数函数曲线
plt.subplot(2,1,2)                     #设置第二张子图
plt.plot(X,Y2)                         #生成多项式曲线
plt.show()
```

绘制的图形如图 9-3 所示。

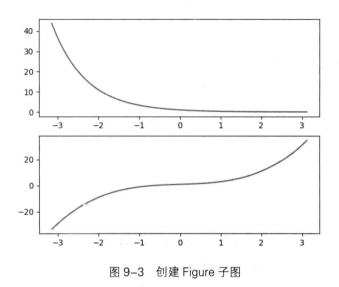

图 9-3　创建 Figure 子图

9.4.2　Matplotlib 图像属性设置

通过 9.4.1 节的实例，我们已经得到了基本的曲线图形，接下来我们对其中的一些属性进行设置，进而美化所绘制的图形。

1. 颜色、线宽与线形

在进行图形绘制时，我们可以通过其 color 属性改变曲线的颜色，通过 linewidth 属性改变曲线的宽度，通过 linestyle 属性修改曲线的形状。

【实例 9-3】设置图形中曲线的颜色和线形。

程序代码如下：

```
#example9-3.py
import numpy as np
import matplotlib.pyplot as plt
X = np.arange(-np.pi,np.pi,np.pi/180)
Y1,Y2 = 0.3**X, X**3+X+1
#生成指数函数曲线和多项式曲线
#设定曲线颜色为黑色，线宽1.5，线段形状为点实线
plt.plot(X,Y1,color="black",linewidth="1.5",linestyle="-.")
#设定曲线颜色为红色，线宽1.5，线段形状为虚线
plt.plot(X,Y2,color="red",linewidth="1.5",linestyle=":")
plt.show()
```

运行结果如图 9-4 所示。

2. 图形标签

通过图形的 legend 属性，可以对图形的显示标签及其位置进行设置。

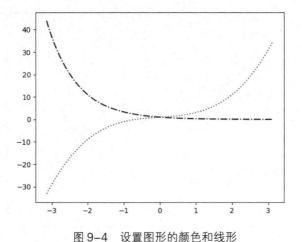

图 9-4　设置图形的颜色和线形

【实例 9-4】设置图形标签和标题。

程序代码如下：

```
#example9-4.py
import numpy as np
import matplotlib.pyplot as plt
X = np.arange(-np.pi,np.pi,np.pi/180)
Y1,Y2 = 0.3**X, X**3+X+1
#生成指数函数曲线和多项式曲线
#设定曲线颜色为黑色，线宽1.5，线段形状为点实线
plt.plot(X,Y1,color="black",linewidth="1.5",linestyle="-.", label="0.3**x")
#设定曲线颜色为红色，线宽1.5，线段形状为虚线
plt.plot(X,Y2,color="red",linewidth="1.5",linestyle=":",label="x**3+x+1")
plt.legend(loc='upper left')      #设置标签位于左上方
plt.show()
```

绘制的图形如图 9-5 所示。

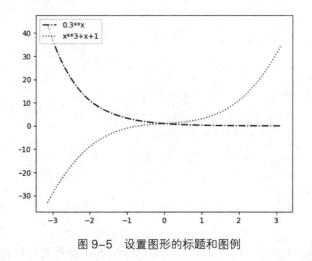

图 9-5　设置图形的标题和图例

其中，图像的标签位置参数 loc 还包括"lower left"（左下）、"upper right"（右上）、"lower right"（右下）和"center"（居中）等。

3．脊柱

Matplotlib 图形的坐标轴线及其上面的记号一起形成了脊柱（Spines），它记录了数据区域的范围，我们可以在绘制图形的过程中选择 Spines 的显示位置，从而美化图形显示的效果。实际上每幅图有 4 条脊柱（分为上下左右 4 条），为了将脊柱放置在图的中间，我们必须将上方和右边的脊柱设置为无色，然后将剩下的两条脊柱调整到合适的位置，也就是数据空间的 0 点位置。

【实例 9-5】设置坐标轴的显示位置。

程序代码如下：

```python
#example9-5.py
import numpy as np
import matplotlib.pyplot as plt
ax = plt.gca()
ax.spines['right'].set_color('none')          #隐藏图形的右边脊柱
ax.spines['top'].set_color('none')            #隐藏图形的上方脊柱
ax.xaxis.set_ticks_position('bottom')
#调整图形的下方脊柱到合适位置
ax.spines['bottom'].set_position(('data',0))
ax.yaxis.set_ticks_position('left')
#调整图形的左方脊柱到合适位置
ax.spines['left'].set_position(('data',0))
X = np.arange(-np.pi,np.pi,np.pi/180)
Y1,Y2 = 0.3**X, X**3+X+1
#生成指数函数曲线和多项式曲线
#设定曲线颜色为黑色，线宽1.5，线段形状为点实线
plt.plot(X,Y1,color="black",linewidth="1.5",linestyle="-.",label="0.3**x")
#设定曲线颜色为红色，线宽1.5，线段形状为虚线
plt.plot(X,Y2,color="red",linewidth="1.5",linestyle=":",label="x**3+x+1")
plt.legend(loc='upper left')
plt.show()
```

运行结果如图 9-6 所示。

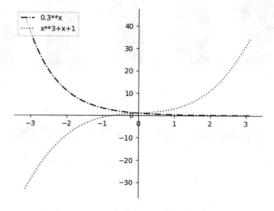

图 9-6　设置图形的坐标轴位置

9.4.3 基于 Matplotlib 的常用图形绘制

在介绍了一些基本的图形绘制方法和图形属性后，我们将使用这些方法和属性来绘制一些常用的图形。

1. 柱形图：通过 Matplotlib 的 bar()函数可以绘制柱形图

【实例 9-6】绘制某次期末考试成绩分布柱形图，假定期末考试五级制的比率分别为优秀 20%、良好 30%、中等 30%、及格 15%和不及格 5%。

程序代码如下：

```python
#example9-6.py
import numpy as np
import matplotlib.pyplot as plt
plt.rcParams['font.sans-serif']=['SimHei']          #设置中文字体
x = np.array(['优秀','良好','中等','及格','不及格'])
y = np.array([20,30,30,15,5])
#绘制柱形图
plt.bar(x,y,color='blue',label='期末成绩分布',width=0.5)
plt.legend(loc='upper left')
plt.show()
```

生成的柱形图如图 9-7 所示。

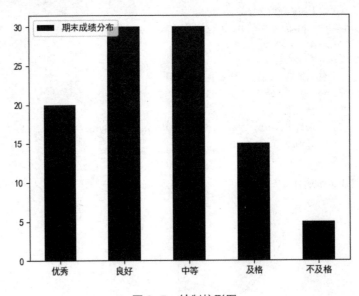

图 9-7　绘制柱形图

2. 散点图：通过 Matplotlib 的 scatter()函数可以绘制散点图

【实例 9-7】散点图示例。

程序代码如下：

```python
#example9-7.py
import numpy as np
```

```
import matplotlib.pyplot as plt
plt.rcParams['font.sans-serif']=['SimHei']        #设置中文字体
x = np.random.randn(100)                          #随机产生 100 个随机数
y = np.random.randn(100)
plt.scatter(x,y,color='red',label='散点图示例')
plt.legend(loc='lower right')
plt.show()
```

生成的散点图如图 9-8 所示。

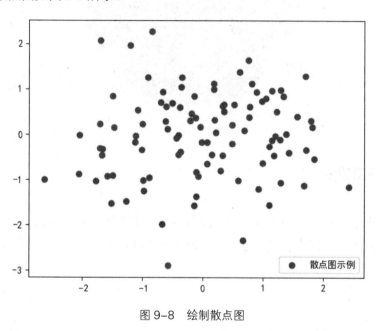

图 9-8   绘制散点图

3. 饼状图

【实例 9-8】将实例 9-6 制作成饼状图。

程序代码如下：

```
#example9-8.py
import numpy as np
import matplotlib.pyplot as plt
plt.rcParams['font.sans-serif']=['SimHei']        #设置中文字体
labels = '优秀', '良好', '中等', '及格','不及格'
fracs = [20, 30, 30, 15,5]
explode = [0.2, 0, 0, 0,0]
plt.axes(aspect=1)
#设置饼图起始角大小、文本格式、阴影和标签距离
plt.pie(x=fracs,  labels=labels,  explode=explode,  autopct=  '%3.1f%%',
shadow=True, labeldistance=1.1, startangle = 90, pctdistance = 0.6)
plt.show()
```

运行结果如图 9-9 所示。

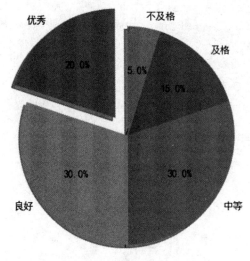

图 9-9　绘制饼状图

9.5　应用实例

【实例 9-9】我们以一个班级期末考试成绩为例，对其进行统计分析，并将学生的总分数绘制成一个柱形图。首先，我们通过下列命令来读取该 CSV 文件，并查看其中前 10 行数据的内容。

程序代码如下：

```
#example9-9.py
import pandas as pd
import  numpy as np
import matplotlib.pyplot as plt
#读取 CSV 文件，并通过设置 encoding="gbk"来显示中文
data = pd.read_csv('成绩.csv',encoding="gbk")
print(data.head(10)) #打印前 10 行数据内容
```

运行结果如下：

	学号	姓名	语文	数学	英语	总分
0	200101	李军	86	92	83	261
1	200102	王武	76	62	50	188
2	200103	王仁	95	81	73	249
3	200104	顾明	65	65	68	198
4	200105	张华	70	75	79	224
5	200106	李静	82	86	75	243
6	200107	周仁	68	75	68	211
7	200108	刘明	60	69	78	207
8	200109	汤浩	84	88	92	264

然后，我们通过 Pandas 的统计工具，计算出数据中"剩余数"的最大值、最小值和平均值。

程序代码如下：

```
df = data['总分']
df_max = df.max()          #获取剩余数中的最大值
df_min = df.min()          #获取剩余数中的最小值
df_mean = df.mean()        #计算剩余数的均值
print('最高分为: ',df_max)
print('最低分为: ',df_min)
print('平均分为: ',df_mean)
```

运行结果如下：

```
剩余数最大值为:  66
剩余数最小值为:  0
剩余数均值为:  22.063101009298258
最高分为:  264
最低分为:  188
平均分为:  227.22222222222223
```

最后，我们可以借助 Matplotlib 工具，将每位学生的总分数绘制成一个柱形图，来进一步观察数据的分布情况。

程序代码如下：

```
plt.rcParams['font.sans-serif']=['SimHei']       #设置中文字体
x = np.array(data['姓名'])
y = np.array(df)
plt.bar(x,y,color='blue',label='总分情况',width=0.5)#绘制柱形图
plt.legend(loc='upper right')
plt.show()
```

运行结果如图 9-10 所示。

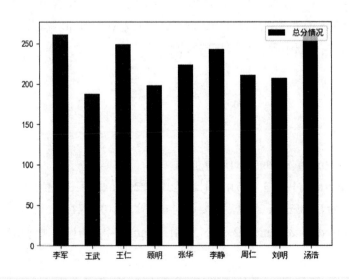

图 9-10　每位学生的总分数

拓展阅读：自主研发软件的重要性

使用 Python 强大的第三方开源库，我们可以自由地开发出集科学计算和数据分析融为一体的应用程序。在人工智能和云计算等先进技术快速发展的背景下，自主研发软件变得越来越重要。2020 年 5 月 22 日，美国商务部公布“实体名单”来限制中国高科技的发展，其中就包含部分中国高校禁用 MATLAB 软件。目前，中国还没有能够替代 MATLAB 的国产大型数学软件。因此，国产软件的开发依然任重道远，千万不能在别人扼住自己咽喉的时候，我们才想起来要“练功”。

中国工程院院士倪光南在接受媒体采访时表示：“包括操作系统在内的核心技术，中国是肯定需要掌握的。关键核心技术还要立足于自主创新，要自主可控。”“在操作系统方面，不一定是我们的技术比人家差，而是在生态系统的建设上更加难一些。因为发达国家先入为主，已经在市场中建立了完备的一个生态系统，而新的生态系统必须通过市场的良性循环才能建立起来，这是很不容易的。但我们中国有个有利条件，就是我们的市场很大。我们希望我国自主研发的操作系统，能够在我们自己庞大市场的支持下，更快地建立起自己的生态系统。”

华为鸿蒙操作系统（HUAWEI Harmony OS）就是一个成功的案例。2019 年 5 月 16 日，美国将华为列入“实体清单”，在未获得美国商务部许可的情况下，美国企业将无法向华为供应产品。2019 年 8 月 9 日，华为正式发布鸿蒙操作系统，并宣布实行开源。截至 2022 年，鸿蒙操作系统用户数量已经突破 3 亿，鸿蒙生态合作伙伴队伍日益壮大。相信未来会有更多励精图治的中国公司站起来，紧握高水平科技自立自强的“接力棒”。

本章小结

本章主要介绍了在进行科学计算和数据分析中常用的一些第三方库，并学习了一些简单的数据处理和绘图技巧。通过本章的学习，我们应该重点掌握 Numpy 数组和矩阵的创建与处理方法、DataFrame 的数据存储格式和分析，以及 Matplotlib 快速绘制图形的技巧，并能在以后的学习实践过程中熟练运用这些知识。

习 题

一、填空题

1．表达式 np.random.randn(4)的计算值为（　　）。

2．已知 x=np.array((1, 2, 3, 4, 5))，则表达式(x*2).max()得出的值为（　　）。

3．已知 data 为 DataFrame 对象，若要访问 data 的前 10 行数据，可以采用（　　）方式。

4．已知 data = pd.DataFrame([[2, 3]，[5, 6]], columns=['A', 'B'])，则 print(data['B'])的运行结果为（　　）。

二、编程题

有以下数据，请根据要求完成下列题目。

工　号	姓　名	销　售　额	时　间	商　品
001	张静	1365	2019-03-01	食品
002	王红兵	265	2019-03-01	化妆品
003	李钰	1024	2019-03-01	化妆品
004	周志国	475	2019-03-01	日用品
005	孙超	652	2019-03-01	蔬菜水果
006	周正	398	2019-03-01	饮料

（1）使用 Numpy 工具计算出销售额的平均值和最小值。

（2）将上述数据内容转换为 DataFrame 格式存储数据。

（3）使用 Matplotlib 工具可视化显示销售额。

第 10 章

网络爬虫入门与应用

☑ 了解爬虫的基本概念

☑ 理解网页请求的基本原理

☑ 熟悉 HTML 页面的基本解析方法

☑ 掌握使用 GET 方法的基本爬虫

☑ 掌握使用 POST 方法的基本爬虫

☑ 了解爬虫框架 Scrapy 调试方法

☑ 了解使用爬虫框架构建复杂爬虫的方法

10.1 网络爬虫概述

所谓网络爬虫，就是一个在互联网上定向地或不定向地抓取数据的程序。目前，网络爬虫抓取与解析的主要是特定网站网页中的 HTML 数据。本章我们主要学习 HTML 数据的抓取。近年来，Python 越来越多地在数据分析、云计算、WEB 开发、科学运算、人工智能、系统运维、图形开发等领域发挥作用，而数据爬虫则是为这些领域的工作获取数据的，是进行这些工作的前置步骤。

网络爬虫最早源于构建搜索引擎的需要，通用的搜索引擎需要将互联网上所有的页面爬取下来，进而进行关键词分析。抓取全网网页的一般方法是先定义一个入口页面，这个入口页面会有其他页面的 URL 链接，将当前页面获取到的这些 URL 加入爬虫的抓取队列中，然后进入新页面继续进行爬取，在新的页面中递归地进行上述操作。

随着互联网的发展，网络数据呈现爆炸式的增长，人们对网络数据筛选的要求越来越高。越来越多的爬虫只关注特定网站中的特定数据，这就需要爬虫构建者对所需的数据进行定位和描述。本章主要介绍关注特定网站特定数据的爬虫。

丰富的库是 Python 的一大特色和优势。在爬虫领域，Python 中的 Scrapy 框架为爬虫提供了较为完善的库，能够大幅度地提升开发爬虫的效率。该框架也为爬虫提供了较为完善的流程，可以应用在包括数据挖掘、信息处理或存储历史数据等一系列的程序中。框架的使用大大减少了程序员的工作量，并且所生成的程序具有较好的项目结构与代码重用性。

10.2　爬虫的基本原理

要构建爬虫，首先要知道网页请求的基本原理和网页的基本结构。所以，本节会先介绍网页请求的基本过程与网页的基本结构的解析，接着会在下一节给出一个最简单的爬虫程序。

10.2.1　网页请求的基本过程

如图 10-1 所示，网页请求的过程分为两个环节。

（1）Request（请求）：每一个展示在用户面前的网页都必须经过这一步，也就是向服务器发送访问请求。

（2）Response（响应）：服务器在接收到用户的请求后，会验证请求的有效性，然后向用户（客户端）发送响应的内容，客户端在接收到服务器响应的内容后，会将内容展示出来，也就是我们所熟悉的网页。

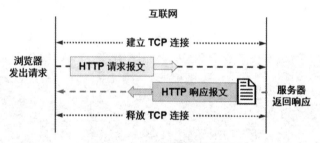

图 10-1　网页的请求过程

网页请求的方式也分为两种。

（1）GET：最常见的方式，一般用于获取或查询资源信息，也是大多数网站使用的方式，响应速度快。

（2）POST：相比 GET 方式，POST 方式增加了以表单形式上传参数的功能。因此，除了查询信息，还可以修改信息。

【实例 10-1】使用 GET 方式获取网页。

```
>>> import urllib.request
>>> headers = {'User_Agent': ''}
>>> response = urllib.request.Request(\
'https://docs.python.org/zh-cn/3/', headers=headers)
>>> html = urllib.request.urlopen(response)
>>> result = html.read().decode('utf-8')
```

```
>>> print(result)
```

上述代码的执行过程相当于在浏览器中访问 https://docs.python.org/zh-cn/3/，也就是访问 Python 的中文文档所在的页面信息，如图 10-2（a）所示。这段代码返回的字符串开始部分的内容如图 10-2（b）所示。可以看出，返回的内容事实上是页面的 HTML 代码，若接收方是浏览器进程，那么它将被解析并显示在浏览器的页面中。print 语句输出的字符串中包含图 10-2（a）中对应的部分 HTML 内容，如图 10-2（c）所示。

（a）

（b）

图 10-2 使用 GET 方式获取网页

```
<h1>Python 3.10.4 文档</h1>
<p>
欢迎! 这里是 Python 3.10.4 的官方文档。
</p>
<p><strong>按章节浏览文档: </strong></p>
<table class="contentstable" align="center"><tr>
  <td width="50%">
    <p class="biglink"><a class="biglink" href="whatsnew/3.10.html">Python 3.10 有什么新变化? </a><br/>
      <span class="linkdescr"> 或显示自 2.0 以来的<a href="whatsnew/index.html">全部新变化</a></span></p>
    <p class="biglink"><a class="biglink" href="tutorial/index.html">教程</a><br/>
      <span class="linkdescr">从这里看起</span></p>
    <p class="biglink"><a class="biglink" href="library/index.html">标准库参考</a><br/>
      <span class="linkdescr">放在枕边作为参考</span></p>
    <p class="biglink"><a class="biglink" href="reference/index.html">语言参考</a><br/>
      <span class="linkdescr">讲解基础内容和基本语法</span></p>
    <p class="biglink"><a class="biglink" href="using/index.html">Python安装和使用</a><br/>
      <span class="linkdescr">各种操作系统的介绍都有</span></p>
    <p class="biglink"><a class="biglink" href="howto/index.html">Python 常用指引</a><br/>
      <span class="linkdescr">深入了解特定主题</span></p>
  </td><td width="50%">
    <p class="biglink"><a class="biglink" href="installing/index.html">安装 Python 模块</a><br/>
      <span class="linkdescr">从官方的 PyPI 或者其他来源安装模块</span></p>
    <p class="biglink"><a class="biglink" href="distributing/index.html">分发 Python 模块</a><br/>
      <span class="linkdescr">发布模块，供其他人安装</span></p>
    <p class="biglink"><a class="biglink" href="extending/index.html">扩展和嵌入</a><br/>
      <span class="linkdescr">给 C/C++ 程序员的教程</span></p>
    <p class="biglink"><a class="biglink" href="c-api/index.html">Python/C API 接口</a><br/>
      <span class="linkdescr">给 C/C++ 程序员的参考手册</span></p>
    <p class="biglink"><a class="biglink" href="faq/index.html">常见问题</a><br/>
      <span class="linkdescr">经常被问到的问题（答案也有！）</span></p>
```

(c)

图 10-2　使用 GET 方式获取网页（续）

如果需要抓取的内容是一个动态的网页，即网页的内容是根据用户的输入生成的。例如，需要抓取某搜索引擎在某个关键字上的搜索结果，这时就需要使用 POST 方式进行抓取。

【实例 10-2】使用 POST 方式获取网页。

在这个例子中，我们要向有道翻译网站提交一个翻译请求，并将翻译结果从网页中抓取下来。要翻译的内容为“人生苦短，我爱学 Python”。

程序代码如下：

```
from urllib import parse,request
import json
#POST 请求的目标 URL（这个代码是之前的链接，方便我们使用，不用传递 sign 参数，新版本中该参数是加密的）
url = "http://fanyi.youdao.com/translate?smartresult=dict&smartresult=rule&smartresult=ugc&sessionFrom=null"
formdata = {
    'i': '人生苦短，我爱学 Python',
    'from': 'AUTO',
    'to': 'AUTO',
    'smartresult': 'dict',
    'client': 'fanyideskweb',
    'doctype': 'json',
    'version': '2.1',
    'keyfrom': 'fanyi.web',
    'action': 'FY_BY_CLICKBUTTION',
```

```
    'typoResult': 'false',
}
formdata = parse.urlencode(formdata).encode('utf-8')
req_header = {
    'User-Agent':'Mozilla/5.0 (X11; Linux x86_64) AppleWebKit/537.36 (KHTML,
like Gecko) Chrome/67.0.3396.99 Safari/537.36',
}
req = request.Request(url,headers=req_header,data=formdata)
response = request.urlopen(req)
json_str = response.read().decode('utf-8')
data = json.loads(json_str)
print(type(data))

result = data['translateResult'][0][0]['tgt']
print(result)
```

程序运行后的打印内容如下：
```
<class 'dict'>
Life is too short, I love learning Python
```

从上面的例子可以看出，我们从服务器返回的信息中包含了大量的 HTML 标签，而真正需要的信息隐藏在这些标签中，我们还需要对网页进行解析才能够获取这些真正有用的信息。那么应该如何解析网页呢？

10.2.2 网页解析的基本原理

从 Web 服务器返回的结果往往是一个 HTML 文件的源码，人工很难找到具体信息所在的位置，这就需要对网页的内容进行解析。在这个领域中，不管你使用什么计算机语言，都会使用同一种技术，那就是正则表达式。

从网页中获取有效数据的过程实质上是字符串的匹配工作。正则表达式是一种用来匹配字符串的强有力的工具。它的设计思想是用一种描述性的语言来给字符串定义一个规则，凡是符合规则的字符串，我们就认为它"匹配"了，否则，该字符串就是不合法的。

字符串是编程过程中涉及的最多的一种数据结构，对字符串进行操作的需求几乎无处不在。比如，判断一个字符串是否是合法的 Email 地址，虽然可以先编程提取@前后的子串，再分别判断是否为单词和域名，但这样做不仅麻烦，而且代码难以复用。

所以，判断一个字符串是否是合法的 Email 地址的方法是：

（1）创建一个匹配 Email 的正则表达式。

（2）用该正则表达式去匹配用户的输入以此来判断是否合法。

因为正则表达式也是用字符串表示的，所以我们要首先了解如何用字符来描述字符。这里仅介绍几个最常用的正则表达式规则。在正则表达式中，如果直接给出字符，就是精确匹配。用\d 可以匹配一个数字，\w 可以匹配一个字母或数字。例如：

（1）00\d 可以匹配'007'，但无法匹配'00A'。

（2）\d\d\d 可以匹配'010'。

（3）\w\w\d 可以匹配'py3'。

.可以匹配任意字符，所以，py.可以匹配 pyc、pyo、py!。

要匹配变长的字符，在正则表达式中，用*表示任意个字符（包括 0 个），用+表示至少一个字符，用?表示 0 个或 1 个字符，用{n}表示 n 个字符，用{n,m}表示 n-m 个字符。所以，\d{3}\s+\d{3,8}匹配诸如 010 12345678 这样的电话号码。

对上面这个较为复杂的正则表达式做个解析：\d{3}表示匹配 3 个数字，如'010'；\s 可以匹配一个空格（也包括 Tab 等空白符），所以\s+表示至少有一个空格，如匹配' '、'　'等；\d{3,8}表示 3 - 8 个数字，如'1234567'。如果要匹配'010-12345'这样的号码，则需要将'-'特殊字符进行转义。在正则表达式中，要使用'\'进行转义，所以，上面号码的正则表达式是\d{3}\-\d{3,8}。这种转义方式与 C 语言中的'\n'是类似的。但是，仍然无法匹配'010 - 12345'，因为带有空格，所以我们需要更为复杂的匹配方式。

常用的正则表达式符号如表 10-1 所示。

表 10-1　常用的正则表达式符号

字 符 符 号	描　　述
\	将下一个字符标记为一个特殊字符
^	匹配输入字符串的开始位置
$	匹配输入字符串的结束位置
*	匹配前面的子表达式零次或多次
+	匹配前面的子表达式一次或多次
?	匹配前面的子表达式零次或一次
{n}	n 是一个非负整数，匹配确定的 n 次
{n,}	n 是一个非负整数，至少匹配 n 次
{n,m}	m 和 n 均为非负整数。其中，n <= m，最少匹配 n 次且最多匹配 m 次
?	当该字符紧跟在任何一个其他限制符（*、+、?、{n}、{n,}、{n,m}）后面时，匹配模式是非贪婪的。非贪婪模式会尽可能少地匹配所搜索的字符串，而默认的贪婪模式则尽可能多地匹配所搜索的字符串
[xyz]	字符集合。匹配所包含的任意一个字符。例如，'[abc]'可以匹配 "plain" 中的 'a'
[^xyz]	负值字符集合。匹配未包含的任意字符。例如，'[^abc]'可以匹配 "plain" 中的'p'、'l'、'i'、'n'
[a-z]	字符范围。匹配指定范围内的任意字符。例如，'[a-z]'可以匹配'a'到'z'范围内的任意小写字母字符
[^a-z]	负值字符范围。匹配任何不在指定范围内的任意字符。例如，'[^a-z]'可以匹配任何不在'a'到'z'范围内的任意字符
\d	匹配一个数字字符，等价于[0-9]
\D	匹配一个非数字字符，等价于[^0-9]
\f	匹配一个换页符，等价于\x0c 和\cL
\n	匹配一个换行符，等价于\x0a 和\cJ
\r	匹配一个回车符，等价于\x0d 和\cM
\s	匹配任何空白字符，包括空格、制表符、换页符等，等价于[\f\n\r\t\v]
\S	匹配任何非空白字符，等价于[^ \f\n\r\t\v]

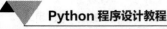

续表

字 符 符 号	描　　述
\t	匹配一个制表符，等价于\x09 和\cI
\w	匹配字母、数字、下画线，等价于'[A-Za-z0-9_]'
\W	匹配非字母、数字、下画线，等价于'[^A-Za-z0-9_]'

在表 10-1 中，我们列出了常用的正则表达式符号，更完整的正则表达式的介绍及其在 Python 中的实现可以查阅相关文档。

Python 中提供了 re 包来进行正则表达的解析，接下来我们举几个在网页解析中常用的例子。

【实例 10-3】使用正则表达式进行网页解析，获取网页标题。

程序代码如下：

```python
import re
from urllib import request
url = "http://www.baidu.com/"
content = request.urlopen(url).read()
title = re.findall(r'<title>(.*?)</title>', content.decode('utf-8'))
print(title[0])
```

运行结果如下：

百度一下，你就知道

将 content 变量打印出来，我们就可以看到正则表达式是匹配了被 HTML 标签 title 所包围的部分：

```
<!Doctype html><html xmlns=http://www.w3.org/1999/xhtml>
<head>
<meta http-equiv=Content-Type content="text/html;charset=utf-8"><meta http-equiv=X-UA-Compatible content="IE=edge,chrome=1">
<meta content=always name=referrer>
<link rel="shortcut icon" href=/favicon.ico type=image/x-icon>
<link rel=icon sizes=any mask href=//www.baidu.com/img/baidu_
85beaf5496f291521eb75ba38eacbd87.svg>
<title>百度一下，你就知道 </title>
...
```

【实例 10-4】使用正则表达式进行网页解析，获取链接。

程序代码如下：

```python
import re
content = '''
<a href="http://news.baidu.com" name="tj_trnews" class="mnav">新闻</a>
<a href="http://www.hao123.com" name="tj_trhao123" class="mnav">hao123</a>
<a href="http://map.baidu.com" name="tj_trmap" class="mnav">地图</a>
<a href="http://v.baidu.com" name="tj_trvideo" class="mnav">视频</a>
'''

res = r"(?<=href=\").+?(?=\")|(?<=href=\').+?(?=\')"
urls = re.findall(res, content, re.I|re.S|re.M)
```

```
for url in urls:
    print(url)
```

在这个例子中，我们直接将 HTML 页面的一部分写在字符串中，运行结果如下：

```
http://news.baidu.com
http://www.hao123.com
http://map.baidu.com
http://v.baidu.com
```

【实例 10-5】使用正则表达式匹配电话号码。

程序代码如下：

```
#!/usr/bin/python
# -*- coding: UTF-8 -*-

import re

phone = "2004-959-559           #这是一个国外电话号码"

#删除字符串中的 Python 注释
num = re.sub(r'#.*$', "", phone)
print("电话号码是: ", num)

#删除非数字(-)的字符串
num = re.sub(r'\D', "", phone)
print("电话号码是 : ", num)
```

运行结果如下：

```
电话号码是: 2004-959-559
电话号码是 : 2004959559
```

10.2.3　URL 地址的获取

在 10.2.2 节中，通过对网页的内容进行解析，我们获得了更多的 URL 地址，爬虫可以递归地在这些新的 URL 地址上进行爬取。但不是所有解析出来的地址都需要进行爬取，因为会有很多重复的地址。另外，在一次爬取之后，网页发生了变化该如何处理？本节我们简单讨论一下 URL 地址获取的问题。

爬取的顺序一般如下。

（1）首先，选取一部分精心挑选的种子 URL。

（2）其次，将这些 URL 放入待抓取 URL 队列。

（3）然后，从待抓取 URL 队列中取出待抓取的 URL，解析 DNS，得到主机的 IP 地址，并下载 URL 对应的网页，存储到已下载网页库中。此外，将这些 URL 放入已抓取 URL 队列。

（4）最后，分析已抓取 URL 队列中的抓取页面，分析其中包含的 URL，并将 URL 放入待抓取 URL 队列，从而进入下一个循环。

对应地，可以将互联网的所有页面分为 5 个部分。

（1）已下载未过期网页。

（2）已下载已过期网页：抓取到的网页实际上是互联网内容的一个镜像与备份，互联网是动态变化的，一部分互联网上的内容已经发生了变化。此时，这部分抓取到的网页就已经过期了。

（3）待下载网页：也就是待抓取 URL 队列中的那些页面。

（4）可知网页：还没有抓取下来，也没有在待抓取 URL 队列中，但是可以通过对已抓取页面或待抓取 URL 对应页面进行分析获取到的 URL，认为是可知网页。

（5）不可知网页：还有一部分网页，爬虫是无法直接抓取下载的。

在得到这些网页地址后，该如何处理这些地址，还需要根据不同的具体应用需求进行不同的处理。

10.3 应用实例

【实例 10-6】下载指定 URL 的图片。

给出 URL，下载前 10 幅图片，并保存到本地文件中。如图 10-3 所示，图片来自 https://unsplash.com/。Unsplash 是由 Mikael Cho 于 2013 年创办的一个图片社区，任何人都可以在此分享高分辨率的照片供所有人免费使用（无著作权）。

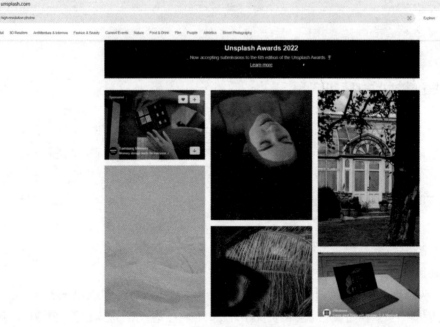

图 10-3 Unsplash 主页

程序代码如下：

```
import requests
import os
from bs4 import BeautifulSoup
headers = {'User-Agent': 'Mozilla/5.0 (Windows NT 10.0; Win64; x64) AppleWeb-
Kit/537.36 (KHTML, like Gecko) Chrome/70.0.3538.110 Safari/537.36'}
url = "https://unsplash.com/"
path = r'D:\Users'
r = requests.get(url)
urls = BeautifulSoup(r.text, 'lxml').find_all('img')
isExists = os.path.exists(path)
if not isExists:
    print("创建名字叫做", path, "的文件夹")
    os.makedirs(path)
    print("创建成功！")
else:
    print(path, '文件夹已经存在了，不再创建')
print('开始切换文件夹')
os.chdir(path)
i=0
for url in urls:
    i=i+1
    if i==11:
        break
    print("开始下载第{}张图片".format(i))
    r1 = requests.get(url["src"], i)
    file_name = path + '\{}.jpg'.format(i)
    with open(file_name,'wb') as f:
        f.write(r1.content)
```

程序运行后，在 D:\Users 文件中生成了 10 幅图片，如图 10-4 所示。

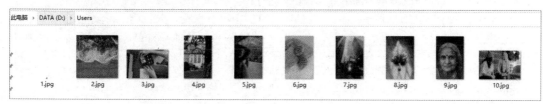

图 10-4　从 Unsplash 爬取到的前 10 幅图片

【实例 10-7】下载指定 URL 的图片。

给出 URL，下载图片，并保存到本地文件中。如图 10-5 所示，图片来自当当网 https://book.dangdang.com/，下载新书上架栏目中的图片，并以书名命名。

图 10-5　当当网新书上架页面

程序代码如下：

```python
import requests
from lxml import etree
url = "https://book.dangdang.com/"
headers = {
    'User-Agent': 'Mozilla/5.0 (Windows NT 10.0; Win64; x64) AppleWebKit/537.36
(KHTML, like Gecko) Chrome/108.0.0.0 Safari/537.36'
    }
response = requests.get(url, headers=headers)
response.encoding = "gbk"
html = etree.HTML(response.text)

# 书名
book_name_list   =   "\n".join(html.xpath("//ul[@id='component_403754__5298_
5294__5294']/li/p[@class='name']/a/text()"))
# 书的图片地址
book_png_list                    =                    "\n".join(html.xpath("//ul[@id='compo-
nent_403754__5298_5294__5294']/li/a[@class='img']/img/@src"))
book_name_list = book_name_list.split("\n")
book_png_list = book_png_list.split("\n")    #缺少 https:

n = 0
for i in book_png_list:
    r = requests.get("https:"+i)
    with open(f'D://Users//{book_name_list[n]}.png', 'wb') as f:
        f.write(r.content)
    n = n+1
```

程序运行后，在 D:\Users 文件中生成了若干幅图片，如图 10-6 所示。

图 10-6　从当当网新书上架页面中下载的若干幅图片

10.4　网络爬虫开发常用框架

根据前面的介绍，可以了解到从下载网页内容到页面分析，再到信息存储和新链接的解析与获取，爬虫的构建是一个复杂的系统，具有较为明确的模块分工，各个部分又需要相互协作共同完成。这种分工与协作有固定的规律，可以使用框架实现。

10.4.1　Scrapy 框架简介

Scrapy 是一个为了爬取网站数据、提取结构性数据而编写的应用框架，用途非常广泛。用户只需要定制开发几个模块就可以轻松地实现一个爬虫，用来抓取网页内容及各种图片，非常方便。Scrapy 的基本架构如图 10-7 所示。

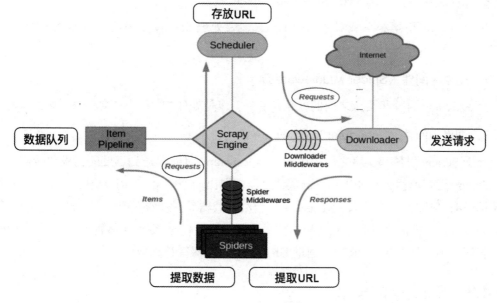

图 10-7　Scrapy 的基本架构

10.4.2 Scrapy 的组成部分

1．引擎（Scrapy）

用来进行整个系统的数据流处理，触发事务（框架核心）。

2．调度器（Scheduler）

用来接收引擎发送的请求，压入队列中，并在引擎再次请求时返回。可以想象成一个 URL（抓取网页的网址或链接）的优先队列，由它来决定下一个要抓取的网址是什么，同时去除重复的网址。

3．下载器（Downloader）

用于下载网页内容，并将网页内容返回给"蜘蛛"（Scrapy 下载器是建立在 twisted 这个高效的异步模型上的）。

4．爬虫（Spiders）

爬虫是主要干活的，用于从特定的网页中提取自己所需要的信息，即所谓的实体（Item）。用户也可以从中提取出链接，让 Scrapy 继续抓取下一个页面。

5．项目管道（Pipeline）

负责处理爬虫从网页中抽取的实体，主要的功能是持久化实体、验证实体的有效性、清除不需要的信息。当页面被爬虫解析后，将被发送到项目管道，并经过几个特定的次序处理数据。

6．下载器中间件（Downloader Middlewares）

位于 Scrapy 引擎和下载器之间的框架，主要处理 Scrapy 引擎与下载器之间的请求及响应。

7．爬虫中间件（Spider Middlewares）

介于 Scrapy 引擎和爬虫之间的框架，主要工作是处理"蜘蛛"的响应输入和请求输出。

8．调度中间件（Scheduler Middlewares）

介于 Scrapy 引擎和调度之间的中间件，从 Scrapy 引擎发送到调度的请求和响应。

Scrapy 运行流程大致如下：引擎从调度器中取出一个链接（URL）用于接下来的抓取。引擎把 URL 封装为一个请求（Request）并传给下载器。下载器下载资源，并封装为应答包（Response）。若爬虫解析应答包解析出的是实体（Item），则交给实体管道进行进一步的处理；若解析出的是链接（URL），则把 URL 交给调度器等待抓取。

10.4.3 Scrapy 的安装

Scrapy 可以运行在 Python 2.7、Python 3.3 或更高版本上。如果你使用的是 Anaconda 或

Minconda，则可以从 conda-forge 进行安装，可以使用如下命令：

```
conda install -c conda-forge scrapy
```

如果你已经安装了 Python 包管理工具 PyPI，那么也可以使用如下命令进行安装：

```
pip install Scrapy
```

如果使用后者进行安装，那么可能需要安装 Scrapy 依赖的一些包。

- lxml：一种高效的 XML 和 HTML 解析器。
- PARSEL：一个 HTML/XML 数据提取库，基于 lxml。
- w3lib：一种处理 URL 和网页编码的多功能辅助。
- twisted：一个异步网络框架。
- cryptography and pyOpenSSL：处理各种网络级安全需求。

10.5　使用爬虫框架构建应用实例

接下来我们使用 Scrapy 构建一个爬虫，用于从证监会主网站上爬取辅导企业的信息。希望可以从网站上爬取链接的标题、链接的 URL 和日期，并存储在本地以便后续使用。

10.5.1　创建项目

假设存放项目的目录为 C:\MyScrapyProject。在操作系统中进入命令行模式，如在 Windows 系统中按 Win+R 组合键，并输入 cmd，按 Enter 键。在命令行模式下进入项目目录 C:\MyScrapyProject，并输入如下命令：

```
C:\MyScrapyProject> scrapy startproject myproject
```

按 Enter 键即创建成功。需要注意的是，如果你使用了 Anaconda 创建的虚拟环境，则需要先进入虚拟环境。

这个命令其实只是创建了一个文件夹而已，里面包含了框架规定的文件和子文件夹。这个命令新建了一个文件夹 myproject，其中包括一个配置文件 scrapy.cfg 和一个名为 myproject 的子目录。子目录下的文件是我们要编辑的对象，我们只要编辑其中的一部分文件即可。

首先，进入项目目录。

```
C:\MyScrapyProject> cd myproject    #进入刚刚创建的项目目录
C:\MyScrapyProject\myproject>
```

这样就创建好了一个 Scrapy 项目。下面几个小节会对这个爬虫进行配置。

10.5.2　填写 Items.py

Items.py 是在创建项目的过程中自动生成的文件，只用于存放用户要获取的字段，也就是给自己要获取的信息取个名字。

```
# -*- coding: utf-8 -*-
```

```
# Define here the models for your scraped items
#
# See documentation in:
# https://doc.scrapy.org/en/latest/topics/items.html

import scrapy
class MyprojectItem(scrapy.Item):
#define the fields for your item here like:
title = scrapy.Field()
url = scrapy.Field()
date = scrapy.Field()
```

这样我们就在 Items.py 中定义了我们需要的字段，分别为标题、URL 地址和日期。

10.5.3　填写 spider.py

spider.py 顾名思义就是爬虫文件。接下来需要在\myproject\myproject\spiders 文件夹下新建 myproject_spyder.py，并写入这些规则。

```
import scrapy
from myproject.items import MyprojectItem
class MyprojectSpider(scrapy.Spider):
name = 'Myproject'
#表示被允许的 URL
#allowed_domains = ['http://www.csrc.gov.cn/pub/shandong/']
#起始 URL 列表：该列表中存放的 URL 会被 Scrapy 自动进行请求的发送
start_urls = ['http://www.csrc.gov.cn/pub/shandong/sdfdqyxx/']
#用作数据解析：response 参数表示请求成功后对应的响应对象
def parse(self, response):
        # 创建一个列表接收获取的数据
        alldata = []
        lilist = response.xpath('//div[@class="zi_er_right"] //div[@class=
"fl_list"]//li')
        for li in lilist:
            #xpath 返回的是列表，但是列元素一定是 Selector 类型的对象
            #extract 可以将 Selector 对象中的 data 参数存储的字符串提取出来
            #若列表调用了 extract，则表示将列表中的每一个 data 参数存储的字符串提取出来
            title = li.xpath('./a//text()')[0].extract()
            date = li.xpath('./span/text()')[0].extract()
            url= = 'http://www.csrc.gov.cn/pub/shandong/sdfdqyxx' +li.xpath
('./a/@href') .extract_first()
            #基于终端指令的持久化存储操作
            dic = {
                'title':title,
                'url':url,
                'date':date
            }
```

```
        alldata.append(dic)
        #封装管道
        item = SdfdqproItem()
        item['title'] = title
        item['url'] = url
        item['date'] = date
        #将item提交给管道
        yield item
```

10.5.4　填写 pipeline.py

下面为 pipeline.py，其中指明了上面的数据将如何保存。

```
import os
import codecs
import json
import csv
from scrapy.exporters import JsonItemExporter
from openpyxl import Workbook


class MyprojectPipeline:
    #创建 Excel，填写表头
    def __init__(self):
        self.wb = Workbook()
        self.ws = self.wb.active
        #设置表头
        self.ws.append(['title', 'url', 'date'])

    def process_item(self, item, spider):
        line = [item['title'], item['url'], item['date']]
        self.ws.append(line)  #将数据以行的形式添加到 xlsx 中
        self.wb.save('project.xlsx')
        return item
```

10.5.5　运行爬虫

在命令行输入下列命令开始爬取数据：

```
scrapy crawl Myproject
```

程序开始运行，自动使用 start_urls 构造 Request 并发送请求，然后调用 parse 函数对其进行解析。在解析过程中，使用 rules 中的规则从 HTML 或 XML 文本中提取匹配的链接。通过这个链接再次生成 Request，如此不断循环，直到返回的文本中再也没有匹配的链接或者调度器中的 Request 对象用尽，程序才会停止。

爬取的结果被放在一个 Excel 文件中，如图 10-8 所示。

图 10-8　Scrapy 爬取的结果

10.5.6　反爬措施与应对方法

爬虫会占用网络带宽并增加网络服务器的处理开销，有些网站会限制用户爬取数据。我们要遵守国家的法律法规，可以适当地爬取一些公开的数据。

一般网站会从 3 个方面反爬虫：用户请求的 Headers、用户行为、网站目录和数据加载方式。大多数网站都是从前两个角度来反爬虫的。

1. 从用户请求的 Headers 反爬虫

这是最常见的反爬虫策略。很多网站都会对 Headers 的 User-Agent 进行检测，还有一部分网站会对 Referer 进行检测（一些资源网站的防盗链就是检测 Referer）。如果遇到了这类反爬虫机制，那么可以直接在爬虫中添加 Headers，将浏览器的 User-Agent 复制到爬虫的 Headers 中；对于检测 Headers 的反爬虫，在爬虫中修改或添加 Headers 就能很好地绕过。

2. 基于用户行为反爬虫

还有一部分网站是通过检测用户行为来反爬虫的。例如，同一 IP 地址短时间内多次访问同一页面或者同一账户短时间内多次进行相同操作。

（1）大多数网站都是第 1 种情况，对于这种情况，使用 IP 代理就可以解决。可以专门写一个爬虫程序，用于爬取网上公开的代理 IP，检测后全部保存起来。有了大量的代理 IP 后就可以每请求几次更换一个 IP，这在 requests 或 urllib 中很容易做到，这样就能很容易绕过第 1 种反爬虫措施。

（2）对第 2 种情况而言，可以在每次请求后随机间隔几秒再进行下一次请求。有些有逻辑漏洞的网站，可以通过请求几次、退出登录、重新登录、继续请求来绕过同一账户短时间内不能多次进行相同请求的限制。针对账户做防爬限制，一般难以应对，随机几秒请求往往也可能被封，如果能有多个账户切换使用，那么效果更佳。

拓展阅读：搜索引擎与信息安全

　　百度和谷歌（Google）等搜索引擎公司通过互联网上的入口获取网页，实时存储并更新索引。搜索引擎的基础就是网络爬虫，这些网络爬虫通过自动化的方式进行网页浏览并存储相关信息。由于网络爬虫的策略是尽可能多地"爬过"网站中的高价值信息，因此会根据特定策略尽可能多地访问页面，这样做会占用网络带宽并增加网络服务器的处理开销，过多地访问网站会带来灾难性的后果。这种攻击与臭名昭著的 DDoS 攻击类似，它会使网页服务在大量地暴力访问下，资源耗尽而停止提供服务。

　　此外，恶意用户还可能通过网络爬虫抓取各种敏感资料用于不正当用途，主要表现在以下几个方面。

　　（1）网站入侵。大多数基于网页服务的系统都附带了测试页面及调试用后门程序等。通过这些页面或程序甚至可以绕过认证直接访问服务器的敏感数据，成为恶意用户分析攻击的有效情报来源，而且这些文件的存在本身也暗示网站中存在潜在的安全漏洞。

　　（2）搜索管理员登录页面。许多在线系统提供了基于网页的管理接口，允许管理员对其进行远程管理与控制。如果管理员疏于防范，一旦其管理员登录页面被恶意用户搜索到，将面临极大的威胁。

　　（3）搜索互联网用户的个人资料。互联网用户的个人资料包括姓名、身份证号码、电话号码、邮箱地址、QQ 号码、通信地址等，被恶意用户获取后有可能实施攻击或诈骗。

　　因此，采取适当的措施限制网络爬虫的访问权限，向网络爬虫开放网站希望推广的页面，屏蔽比较敏感的页面，对于保持网站的安全运行、保护用户的隐私是极其重要的。同时，程序员进行的操作也应该符合国家的法律法规。

本章小结

　　本章主要介绍使用 Python 构建网络爬虫的基本知识，包括爬虫的基本概念、网页请求的基本原理与 HTML 页面的基本解析方法、爬虫框架 Scrapy 的常用方法，并在此基础上构建了一个爬虫程序。网络爬虫是大数据时代获取数据的重要手段，并且越来越得到重视。与此同时，各个网站为了保护自己的数据，也启用了包括人机验证在内的各种反爬取机制。本章的代码可能会在对应的网站启用更为严格的反爬取机制下失效，还需要读者针对新的反爬取机制进行对应的修改工作，但是大家要始终遵守国家相关的法律法规，确保自己行为的合法性。

习　题

一、程序阅读题

　　写出下面程序的运行结果。

```
import re

content = ''''
```

```
    <td>
    <a href="https://www.baidu.com/articles/zj.html" title="浙江省">浙江省主题介绍
</a>
    <a href="https://www.baidu.com//articles/gz.html" title="贵州省">贵州省主题介绍
</a>
    </td>
    '''

#获取<a href></a>之间的内容
print(u'获取链接文本内容:' )
res = r'<a .*?>(.*?)</a>'
mm =  re.findall(
res, content, re.S|re.M)
for value in mm:
    print(value)

#获取<a href></a>链接中的所有内容
print(u'\n获取完整链接内容:')
urls=re.findall(r"<a.*?href=.*?<\/a>", content, re.I|re.S|re.M)
for i in urls:
    print(i)

#获取<a href></a>中的 URL
print(u'\n获取链接中 URL:')
res_url = r"(?<=href=\").+?(?=\")|(?<=href=\').+?(?=\')"
link = re.findall(res_url , content, re.I|re.S|re.M)
for url in link:
    print(url)
```

二、编程题

1. 写一段爬虫程序，将百度关键字为"Python"的排名前十的网站名称及其域名抓取下来，并保存到本地的表格文件中。

2. 使用 Scrapy 框架创建一个项目，将百度关键字为"Python"的排名前十的网站名称及其域名抓取下来，并保存到本地的表格文件中。

三、简答题

比较上面两道编程题采用两种不同的方式生成的代码，总结使用框架的优点与缺点，以及在什么情况下应该使用框架进行编程。

附录 A

Python 开发环境搭建与程序调试方法

一、安装 Python 解释器

Python 是一种采用解释执行方式的高级语言，只有在计算机系统中安装了 Python 解释器，Python 源程序才能被执行。Linux、macOS 等操作系统可能在发布时已经预装了某个版本的 Python。用户可以打开 Python 官方网站，如附图 1-1 所示，进入下载页面，选择合适的版本下载安装即可。

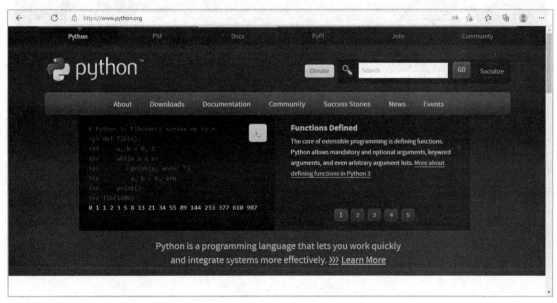

附图 1–1　Python 官方网站

Python 具有良好的跨平台性和可移植性。平台通常是指操作系统，跨平台是指同样的 Python 源程序可以在不同的操作系统上运行，即程序员不必为不同的平台开发不同版本的 Python 程序。实现 Python 源程序跨平台的原因是在不同平台上都能够安装 Python 解释器，由 Python 解释器将 Python 源程序翻译成相应操作系统可以执行的二进制指令。但 Python

解释器是不能跨平台的，必须为不同平台安装相应版本的 Python 解释器。macOS 的 Python 安装包是不能在 Windows 上使用的，Windows 32 位系统与 64 位系统的 Python 解释器也是不一样的。

在安装 Python 解释器时，除了需要考虑操作系统版本，如附图 1-2 所示，还需要考虑 Python 自身的版本。如附图 1-3 所示，Python 官方网站同时发行了 Python 2.x 和 Python 3.x 两个不同系列的版本，并且两个系列之间互不兼容。也就是说，基于 Python 2.x 语法编写的程序可能无法被 Python 3.x 解释器运行。Python 2.x 系列的最新版本是 2020 年 4 月 20 日发布的 Python 2.7.18，如附图 1-4 所示。Python 3.x 系列于 2021 年 10 月 4 日发布了 Python 3.10.0，如附图 1-5 所示。

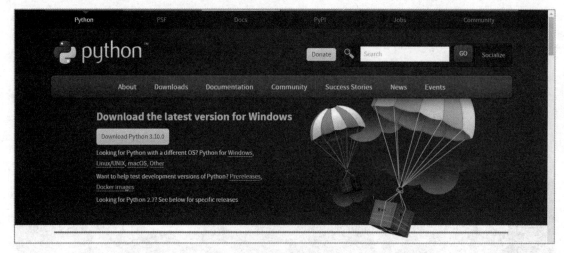

附图 1-2　Python 下载页面

附图 1-3　Python 版本

附图 1-4　Python 2.x 系列最新版本

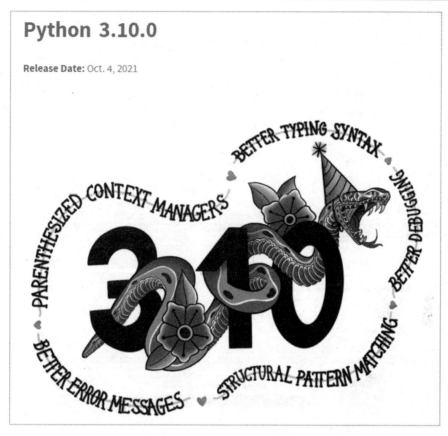

附图 1–5　Python 3.x 系列版本

　　通常，系统升级时会采取向下兼容（downward compatibility）策略，也称向后兼容，即可以使用新版本继续运行原有系统。由于无须基于新版本重新开发已有系统，因此这样的升级成本就很低，有利于吸引用户及时升级为最新系统。无论是 Python 2.x 系列，还是 Python 3.x 系列，同系列的迭代升级都是向下兼容的。2008 年，Python 3.0 正式发布，这是一次重大升级，但它不是完全向下兼容的，代价是所有的函数库都需要进行升级，优势是可以摒弃旧版本中的一些局限性。目前，Python 全部标准库和绝大多数第三方库都已经能很好地支持 Python 3.x 系列，并在该系列的基础上进行升级更新。自 2010 年 Python 2.x 系列定格在 2.7 版本后，就不再进行主版本号的升级，并将逐步退出历史舞台。因此，除非你的开发环境只能是 Python 2.x 系列，或者你必须使用一个不提供 Python 3.x 系列支持的第三方库，这里建议大家选择 Python 3.x 系列。

　　下面以 Windows 64 位操作系统环境为例，介绍 Python 3.10.0 解释器的安装过程。运行下载好的安装包 python-3.10.0-amd64.exe，如附图 1-6 所示，在窗口下方勾选"Add Python 3.10 to PATH"复选框后，单击"Install Now"链接将在提示的默认位置下进行安装。

　　安装过程如附图 1-7 所示。安装成功后将显示如附图 1-8 所示的页面，单击"Close"按钮即可完成安装。

附图 1-6　安装引导程序的启动页面

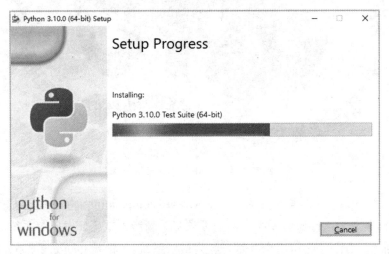

附图 1-7　安装过程

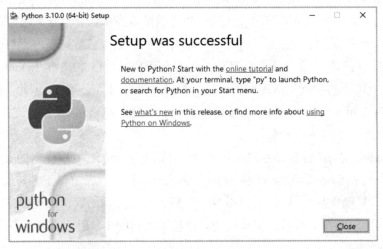

附图 1-8　安装引导程序的成功页面

Python 程序是通过 Python 解释器执行的，运行的程序与解释器并不总在同一个目录下，必须能够准确定位解释器，才能保证 Python 程序的正确运行。当然，也可以通过指定解释器的完整路径来启动 Python 程序，如 C:\Users\WEI\AppData\Local\Programs \Python\Python310\，但显然这样十分烦琐。在 Windows 系统中，用户可以通过设置环境变量 Path 来简化这一过程。在 Windows 10 系统中设置环境变量 Path 的方法如下。

（1）执行"开始|设置"菜单命令，弹出"Windows 设置"窗口，如附图 1-9 所示。

附图 1-9　"Windows 设置"窗口

（2）在上方搜索框中输入"高级系统设置"进行查看，弹出如附图 1-10 所示的"系统属性"对话框。

（3）单击"环境变量"按钮，弹出"环境变量"对话框，如附图 1-11 所示。可以看到，用户变量 Path 中已经包含了 Python 解释器的完整路径，这是因为前面在安装 Python 时，勾选了"Add Python 3.10 to PATH"复选框。

附图 1-10　"系统属性"对话框

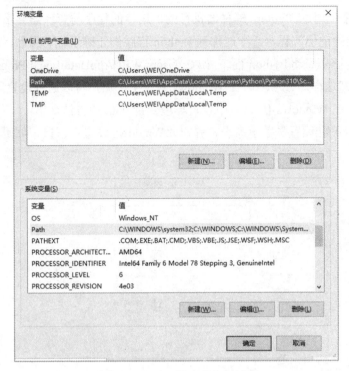

附图 1-11 "环境变量"对话框

（4）用户变量只对当前登录系统的用户有效，如果想对所有用户有效，则需在下方"系统变量"选区中选择"Path"选项，单击"编辑"按钮，在弹出的如附图 1-12 所示的对话框中单击"新建"按钮，添加 Python 解释器的完整路径即可。

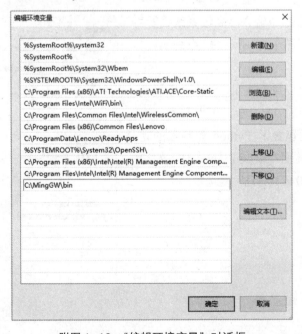

附图 1-12 "编辑环境变量"对话框

二、安装第三方库

在安装完 Python 后，用户可以随时使用 math、random、datetime 等 Python 的标准库，但第三方库（扩展库）需要在安装后才能使用。pip 工具是一种常用且高效的在线第三方库安装工具，由 Python 官方提供并维护，需要在命令行下执行。在 Python 3.x 环境下，也可以使用 pip3 工具对第三方库进行管理。如果系统中同时安装了 Python 2.x 和 Python 3.x，那么 pip 会默认用于 Python 2.x 系列的第三方库管理，pip3 指定用于 Python 3.x 系列的第三方库管理。除了安装位置不同，两者并无本质区别。

下面以 pyinstaller 库为例，介绍第三方库的安装方法，以及如何进行 Python 程序打包。如果你不想对你的 Python 程序开源，那么保护源代码的一种方式就是把 Python 程序转换为二进制可执行文件后再发布，这一过程被称为 Python 程序打包。打包带来的另一个优势是可执行文件可以在没有安装 Python 环境和相应第三方库的系统中运行，这就给使用者带来了很大的便利。扩展库 pyinstaller 就是一款可以把 Python 程序打包为可执行文件的工具。

Windows 环境下的具体安装与打包过程如下。

（1）执行"开始|Windows 系统|命令提示符"菜单命令，弹出"命令提示符"窗口，如附图 1-13 所示，在命令提示符下输入 pip install pyinstaller 或 python -m pip install pyinstaller 命令后，按 Enter 键执行。

注意：由于已经在环境变量 Path 中添加了 Python 解释器的完整路径，因此我们可以在任意目录下运行 python.exe 文件。

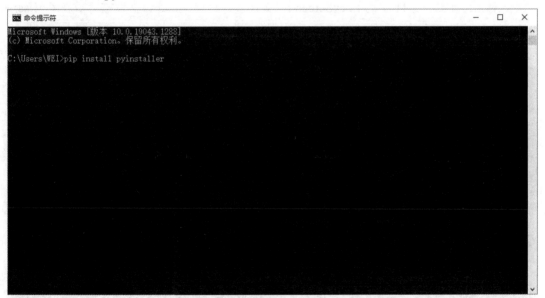

附图 1–13　"命令提示符"窗口

（2）使用 pip 工具安装第三方库的过程如附图 1-14 所示，在线下载并安装相关文件后，完成 pyinstaller 库的安装。

附图 1-14　使用 pip 工具安装第三方库的过程

注意：系统可能会提示 pip 工具的版本过低。此时，可以在命令提示符下执行 pip install --upgrade pip 或 python -m pip install --upgrade pip 命令，用于升级 pip 工具。限于篇幅，本书不再介绍与 pip 命令有关的更多使用方法，感兴趣的读者可以查阅相关技术文档。

（3）如附图 1-15 所示，在命令提示符下执行 pyinstaller -F -w Documents\LockScreen.py 命令，对 1.8 节实例 1-11 中的 LockScreen.py 文件进行打包（此处该文件被存放在 C:\Users\ WEI\Documents\目录下）。

附图 1-15　使用 pyinstaller 打包 Python 程序

（4）如附图 1-16 所示，LockScreen.py 文件打包后生成 LockScreen.exe 文件，存放在 C:\Users\WEI\dist\目录下。在文件资源管理器中找到该文件，双击运行，即可显示与实例 1-11 同样的运行效果。

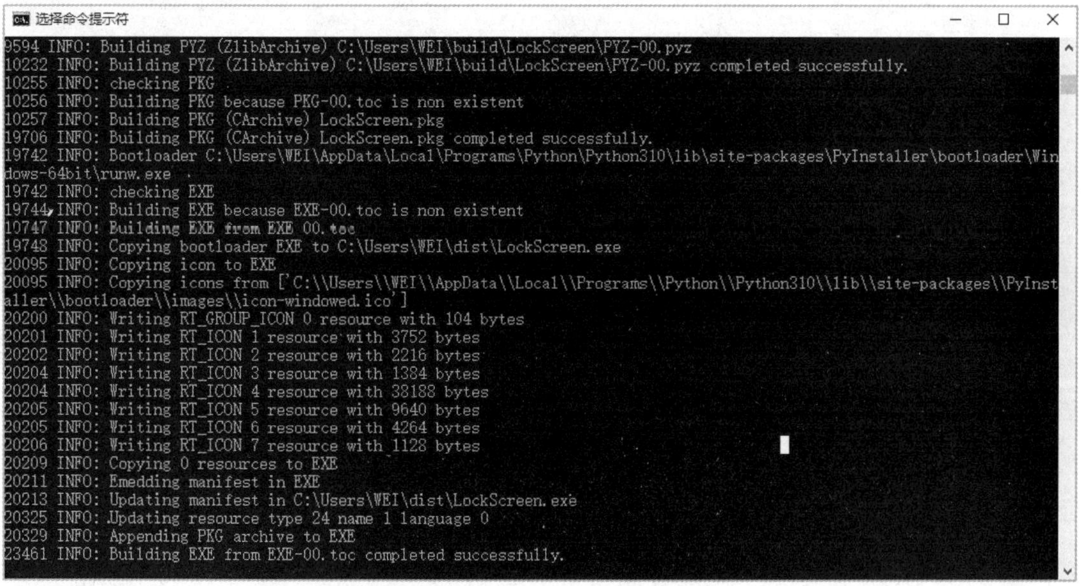

附图 1-16　Python 程序打包完成

三、常用 Python 集成开发环境

（一）IDLE

IDLE（Integrated Development and Learning Environment）是 Python 自带的集成开发环境，在完成 Python 安装后，执行"开始|Python 3.10.0|IDLE（Python 3.10 64-bit）"菜单命令，即可打开 IDLE，进入交互模式，可以在提示符>>>下输入要执行的语句，按 Enter 键后输出运行结果。如附图 1-17 所示，输入 help()即可进入交互式帮助系统，在 help>后输入 keywords，按 Enter 键即可显示 Python 关键字。

执行"开始|Python 3.10.0|Python 3.10 Manuals (64-bit)"菜单命令，弹出如附图 1-18 所示的 Python 帮助文档，可以获取 Python 及标准模块的详细参考信息。

在一个集成开发环境中，除了可以方便地对程序文件进行打开、关闭、保存等操作，还可以对代码进行复制、粘贴、查找、替换等编辑操作，以及运行程序、查看结果，更重要的是能够方便用户对程序进行调试。有关程序调试的基本方法将在后面进行介绍。

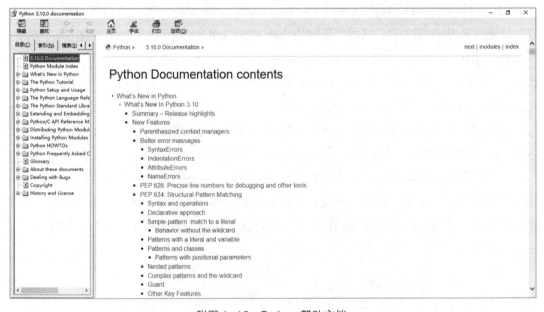

附图 1-17　IDLE 交互模式

附图 1-18　Python 帮助文档

（二）PyCharm

Python 自带的 IDLE 是一种入门级 IDE，功能简单直接，更适合开发小型应用。除了 IDLE，还有很多功能强大的 IDE，用户可以根据开发需求进行选择。下面介绍的 PyCharm 就是一款优秀的 Python 开发环境，官网如附图 1-19 所示，单击"DOWNLOAD"按钮，下载安装程序。

附图 1-19　PyCharm 官网

在如附图 1-20 所示的下载页面中，可以看到 PyCharm 分为收费的专业版（Professional）和免费开源的社区版（Community），初学者选择社区版即可。

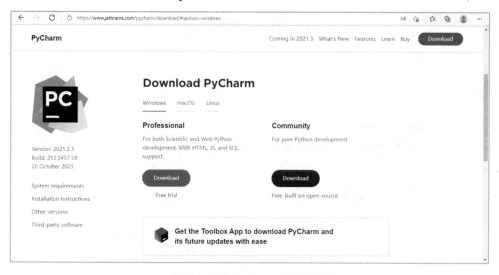

附图 1-20　PyCharm 下载页面

下面以 2021 年 10 月 20 日发布的 PyCharm Community 2021.2.3 版本为例，说明其在 Windows 10 环境下的安装过程及基本使用方法。双击运行下载好的安装文件，弹出如附图 1-21 所示的安装过程向导，单击"Next"按钮继续安装。

附图 1-21　PyCharm 安装向导（1）

如附图 1-22 所示，在选择安装路径后，单击"Next"按钮继续安装。

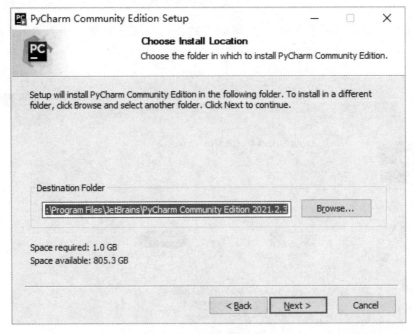

附图 1-22　PyCharm 安装向导（2）

如附图 1-23 所示，选择是否创建桌面快捷方式（Create Desktop Shortcut），是否将 Py-Charm 的启动目录添加到环境变量 PATH 中（Update PATH Variable），是否在右键菜单中添加菜单项（Update Context Menu），是否将.py 文件关联到 PyCharm（Create Associations），单击"Next"按钮继续安装。

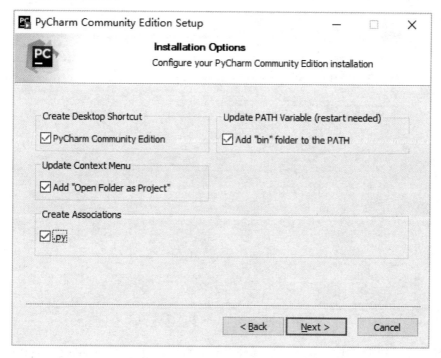

附图 1–23 PyCharm 安装向导（3）

如附图 1-24 所示，创建开始菜单项，默认即可，单击"Install"按钮。

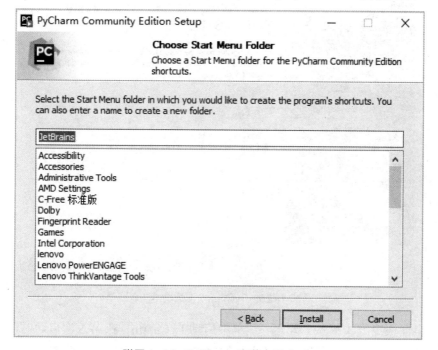

附图 1–24 PyCharm 安装向导（4）

如附图 1-25 所示，开始安装。

附图 1-25　PyCharm 安装向导（5）

进度结束后如附图 1-26 所示，选择是否立即重启，单击"Finish"按钮完成安装。

附图 1-26　PyCharm 安装向导（6）

双击桌面快捷方式或从"开始"菜单中启动 PyCharm。在第一次启动时，会弹出如附图 1-27 所示的用户协议条款，勾选下方的复选框，单击"Continue"按钮。

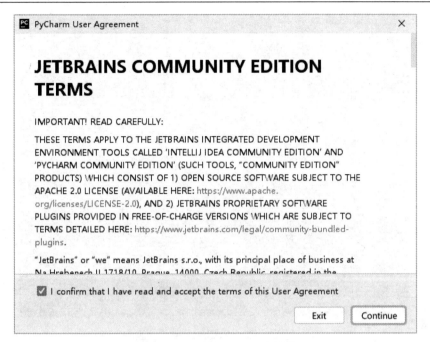

附图 1-27　PyCharm 用户协议

接下来选择是否允许 PyCharm 匿名收集你的使用数据，如附图 1-28 所示。

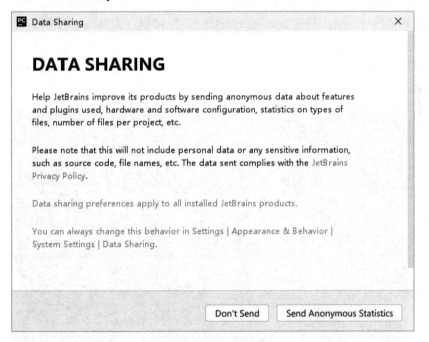

附图 1-28　数据共享

如附图 1-29 所示，进入 PyCharm 欢迎页面，单击"+"按钮新建项目。

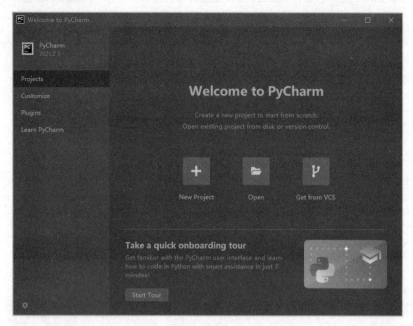

附图 1-29　PyCharm 欢迎页面

　　如附图 1-30 所示，配置新项目的保存位置（Location）。选择 Python 解释器（Interpreter），默认为 Python 虚拟环境（Virtualenv environment），如果准备选择已经安装好的 Python 解释器，则选中"Previously configured interpreter"单选按钮，如附图 1-31 所示。如果下拉列表中没有出现"Python.exe"选项，则单击后面的"…"按钮，如附图 1-32 所示，选择"System Interpreter"选项后，如果依然没有出现"Python.exe"选项，则需要用户手动确定 Python 解释器的安装位置。

附图 1-30　配置新项目

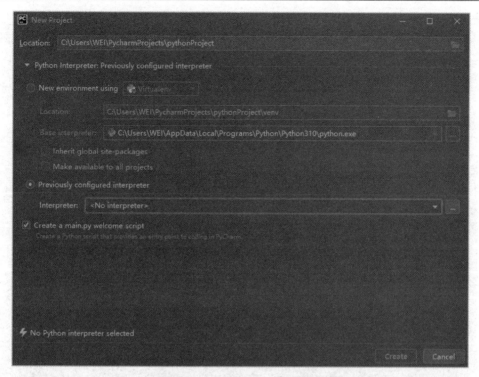

附图 1-31 选择 Python 解释器

附图 1-32 系统已安装的 Python 解释器

新项目配置完成后如附图 1-33 所示，勾选下方创建 main.py 脚本的复选框，单击"Create"按钮，完成项目创建。可能会出现如附图 1-34 所示的提示信息页面，勾选下方不再显示提示信息的复选框，单击"Close"按钮关闭该页面即可。

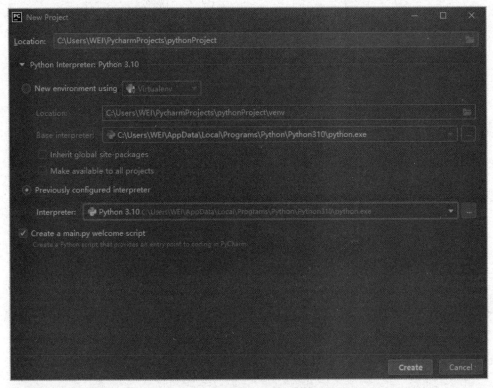

附图 1-33 新项目配置完成

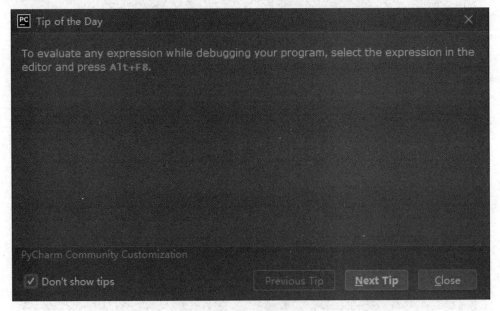

附图 1-34 提示信息页面

PyCharm 主界面如附图 1-35 所示,左侧是项目导航栏,右侧是代码区。这里显示的是在前面配置新项目时选择自动创建的 main.py。执行"Run|Run main"菜单命令(main 为当前要运行的程序名),下方会显示程序的运行结果,如附图 1-36 所示。

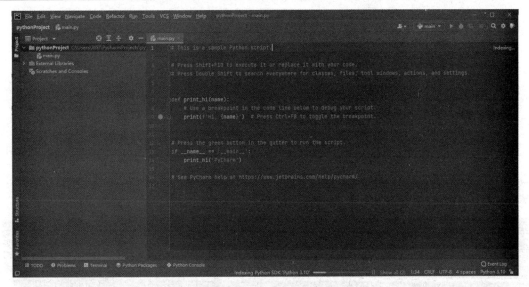

附图 1-35　PyCharm 主界面

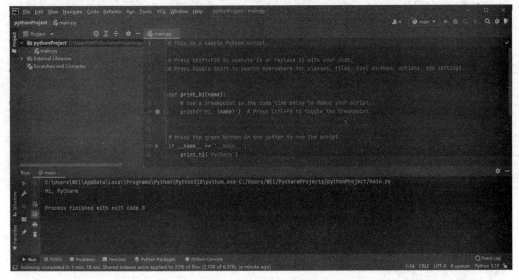

附图 1-36　显示运行结果

　　执行"File | New"菜单命令，在如附图 1-37 所示的列表框中选择"Python File"选项后，在如附图 1-38 所示的文本框中输入文件名（此处为 Welcome），按 Enter 键。

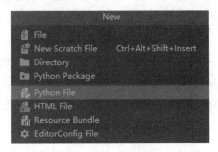

附图 1-37　新建文件

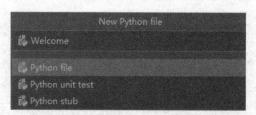

附图 1-38　文件信息

如附图 1-39 所示，在主界面左侧的导航栏中已经出现了一个新的文件 Welcome.py，在右侧代码区中编辑该文件后，运行结果将显示在下方区域。如果需要编辑或查看项目中的其他文件，在导航栏中双击打开该文件即可。

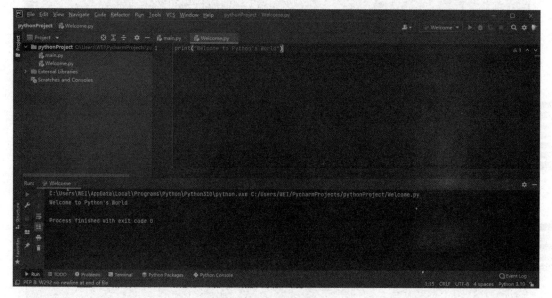

附图 1-39　编辑新文件

以上是使用 PyCharm 创建 Python 程序的一般过程，更多使用方法请查阅相关技术文档。

四、程序调试方法

程序调试是程序设计过程中的重要环节，当程序运行发生错误或未得到预期结果时，能够快速定位并解决问题是一个优秀程序员的必备素养。之所以推荐在 IDE 中进行编程开发工作，一个重要的原因就是它能够提供方便的代码调试功能。下面以 IDLE 为例，说明程序调试的一些基本方法。

在 IDLE 中打开第 1 章实例 1-3 的程序文件，如果将第 6 行代码中 print()函数的右侧括号去掉，当执行"Run|Run Module"菜单命令尝试运行程序时，会出现如附图 1-40 所示的语法错误提示信息。执行"Run|Check Module"菜单命令，可以检查程序的语法。发现语法错误（Syntax Error）的代码会高亮显示，方便用户排查。需要注意的是，提示出错的位置不一定就是发生错误的"第一现场"，可能是由于在此之前的代码出错，但系统此刻才检查

出来。所以，在排查错误时，需要从提示错误的位置向前检查。

附图 1-40 语法错误提示信息

有些语法错误能够按照上述方法进行检查，但有些语法错误是没有错误提示的。还是以第 1 章中的实例 1-3 程序为例，如果将第 7 行代码前面的缩进空格去掉，如附图 1-41 所示，那么在运行程序时就会发现一直重复输出"hello,world"，无法停止。

附图 1-41 缩进问题

关闭程序运行窗口，在 IDLE 主窗口中执行 "Debug|Debugger" 菜单命令，弹出调试器窗口，如附图 1-42 所示。打开刚才的程序再次运行（一定要先打开调试器窗口再运行程序），此时调试器窗口中的内容发生变化，显示正在执行第 4 行代码，如附图 1-43 所示。下方列表框中显示的是当前各个局部变量的值，但变量 i 并未出现，因为此时第 4 行赋值语句还未执行。

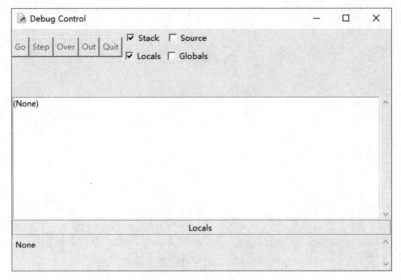

附图 1-42　调试器窗口

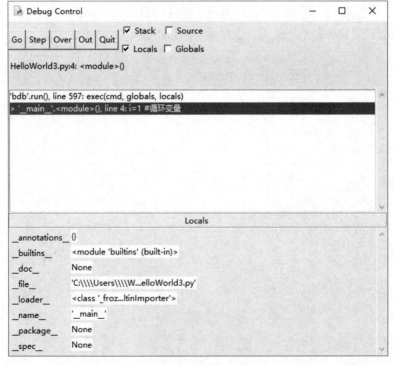

附图 1-43　开始调试

单击左上方的"Step"按钮,单步执行(即每次执行一条语句),调试器中的内容发生变化,如附图 1-44 所示。此时,程序执行暂停在第 5 行 while 语句处,下方局部变量列表框中已经出现 i 的身影,当前值为 1。

附图 1-44　单步执行

继续单击"Step"按钮进行单步执行操作,当发现第 6 行 print()函数执行时,会跳转到其他文件相应语句执行,如附图 1-45 所示。当返回第 6 行结束该语句的执行后,调试器窗口又变成如附图 1-44 所示的内容,而变量 i 的值始终为 1。这说明第 7 行语句并未在循环体中,也就找到了不停重复输出的原因。在第 7 行代码前加上缩进空格,再次运行程序,发现程序恢复正常运行。

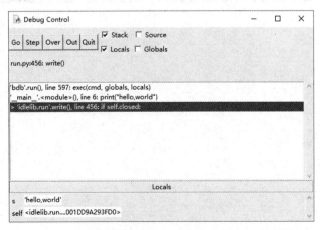

附图 1-45　跳转执行

虽然这个例子比较简单,但是已经向大家展示了程序调试的基本方法:跟踪语句的执行过程,观察变量值的变化情况,从而分析错误的原因。

附录 B

Python 运算符与优先级

优先级 （从高到低）	运 算 符	描 述	结合性
1	**	幂	右
2	~	按位取反	右
3	+、-	正、负	右
4	*、/、//、%	乘、除、整除、取模	左
5	+、-	加、减	左
6	>>、<<	右位移、左位移	左
7	&	按位与	右
8	^	按位异或	左
9	|	按位或	左
10	==、!=、>、>=、<、<=	比较运算	左
11	is、is not	同一性测试	左
12	in、not in	成员运算	左
13	not	逻辑非	右
14	and	逻辑与	左
15	or	逻辑或	左

附录 C

Python 的内置函数

Python 提供了许多内置函数，这些函数不需要导入库就可以直接使用。下表所列函数中方括号内的参数可以省略。

函　　数	说　　明
abs(x)	返回 x 的绝对值
all(x)	如果可迭代对象 x 中的所有元素都是 True 或者是 x 为空的对象，则返回 True
any(x)	只要可迭代对象 x 中存在元素使 x 为 True，则返回 True；对空迭代对象 x 返回 False
ascii(x)	将 x 转换为 ASCII 表示形式
bin(x)	将整数 x 转换为二进制串表示形式
bool(x)	将 x 转换为布尔值 True 或 False
bytes(x)	将 x 转换为字节串表示形式
callable(x)	测试 x 是否可调用
complex(real,[imag])	返回复数
chr(x)	返回 Unicode 编码为 x 的字符
delattr(x,name)	删除对象 x 名为 name 的属性
dir(x)	返回指定对象 x 的成员列表，如果不带参数，则返回当前作用域内的所有标识符
dict(x)	创建数据字典
divmod(x,y)	返回商和余数组成元组，整型、浮点型都可以
enumerate(x[,start=0])	返回一个可枚举的对象，start 表示索引的起始值
eval(x[,globals[,locals]])	计算并返回字符串 x 中表达式的值
exec(x)	执行代码或代码对象 x
exit()	退出当前解释器环境
filter(func,seq)	返回 filter 对象。其中，包括序列 seq 中使单参数函数 func 返回值为 True 的那些元素，如果函数 func 为 None，则返回包含 seq 中等价于 True 的元素的 filter 对象
float(x)	将 x 转换为浮点数
format(x)	格式化输出字符串
frozenset(x)	创建不可变的集合对象
getattr(x,name[,defalut])	获取类 x 的属性
globals(x)	返回包含当前作用域内全局变量及其值的字典

函　　数	说　　明
hasattr(x,name)	判断对象 x 是否包含名为 name 的特性
hash(x)	返回对象 x 的哈希值，如果 x 不可哈希，则抛出异常
help(x)	返回 x 的帮助信息
hex(x)	将 x 转换为十六进制数
id(x)	返回对象 x 的标识（内存地址）
input([提示])	接收键盘输入的内容，并返回字符串
int(x)	将 x 转换为整数
isinstance(x,classinfo)	判断 x 是否属于指定类型的实例
issubclass(x,classinfo)	判断 x 是否是 classinfo 类的子类
len(x)	返回 x 的元素个数，x 包括列表、元组、集合、字典、字符串及 range 对象
list(x)	将 x 转换为列表
locals(x)	返回包含当前作用域内局部变量及其值的字典
map(func,x)	返回包含若干个函数值的 map 对象，函数 func 的参数分别来自 x 指定的一个或多个迭代对象
max(x)	返回多个值或可迭代对象中所有元素的最大值
min(x)	返回多个值或可迭代对象中所有元素的最小值
memoryview(x)	返回一个内存镜像类型的对象
next(x)	返回迭代对象 x 中的下一个元素
oct(x)	将 x 转换为八进制数
ord(x)	返回一个字符 x 的 Unicode 编码
open(x[,mode])	以指定模式 mode 打开文件 x 并返回文件对象
pow(x,y)	返回 x 的 y 次方
print(x)	基本输出函数
range([start,]end[,step])	返回 range 对象。其中，包括左闭右开区间[start,end)内以 step 为步长的整数，默认从 0 开始
reversed(x)	返回 x（可以是列表、元组、字符串、range 等对象）中所有元素逆序后的迭代对象
round(x)	返回 x 四舍五入的值
set(x)	创建集合
setattr(x, name, value)	设置属性值
sorted(x,key=None,reverse=False)	对列表、元组或其他可迭代对象 x 进行从小到大排序。key 用于指定排序规则或依据，reverse 用于指定升序或降序
str(x)	将 x 转换为字符串
sum(x[,start=0])	返回序列 x 中所有元素的和，允许指定起始值 start
tuple(x)	创建元组
type(x)	返回 x 的类型
zip(seq1[,seq2[…]])	返回 zip 对象。其中，元素为（seq1[i], seq2[i]…）形式的元组，最终结果包含的元素个数取决于所有参数序列或可迭代对象中最短的那个

附录 D

Python 中各类不同功能的库

Python 具有功能强大的库，库是具有相关功能模块的集合，这也是 Python 的一大特色。库可以分为 3 类：（1）标准库，即 Python 内置库；（2）第三方库，即由他人写成，分享出来的库；（3）自定义库，即自己所写，为自己所用的库（与第三方库相对）。第三方库并不是 Python 安装包自带的，需要通过 pip 指令安装。

库　　名	功　能　描　述
beautifulsoup	解析和处理 HTML 或 XML 的第三方库，可以从 HTML 或 XML 文件中提取感兴趣的数据，并允许指定使用不同的解析器
bokeh	针对 Web 浏览器的呈现功能的交互式可视化 Python 第三方库
datetime	Python 处理时间的标准内置库，提供了一系列由简单到复杂的时间处理方法
glob	Python 的标准内置库，提供了一个用于从目录通配符搜索中生成文件列表的函数，可以查找符合特定规则的文件路径名
jieba	Python 中的第三方中文分词函数库，提供了 7 个常用的分词函数
json	处理 JSON 格式的 Python 标准库，主要包括两类函数：操作类函数和解析类函数
math	Python 的标准内置数学类函数库，提供 4 个数学常数和 44 个数学函数
Matplotlib	绘图第三方库，提供了整套和 MATLAB 相似的命令 API，用于绘制一些高质量的数学二维图形，十分适合交互式进行制图
multiprocessing	Python 内置标准库，提供多进程并行计算包，提供了和 threading 库相似的 API 函数，但是相较于 threading，它可以将任务分配到不同的 CPU，避免了 GIL（Global Interpreter Lock）的限制
NLTK	Natural Language Toolkit，即自然语言工具包，用于符号学和统计学自然语言处理（NLP）的常见任务，允许多种操作，如文本标记、分类和标记、实体名称识别、建立语料库，可以显示语言内部和各个句子之间的依赖性、词根、语义推理等
nose	扩展自 unittest 库的第三方测试库，比 unittest 库更简便
Numpy	处理具有同种元素的多维数组运算的第三方库，支持大量的维度数组与矩阵运算。此外，也针对数组运算提供大量的数学函数库，它为 Python 提供了很多高级的数学方法
opencv	计算机视觉中 opencv 库的 Python 接口，让开发者在 Python 中方便调用 opencv 库的函数，是进行图片识别常用的第三方库
os	Python 的标准内置库，包含几百个函数，分为路径操作、进程管理、环境参数等不同类别
pandas	Python 数据分析高层次第三方应用库，基于 Numpy 开发，提供了简单易用的数据结构和数据分析工具

续表

库　　名	功　能　描　述
pathlib	Python 的标准内置库，一个跨平台面向 path 的函数库
PIL	Python Image Library，即基于 Python 的第三方图像处理库，功能强大，支持广泛的图形文件格式，几乎可以处理所有的图片格式，内置许多图像处理函数，含有 21 个与图片相关的子库
pillow	图像处理第三方库，是 PIL 图像库的分支和升级替代产品，对于用户更为友好
pygame	基于 Python 的多媒体开发和游戏软件开发模块，提供了基于 SDL 的简单游戏开发功能及实现引擎
pyinstaller	将 Python 脚本（.py）文件打包为可执行文件的第三方库
pymysql	在 Python 中用 pymysql 库来对 mysql 进行操作，它本质上是一个套接字客户端软件，第三方库
pyPDF2	第三方库，用于处理 PDF 文件的工具集，提供了一批处理 PDF 文件的计算功能
pygtk	Python 中的 GTK 图形库，也属于 GUI 库
python-goose	第三方库，用于提取文章类型 Web 页面功能库，是 Python 中最主要的 Web 信息提取库，可以对 Web 页面中的文章信息、视频等元数据进行提取
pywin32	一个提供与 Windows 交互的方法和类的 Python 库
random	Python 的标准内置库，用于产生各种分布的伪随机数序列
re	Python 内置标准库，主要用于字符串匹配，采用 raw string 类型表示正则表达式，是 Python 中正则表达式的支持库
requests	处理 http 请求的第三方库，程序编写过程更接近正常 URL 访问过程，是建立在 urlib3 库基础上的库，提供了简单易用的类 HTTP 协议网络爬虫功能，是最主要的页面级网络爬虫功能库
scapy	用于数据包探测和分析的第三方库，具有强大的交互式数据包处理程序，它能够对数据包进行伪造或解包，包括发送数据包、包嗅探、应答和反馈等功能
scipy	高级科学计算库，建立在 Numpy 库上，在 Numpy 库的基础上增加了众多的数学、科学及工程计算中常用的库函数，包含线性代数、优化、集成和统计的模块
Scrapy	用 Python 实现的一个为爬取网站数据、提取结构性数据而编写的应用框架，和 requests 库一样，都可以进行页面请求和爬取。爬虫框架是实现爬虫功能的一个软件结构和功能组件的集合，可以看作一个半成品，能够帮助用户实现专业网络爬虫
seaborn	基于 Matplotlib 的第三方库，主要关注统计模型的可视化
statsmodels	用于大数据统计的第三方库，使用户能够通过使用各种统计模型的估算方法进行数据挖掘，并执行统计判断和分析
subprocess	Python 内置标准库，subprocess 中定义有数个创建子进程的函数，这些函数分别以不同的方式创建子进程，用户可以根据需要从中选取一个使用。subprocess 还提供了一些管理标准流（standard stream）和管道（pipe）工具，从而可以在进程间使用文本通信
sys	Python 内置标准库，sys 库提供了许多函数和变量来处理 Python 运行时环境的不同部分，主要针对与 Python 解释器相关的变量和方法
tensorflow	用于数据流图计算的第三方库，基于多层节点系统，可以在大型数据集上快速训练神经网络，为语音识别和图像对象识别提供了技术支持
threading	Python 的内置标准库，为线程的并发性提供了一个高级 API 接口，这些线程并发运行并共享内存
time	Python 中处理时间的内置标准库，提供获取系统时间并格式化输出功能，提供系统级精确计时功能，用于分析程序性能

库　　名	功　能　描　述
twisted	用 Python 实现的基于事件驱动、跨平台的网络引擎框架，第三方库，支持许多常见的传输及应用层协议，twisted 对其支持的所有协议都带有客户端和服务器实现，同时附带基于命令行的工具
unittest	Python 自动化测试的入门框架、Python 的内置标准库，可以作为自动化测试框架的用例组织执行框架
urlib	Python 内置的 http 请求库，很好地支持了网页内容读取功能
zlib	Python 的标准内置库，用于压缩与解压缩字符串和文件，以便保存和传输

参考文献

[1] 嵩天. Python 语言程序设计基础[M]. 北京：高等教育出版社，2017.

[2] 陈春晖，翁恺，季江民. Python 程序设计[M]. 浙江：浙江大学出版社，2019.

[3] 董付国. Python 程序设计基础与应用[M]. 北京：机械工业出版社，2020.

[4] 马杨珲，张银南. Python 程序设计[M]. 北京：电子工业出版社，2021.